U0254289

"十四五"国家重点出版物
出版规划项目

国家出版基金项目
NATIONAL PUBLICATION FOUNDATION

工业
污染源
控制与管理
——丛书

Key Industry Pollution Source
Reduction Technologies

重点行业污染源减排技术

李雪迎 许 文 周潇云 等 编著

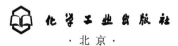

化学工业出版社
·北京·

内容简介

本书为《工业污染源控制与管理丛书》的一个分册，其以工业污染源及其减排技术为主线，主要介绍了有色金属工业、黑色金属工业、非金属工业、煤炭开采及加工、石油炼制工业、造纸工业、纺织印染工业、电力工业、机械工业等重点工业行业发展及产排污现状，分析了工业生产特征和行业主要污染物产生排放规律，探讨了影响污染物产生与排放的主要因素，梳理了重点工业行业排放的主要污染物及其减排技术。

本书具有较强的针对性和技术应用性，可供从事重点工业行业污染源特征分析及污染减排等的工程技术人员、科研人员及管理人员参考，也可供高等学校环境科学与工程、生态工程及相关专业师生参阅。

图书在版编目（CIP）数据

重点行业污染源减排技术 / 李雪迎等编著. -- 北京：化学工业出版社，2024.8. -- （工业污染源控制与管理丛书）. -- ISBN 978-7-122-45819-3

Ⅰ．X322

中国国家版本馆CIP数据核字第20248E6U86号

责任编辑：卢萌萌　王蕊蕊　刘　婧　　　文字编辑：王云霞
责任校对：王鹏飞　　　　　　　　　　　装帧设计：王晓宇

出版发行：化学工业出版社
　　　　　（北京市东城区青年湖南街13号　邮政编码100011）
印　　装：北京建宏印刷有限公司
787mm×1092mm　1/16　印张18¼　彩插2　字数375千字
2025年1月北京第1版第1次印刷

购书咨询：010-64518888　　　　　售后服务：010-64518899
网　　址：http://www.cip.com.cn
凡购买本书，如有缺损质量问题，本社销售中心负责调换。

定　　价：138.00元　　　　　　　　　版权所有　违者必究

工业是一个国家综合国力的根基。21世纪以来，我国工业化水平不断提升，逐渐转变为世界第一工业大国，到2020年我国基本实现了工业化。当前我国已建成门类齐全、独立完整的现代工业体系，拥有41个工业大类、207个工业中类、666个工业小类，工业经济规模跃居全球首位，工业经济的发展产生的环境污染问题已经在我国集中显现，污染排放逐渐逼近环境承载极限。根据《第二次全国污染源普查公报》，全国358.32万个污染源（不含移动源）中，工业污染源占比接近70%，是"十四五"环境管理的重点关注对象。

工业生产产生和排放的废水、废气、固体废物不仅破坏了自然环境的平衡，也会对人类和其他地球生物的健康产生影响。加大工业污染防治力度，是改善生态环境的前提与保障。党的二十大报告明确指出，要加快发展方式绿色转型，深入推进环境污染防治，发展绿色低碳产业，推动形成绿色低碳的生产和生活方式。我国作为全世界唯一拥有联合国产业分类中全部工业门类的国家，工业产品众多，污染物种类和影响污染物排放的因素繁多，相互间关系复杂，治理难度大，科学而合理地识别工业行业污染现状及污染治理情况，明确不同污染物主要适用的治理技术，可以有效减少污染排放，降低治理成本，减轻对环境的破坏。

当前，工业行业"三废"治理技术繁多，企业在进行技术选择和甄别时，因缺乏足够的信息或信息的不准确，常常面临信息不对称问题，对技术的认识不全面。因此，针对重点工业行业污染源减排技术进行梳理是环境保护中一项基础性工作，可为我国环境统计、污染源普查、排污许可等环境管理工作提供支持，为制定环境保护政策、环境规划等提供依据，对新型工业化战略的实施、工业领域绿色低碳发展等具有积极的现实指导意义。全书共分为17章，内容是基于对"第二次全国污染源普查工业污染源产排污核算"等项目成果的归纳、整理和总结，主要由李雪迎、许文、周潇云等编著。其中第1～4章由李雪迎编著，第5～7章由张玥编著，第8章、第9章由赵若楠、周杰甫编著，

第10章、第11章由许文编著，第12章、第13章由周潇云编著，第14章、第15章由刘丹丹编著，第16章、第17章由孙园园编著。全书最后由李雪迎统稿并定稿，由乔琦主审。

在此一并感谢"第二次全国污染源普查工业污染源产排污核算"项目参与单位安徽农业大学、北京服装学院、北京工商大学、北京科技大学、北京联合智业科技集团股份有限公司、北京林业大学、北京泷涛环境科技有限公司、北京市科学技术研究院（轻工业环境保护研究所）、北京市生态环境保护科学研究院、北京医药行业协会、博慧检测技术（北京）有限公司、东华大学、佛山市弘禹环保科技有限公司、工业和信息化部电子第五研究所、国电环境保护研究院有限公司、国电南京电力试验研究有限公司、国家粮食和物资储备局科学研究院、海宁市皮革行业协会、河北科技大学、河北省生态环境科学研究院、湖南有色金属研究院有限责任公司（原湖南有色金属研究院）、机械工业第四设计研究院有限公司、江西理工大学、交通运输部天津水运工程科学研究院、科邦检测集团有限公司、矿冶科技集团有限公司、青岛欧赛斯环境与安全技术有限责任公司、青岛中石大环境与安全技术中心有限公司、清华大学、生态环境部环境工程评估中心、四川大学、浙江大学、中材地质工程勘查研究院有限公司、中国化学制药工业协会、中国环境科学研究院、中国矿业大学（北京）、中国煤炭加工利用协会、中国皮革制鞋研究院有限公司、中国日用化学工业研究院有限公司[国家洗涤用品质量监督检验中心（太原）]、中国石油大学（华东）、中国食品发酵工业研究院有限公司、中国橡胶工业协会、中国印染行业协会、中国制浆造纸研究院有限公司、中环清科（嘉兴）环境技术研究院有限公司、中机生产力促进中心、中检集团理化检测有限公司、中检集团南方测试股份有限公司、中南大学、中轻食品工业管理中心、中晟华远（北京）环境科技有限公司、中冶建筑研究总院有限公司、中冶节能环保有限责任公司等。

限于编著者水平和编著时间，书中难免存在不足和疏漏之处，真诚希望读者提出修改意见。

编著者
2024年1月

目录
CONTENTS

第6章 石油炼制工业污染与减排

第7章 造纸工业污染与减排

第15章 农副食品加工业，食品制造业，酒、饮料和精制茶制造业工业污染与减排

第 **1** 章

概述

□ 工业污染源
□ 工业污染减排技术

1.1　工业污染源

工业源是指《国民经济行业分类》（GB/T 4754—2017）中采矿业，制造业，电力、热力、燃气及水的生产和供应业3个门类中有污染物、温室气体产生或排放的工业企业，工业行业包含41个大类、666个小类行业。从存在形式看，工业污染源主要是固定污染源，如固定工艺环节的排放。从排放方式看，工业污染源主要有点源、面源、高架源等，如固定出口排放污水、雨水径流进入土壤、高空烟囱排放等。从排放时间看，工业污染源主要有连续源、间断源和瞬间源，如连续生产排出污染物、取暖锅炉烟囱排气、工厂突发事故造成的排放等。

我国工业体系门类全、产品种类多，生产工艺类型多样且复杂，工业化发展阶段的变化决定了不同时期工业生产的工艺技术水平、产品结构及污染治理水平的同步变化，具体表现在以下4个方面：

① 工业体系完整度高，与国际标准产业分类（ISIC Rev.4）相比，我国的国民经济行业分类不仅行业全覆盖，在制造业分类方面比国际标准产业分类更为详细；

② 工业生产链条化，区域分工和专业化生产趋势愈加明显，传统长流程工艺逐渐模块化；

③ 技术革新快，以合成氨生产为例，由于原料、工艺路线的改进升级，2017年采用煤加压气化制氨工艺生产合成氨，每吨合成氨石油类产生量比2007年下降了82.3%；

④ 尽管生态环境执法及监管力度不断加强，企业治污能力整体提升，同一治理技术在不同行业、不同区域、不同企业间运行状态仍可能有所不同，同类型排污企业排放量的个体差异明显。

工业污染源主要涉及大气、水、土壤环境污染，还会产生工业固体废物及噪声、电磁辐射、放射性污染等，包括化学需氧量、氨氮、总氮、总磷、二氧化硫、氮氧化物、颗粒物、挥发性有机物、氨等，以及一般工业固体废物、废水或废气、重金属（砷❶、镉、铅、汞、六价铬或总铬）污染等。近年来，我国大气污染格局发生了深刻变化，臭氧（O_3）污染问题和温室气体排放问题凸显，O_3已经成为我国环境空气中一种主要超标污染物。

1.2　工业污染减排技术

工业化进程的加快，一方面导致主要污染物种类增加、排放规模加大；另一方面，

---

❶ 从元素周期表中看，砷属于非金属，但在环境污染领域，一般将其视为一种重金属。

其对资源环境的客观需求与生态环境承载力不足之间的矛盾日益凸显。在不断强化的资源和环境约束下，工业发展将面临新的挑战，特别是电力、钢铁、有色金属、石油加工和化工等高能耗、高污染行业。《2018全球环境绩效指数》（2018 Environmental Performance Index）的评估结果显示中国资源环境质量在全球层面仍相对滞后，节能减排形势仍然严峻。根据生态环境部制定的《排放源统计调查制度》，常见的废水处理方法见表1-1。

表1-1　常见的废水处理方法

处理方法名称		处理方法名称	
物理处理法	过滤分离、膜分离、离心分离、沉淀分离、上浮分离、蒸发结晶等	生物法	好氧生物处理法（活性污泥法，如A/O工艺、A²/O工艺、A/O²工艺、氧化沟类、SBR类等；生物膜法，如生物滤池、生物转盘等）、厌氧生物法（厌氧水解类、厌氧反应器类、厌氧生物滤池类等）、稳定塘法（好氧塘、厌氧塘、兼性塘、曝气塘等）
化学处理法	中和、化学沉淀、氧化还原、电解等		
物理化学处理法	化学混凝、吸附、离子交换、电渗析等	其他	人工湿地、土地渗滤等

注：A/O工艺—厌氧-好氧工艺；A²/O工艺—厌氧-缺氧-好氧工艺；A/O²工艺—厌氧-好氧-好氧工艺；SBR—序批式活性污泥法。

二氧化硫、氮氧化物、颗粒物、挥发性有机物、氨等气体污染物特性各异，因此应采用的治理方法也各不相同，主要的气体污染物处理技术见表1-2。

表1-2　主要的气体污染物处理技术

脱硫工艺	炉内脱硫	炉内喷钙、型煤固硫等
	烟气脱硫	石灰石/石膏法、石灰/石膏法、氧化镁法、海水脱硫法、氨法、双碱法、烟气循环流化床法、活性炭（焦）法等
脱硝工艺	炉内低氮技术	低氮燃烧法、循环流化床锅炉、烟气循环燃烧法等
	烟气脱硝	选择性非催化还原法（SNCR）、选择性催化还原法（SCR）、活性炭（焦）法、氧化/吸收法等
除尘工艺	过滤式除尘	袋式除尘、颗粒床除尘、管式过滤除尘等
	静电除尘	板式静电除尘、管式静电除尘、矸石静电除尘、湿式静电除尘等
	湿法除尘	文丘里管除尘、离心水膜除尘、喷淋塔/冲击水浴除尘等
	旋风除尘	单筒（多筒并联）旋风除尘、多管旋风除尘等
	组合式除尘	电袋组合除尘、旋风+袋式除尘等
挥发性有机物处理工艺	直接回收法	冷凝法、膜分离法等
	间接回收法	吸收+分流、吸附+蒸汽解吸、吸附+氮气/空气解吸等
	热氧化法	直接燃烧法、热力燃烧法、吸附/热力燃烧法、蓄热式热力燃烧法、催化燃烧法、吸附/催化燃烧法、蓄热式催化燃烧法等
	生物降解法	悬浮洗涤法、生物过滤法、生物滴滤法等
	高级氧化法	低温等离子体法、光解法、光催化法等

参考文献

[1] 潘强敏. 国民经济行业分类标准问题研究 [J]. 统计科学与实践，2012 (6): 16-18.

[2] 李红，彭良，毕方，等. 我国$PM_{2.5}$与臭氧污染协同控制策略研究 [J]. 环境科学研究，2019, 32(10): 1763-1778.

[3] 生态环境部. 排放源统计调查制度 [EB/OL]. 2021.

有色金属工业污染与减排

2.1 工业发展现状及主要环境问题

2.1.1 工业发展现状

有色金属是指铁、铬、锰三种金属以外的所有金属，包括铜、铅、锌、铝、镁、金、银、铂等。有色金属作为基础原材料，主要应用于电力、建筑、汽车、家电、电子和国防等多个领域。过去十年，我国国民经济的快速发展带动有色金属矿产资源的消耗量和需求量显著增长。我国已发现的有色金属矿种多达64种，储量丰富、品种多样。从已探明的储量看，锡、锌、钒、钛和稀土储量均居世界首位，钒占47%，钛占45%。铝、锗、铜、镍、金、铂、钯、钨、锑、汞等储量名列全球前茅。少数民族聚居地区的有色金属多属品位低的贫矿和伴生矿。例如，云南个旧锡矿，每炼出1t锡便可回收铜、铅、锌等有色金属3.5t，铁50t，锰6.3t，还可以提取大量硫、砷等非金属。

有色金属产业分布呈现明显的区域集中性。

① 从采选来看，有色金属采选企业主要集中分布在长江流域。铝土矿主要分布于山西省、贵州省、广西壮族自治区，80%以上的稀土金属分布在内蒙古白云鄂博，62%的镍集中在甘肃省；锑矿主要分布在广西壮族自治区、湖南省，保有储量占全国储量的41%；辽宁省的镁资源储量最为丰富，约占全国储量的85.6%；锡矿主要分布在云南省、广西壮族自治区。

② 从冶炼来看，有色金属冶炼企业主要分布在湖南省、江西省、云南省、广西壮族自治区、贵州省、河南省、山东省、山西省等地，其中锑冶炼企业主要集中在湖南省、广西壮族自治区，稀土冶炼企业主要集中在江西省，铝冶炼企业主要集中在河南省、山西省，金冶炼企业主要集中在山东省。中国的十大有色金属矿产地为：内蒙古白云鄂博的稀土矿，甘肃金昌的镍矿，山东招远的黄金矿，江西德兴的铜矿，江西大余的钨矿，湖南锡矿山的锑矿，湖南水口山的铅锌矿，云南个旧的锡矿，广西平果的铝矿，贵州铜仁的汞矿。

2020年，全国主要有色金属的产量分别为铜1003.1万吨、铝3725.3万吨、铅551.25万吨、锌631.25万吨、镍19.43万吨、锡20.22万吨。2011～2020年，铜和铝的产量呈现明显增长，增长率超过90%；铅、锌、镍、锡4种金属产量总体保持平稳，年增幅保持在1%～4%，增长率分别为19.74%、21.11%、11.22%、30.03%（图2-1）。我国是全球最大的铝生产国和消费国，铝产量远大于其他有色金属，铝产业规模及消费需求呈现稳步增长的态势，消费需求主要反映在建筑、交通、电力、机械等领域，其中建筑、交通占比最高。

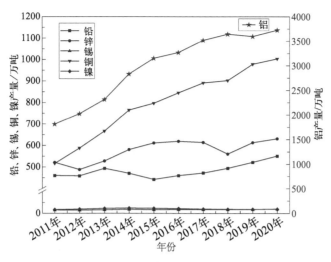

图2-1　2011～2020年全国主要有色金属产量变化情况

2.1.2　主要环境问题

　　矿产资源的开发利用引发的环境污染已成为不可忽视的重大问题。矿产资源开发利用过程中产生的尾矿、废石等已成为我国排放量最大的工业固体废物，约占总量的60%。仅现有金属矿山堆存的尾矿就达50余亿吨，并以每年4亿～5亿吨的排放量剧增。大量固体废物排放不仅占用了大量宝贵的土地资源，造成生态环境恶化，同时也造成大量有价金属与非金属资源的流失。矿业废水量大，排放率高，废水中含有固体微细粒物质，有的还含有残余药剂及溶于水中的重金属离子。大量废水外排，污染了矿区四周的河流、农田，也浪费了宝贵的水资源。

　　采选业的重金属污染不仅具有地域分布广的特点，而且具有重金属含量高、种类复杂、污染特性差异大、污染范围广的特点。金银矿、铅锌矿、铜镍矿、汞矿、复杂重金属共伴生矿等的采选业是本行业主要重金属污染源。金银矿废石及尾矿中含有一定量的砷，铅锌矿废石及尾矿中含有一定量的铅、镉、砷、锌，铜镍矿废石及尾矿中含有一定量的砷、锡、铅、铬、铜，汞矿废石及尾矿中含有一定量的汞，有些复杂多金属共伴生矿废石及尾矿中含有多种重金属，这些重金属经露天放置或尾矿坝堆存后，重金属离子会渗入地下或流入地表水中造成重金属污染。据统计，一般矿山企业周围10km范围内的土壤会有一定程度重金属污染。目前我国有色金属矿山的采选规模约10亿吨，含重金属采选矿山已经遍及我国大部分省（自治区、直辖市），并形成了大量的重金属矿山污染区。由于采选规模的不断扩大，重金属污染监管体系不完善，部分企业污染控制技术和管理落后，重金属污染事故时有发生。

　　有色金属矿采选的主要污染物为固体废物、废水和工业粉尘。我国的有色金属资源贫矿较多，品位低，加之目前的生产技术水平不高等原因，使单位产品产量的固体废物产生量大，一般大中型露天矿山年剥离量大约100万吨，地下采矿井巷工程每年要产生10万吨以上的废石，在选矿作业中每选出1t精矿，平均要产出几十吨或上百吨的尾矿，有的甚至要产出几千吨尾矿。

矿山开采过程中水环境影响主要来源于蓄水层涌水，地表降水，矿物和废石中的含硫物质、重金属元素等发生物理或化学作用产生的酸性污水，以及采矿过程产生的工艺废水等，常含有沙泥颗粒、矿物杂质、粉尘、溶解盐和硝铵类炸药等。

有色金属矿采选行业工业废水造成的污染主要有无机固体悬浮物污染、有机好氧物质污染、重金属污染等。选矿厂排出的废水量很大，约占矿山废水总量的70%。如采用浮选处理原铜矿石，一般选矿用水量为矿石处理量的4～5倍。

冶炼企业生产过程中产生的大量的废气和烟尘，在环境污染中占了很大比重。前几年重工业地区的空气$PM_{2.5}$质量严重超标，就与冶炼企业排放的烟、气、尘有直接的关系。有色金属行业对环境的主要污染为重金属污染。2022年生态环境部印发的《关于进一步加强重金属污染防控的意见》，重点管控的6个行业就包括重有色金属矿采选业（铜、铅锌、镍钴、锡、锑和汞矿采选）、重有色金属冶炼业（铜、铅锌、镍钴、锡、锑和汞冶炼）2个有色金属行业。

2.2 主要工艺过程及产排污特征

2.2.1 主要工艺过程

有色金属采选分为采矿和选矿两个主要步骤。我国有色金属矿产种类多，分布广，资源总量大，但是贫矿多，富矿稀少，多为共伴生矿床和中小型矿床，开采方法有露天开采和地下开采。我国的有色金属和稀有金属矿产资源的品位大多很低，各种有用矿物和脉石间的共生关系很复杂，必须经过选矿、去杂、富集后才能利用。有色金属选矿的主要任务是：利用矿物的理化性质差异，借助各种选矿设备将矿石中的有用矿物与脉石矿物分离，使有用矿物相对富集，无用的脉石抛弃。矿石经破碎、磨矿和分选等多道工序，分选出有用的金属精矿，排出尾矿，这就是选矿过程中的固体废物。

从选矿步骤来看，最常用的选矿方法有重力选矿法（简称重选法）、磁选法和浮游选矿法（简称浮选法）。目前，浮选法的应用范围已经非常广泛。浮选方法的应用被认为是20世纪矿冶技术的重要成就，在处理细粒贫矿石、矿产资源的综合利用等方面起着重要的作用。随着矿产资源的逐渐紧缺和选矿技术的不断发展，具有经济价值的选矿品位呈下降趋势，因此选择适当的采矿和选矿方法，进行综合采选、综合利用，提高矿产资源的利用率和回采率，降低矿石的损失率和贫化率，才能合理地利用多金属矿石中的各种有用成分。

（1）重选法

重选法是根据矿物相对密度（通常称密度）的差异来分选矿物的。密度不同的矿物粒子在运动的介质（水、空气与重液）中受到流体动力和各种机械力的作用，造成适宜的松散分层和分离条件，从而使不同密度的矿粒得到分离。

（2）浮选法

浮选法是根据矿物表面物理化学性质的差别，经浮选药剂处理，使有用矿物选择性地附着在气泡上，达到分选的目的。有色金属矿石的选矿，如铜、铅、锌、硫、钼等矿，主要用浮选法处理；某些黑色金属、稀有金属和一些非金属矿石，如石墨矿、磷灰石等，也用浮选法选别。

（3）磁选法

磁选法是根据矿物磁性的不同，不同的矿物在磁选机的磁场中受到不同的作用力，从而得到分选。它主要用于选别黑色金属（铁、锰、铬）矿石，也用于有色和稀有金属矿石的选别。

有色金属冶炼的工艺过程可分为火法和湿法两大类，以火法冶炼为主，可占到总数的80%以上，仅有小部分行业采用湿法冶炼，如金冶炼采用氰化浸出、稀土冶炼采用萃取工艺。火法冶炼具有高效的优点，但同时不可避免地会存在大量废气污染物的排放。相对来说湿法工艺较为清洁，其主要污染物为浸出渣，过程中的浸出液一般在系统内循环利用，不外排。火法冶炼的工艺过程主要包括配料、进料、氧化、还原、除杂等工序，其过程中有大量的冶炼烟气产生，并产出各种冶炼渣，其中一些为危险废物，需要特别处理。

2.2.2　产排污特征

（1）影响因素

有色金属行业的产排污影响因素按照影响作用从大到小排列为：矿物种类＞生产工艺＞技术水平＞地域差异。

有色金属矿种最多的为氧化矿和硫化矿，不同矿种决定了所使用的采矿、选矿工艺不同，自然产污情况也不同。采矿过程的主要污染物为废水和废石，废气均为无组织排放，主要与气候有关。氧化矿相对来说废水的污染较小，主要为一些自然降雨和洒水抑尘的水。硫化矿中的硫元素在溶解于废水中后，会生成硫酸等酸性物质，导致废水呈酸性，并进一步使重金属离子溶出，造成含重金属的酸性废水，需要特别处理。

采矿的工艺主要有露天采矿（简称露采）和坑采。露采产生的污染物与坑采产生的污染物有较大区别，露采的主要污染物为扬尘，且为无组织排放，一般只能采用洒水的方式进行抑尘；坑采的主要污染物为废水，井下涌水的量受到南北地域差异的影响而不同，北方或海拔较高的地区相对南方山区的地下涌水量要小。露采与坑采的固体废物产生量也不同，一般露采的废石主要堆存在废石场，而很多井下采矿的矿山产生的废石就直接用于井下充填。

选矿的生产工艺有很多种，主要包括浮选、磁选、重选等。主要污染物为破碎产生的粉尘，以及选矿的废水及尾矿。破碎时采用的是湿式破碎还是干式破碎，是否密闭环境，这些因素都直接影响了破碎时产生的粉尘量。相对来说磁选和重选的污染较小，废水经过简单澄清即能回用。浮选工艺由于带入大量的浮选药剂，导致废水的COD浓度偏高，需要经过特殊处理才能回用。

有色金属冶炼工艺对有色金属冶炼业污染物的排放起了决定性的作用，一般来说，湿法冶金工艺较为清洁，整个过程基本无废气产生，废水可循环利用；火法冶金工艺的废气及固体废物的污染较为严重，废水主要为间接冷却水，可循环利用。有色金属冶炼外排烟气中的二氧化硫浓度直接受到原料种类的影响，硫化矿中含硫量较高，其冶炼烟气中二氧化硫浓度相对较高，而相对来说氧化矿冶炼过程二氧化硫浓度则要低很多，有些甚至可以不经脱硫直接达到排放标准。

（2）产污环节

有色金属采选行业主要的产污关键节点有采矿场扬尘、磨矿粉尘、浮选工序，以及废石场、尾矿库。其中浮选工序的产污地点主要位于浮选机、压滤机和浓密机。

有色金属采选行业工艺流程及产污节点如图2-2所示。

矿区主要污水源有井下涌水、地面冲洗水、选矿废水。大气污染源主要为井下通风废气、选厂破碎及尾矿库扬尘。矿区固体废物主要为采矿废石和尾矿。有色金属采选行业的酸性废水主要包括矿山采矿、选矿过程中产生的废水。酸化的原因主要是硫化矿中的硫在水和空气作用下经过自然氧化而生成硫酸和亚硫酸。酸性废水是有色金属工业的主要废水之一，具有污染成分复杂、水量波动大、排放点分散、难以控制等缺点。

有色金属冶炼行业的产污关键节点大致包括破碎、焙烧、脱硫、浸出、除杂、煅烧等工序。废气的主要来源有冶炼窑炉废气、制酸尾气、各投料及出渣口的无组织排放废气，以及电解过程中的酸雾等，其主要污染物为烟尘、SO_2、NO_x。废水主要来源有各种酸性的冲洗液、冷凝液和吸收液，冲渣水，烟气净化废水，车间冲洗废水及设备冷却水。冶炼废渣主要包括水淬渣、阳极泥、含砷渣，以及废水处理过程中产生的沉淀渣。其中一些具有重金属毒性的废渣被定性为危险废物，处理处置难度较大。

2.3 污染减排技术

采矿产生的井下涌水主要采用中和沉淀法进行处理，处理后的废水回用到选矿厂用于生产。选矿废水主要采用混凝+絮凝+曝气氧化的工艺进行处理，经处理后达标排放。

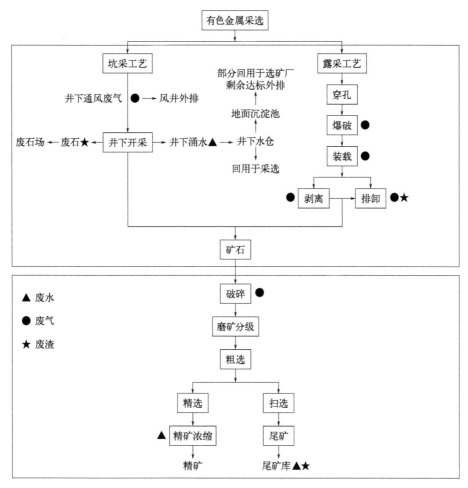

图2-2 有色金属采选行业工艺流程及产污节点

采矿过程中的颗粒物主要为无组织排放，通常采用洒水的方式抑尘。选矿过程中的废气主要是破碎过程中的粉尘，通常采用湿式破碎或采用密闭式生产方式，收集的粉尘经袋式除尘后排放。

采矿产生的废石堆存于废石场，一般为露天堆存。选矿的尾矿泵送至尾矿库堆存，技术较为先进的企业可将尾矿用于井下充填。

有色金属矿采选行业污染物产排情况见表2-1。

表2-1 有色金属矿采选行业污染物产排情况

行业类别	污染物类别		指标	典型末端治理工艺	运行状况及效率
采矿	废气	通风粉尘	颗粒物	矿山综合防尘（通风除尘、湿式作业、密闭抽尘、净化风流）	除尘效率较高
		露天采矿扬尘	颗粒物	喷雾、洒水	除尘效率一般

续表

行业类别	污染物类别		指标	典型末端治理工艺	运行状况及效率
采矿	废水	井下废水	SS、COD、重金属	沉淀法、混凝沉淀法、循环利用	处理效果较好，企业井下废水的循环利用率较高
	废渣	废石	固体废物	露天堆存	只是暂时处理，有二次污染的隐患
选矿	废气	粉尘	颗粒物	通风除尘、密闭集尘罩除尘	除尘效率较高
		锅炉废气	SO$_2$、烟尘、NO$_x$	水膜除尘、石膏法脱硫	废气基本能达标排放
	废水	悬浮物	SS	预沉淀、混凝/沉淀法	处理效果良好
		酸碱	pH值	中和法	处理效果良好
		重金属	Pb、As、Cd、Hg、Ar等	絮凝沉淀、硫化物沉淀、吸附技术、生物制剂法、离子交换法	基本能实现达标排放
		选矿药剂	COD、石油类、挥发酚	铁盐混凝/沉淀法、漂白粉氧化法、曝气法、生物降解法	基本达标排放
	废渣	尾矿	固体废物、重金属	尾矿库堆存	注意安全隐患，到一定年限需做闭库处理

注：NO$_x$—氮氧化物；SS—悬浮物；COD—化学需氧量。

　　有色金属冶炼行业的"三废"治理技术大体较相似。冶炼产生的废水一般采用中和—铁盐—氧化—二次中和絮凝沉降工艺处理，废水经处理后可达标排放，随着环保政策的日趋严格，现大部分冶炼企业对处理达标的废水进行了循环利用，其循环利用率可达到75%以上，这是水处理行业管理中的一大进步。

　　炉窑烟气一般采用表冷—除尘—制酸—双碱法脱硫工艺处理。除尘使用较多的工艺为袋式除尘和电除尘，其除尘效率可达到98%以上，绝大部分含重金属烟尘经过除尘后被捕集下来进行回收利用。含SO$_2$烟气可用来制酸，现行较多的工艺为两转两吸制酸，SO$_2$的综合利用率可达到99%以上，生产的硫酸可用于工业应用。制酸后的烟气中SO$_2$无法保证达标排放，因此后续一般加有湿法脱硫工艺，经脱硫后可保证达标排放。现在环保管理部门对NO$_x$提出了管理要求，部分冶炼企业已经开始配备脱硝设备对烟气中的NO$_x$进行处理。

　　冶炼产生的废渣分为一般固体废物和危险废物。废水处理渣、浸出渣以及一些含砷与镉等重金属的危险废渣交由有危险废物处理资质的单位处理，水淬渣、煤渣等一般固体废物可用作路基等建筑领域，或送给相应企业处理，有回收价值的浸出渣和冶炼中间渣（如冰铜渣、阳极泥等）出售给其他生产企业作为原料。有色金属冶炼行业污染物产排情况见表2-2。

表2-2 有色金属冶炼行业污染物产排情况

污染物类别	产排污节点	主要污染物	防控措施
废气	原料制备	废气、颗粒物	（1）颗粒物+重金属：湿法除尘器、袋式除尘器、静电除尘器 （2）二氧化硫：石灰/石膏法、有机溶液循环吸收法、金属氧化物吸收法、氨吸收法、双氧水脱硫法
	干燥烟气	废气、二氧化硫、氮氧化物、颗粒物、硫酸雾、铅、砷、镉、汞、氯气、氟化物	
	制酸尾气		
	焙烧烟气		
废水	地面冲洗水、冲渣水、脱硫水、设备冷却水	废水、COD、氨氮、镉、铅、砷、汞、铬、锑	混凝沉淀、曝气、氧化、生物降解、循环利用
废渣	泡渣、砷碱渣、脱硫石膏渣、铅渣、水淬渣	一般固体废物、危险废物	渣库堆存

参考文献

[1] 生态环境部，国家统计局，农业农村部.第二次全国污染源普查公报[R]. 2020-06-08.

[2] 赵家生. 中国有色金属工业年鉴2019总第29卷［M］. 北京：《中国有色金属工业年鉴》社，2019.

[3] 刘金菊. 浅谈我国有色金属矿产资源综合利用的现状、问题及对策[J]. 世界有色金属，2023 (6): 94-96.

第3章

黑色金属工业污染与减排

3.1　工业发展现状及主要环境问题

3.1.1　工业发展现状

（1）铁矿

铁是世界上发现最早、利用最广、用量最多的一种金属，其消耗量占金属总消耗量的95%左右。铁矿石主要用于钢铁工业，通过对铁精矿冶炼生成含碳量不同的生铁（含碳量一般在2%以上）和钢（含碳量一般在2%以下）。生铁按用途不同分为炼钢生铁、铸造生铁、合金生铁。此外，铁矿石还用于合成氨的催化剂（纯磁铁矿）、天然矿物颜料（赤铁矿、镜铁矿、褐铁矿）、饲料添加剂（磁铁矿、赤铁矿、褐铁矿）和名贵药石（磁石）等，但用量很少。钢铁广泛用于国民经济各部门和人民生活的各个方面，是社会生产和公众生活所必需的基本材料，在国民经济中占有极为重要的地位，是社会发展的重要支柱产业，是现代化工业最重要和应用最多的金属材料。通常把钢、钢材的产量、品种、质量作为衡量一个国家工业、农业、国防和科学技术发展水平的重要标志。

全球铁矿资源丰富。根据美国地质调查局（USGS）2021年公布的报告，截至2020年年底，铁矿石原矿储量约1800亿吨，其中，含铁量在840亿吨左右，占全球铁矿石原矿储量的46.67%。从储量分布看，世界铁矿石储量主要集中在澳大利亚、巴西、俄罗斯和中国，储量分别为510亿吨、340亿吨、250亿吨和200亿吨，分别占世界总储量的28.3%、18.9%、13.9%和11.1%，4个国家储量之和占世界总储量的72.2%。另外，印度、乌克兰、哈萨克斯坦、美国、加拿大和瑞典等国的铁矿资源也较为丰富。从成因类型上看，沉积-变质型矿床资源占资源储量的80%以上，巴西、澳大利亚、印度、美国、加拿大、中国等的铁矿石主要都来自该种矿床；从矿石质量上看，南半球富铁矿多，北半球富铁矿少，如巴西、澳大利亚和南非都位于南半球，其铁矿石品位较高，质量较好。

根据《中国矿产资源报告（2021）》，截至2020年年底，我国共有1898个铁矿矿区，铁矿石储量108.78亿吨，主要集中在四川、辽宁、山西等地。铁矿石产量8.7亿吨，较上年增长3.7%，表观消费量（国内产量+净进口量）14.2亿吨（标矿）。已发现的铁矿物和含铁矿物有300余种，其中常见的有170余种，主要有磁铁矿石、赤铁矿石、褐铁矿石、菱铁矿石、复合矿石（包括两种或两种以上的铁矿石共生，或铁矿石与其他金属如钒钛、稀土、铜等共生，此时也称多金属铁矿石）。其中，贫矿的储量占总储量的94.6%，而富矿只占5.4%。铁矿石的平均品位只有34.5%，经选矿处理后的铁矿石产品的品位可达55%～60%。磁铁矿石保有储量最多，约占总保有储量的50%；多金属铁矿石约占保有储量的20%；难选铁矿石（赤铁矿石、褐铁矿石、菱铁矿石）约占保有储量的30%。

我国铁矿资源分布非常广泛，遍及全国各个省（自治区、直辖市）。比较集中的主要有表3-1所列的七大片区，其保有储量约占全国保有储量的60%。其他较重要的资源分布包括河北省邯邢、山东省莱芜、江西省新余、海南省石碌、甘肃省酒泉、甘肃省红柳河等地。

表3-1　我国铁矿资源集中分布情况一览表

序号	主要分布地区	成因类型
1	鞍山—本溪	鞍山式沉积变质型
2	攀枝花—西昌	岩浆型、接触交代-热液型、沉积型
3	冀东—北京	鞍山式沉积变质型
4	五台—岚县	鞍山式沉积变质型
5	宁芜—庐枞	火山岩型、接触交代-热液型
6	鄂东—鄂西	火山岩型、沉积型
7	包头—白云鄂博	沉积-热液交代变质型

我国已探明铁矿资源的主要特点有以下几项。

① 矿石储量大，品位低，贫矿多，但多数矿石易选。按铁矿资源储量，我国居世界第四位，铁的平均品位只有34.5%，其中贫矿占全部矿石查明资源储量的94.6%；炼钢和炼铁用富铁矿石资源储量仅10.21亿吨，占全部矿石查明资源储量的1.2%。

② 矿床类型及矿石类型多种多样。世界上已有的铁矿床类型，我国都已发现。具有工业价值的矿床类型主要是鞍山式沉积变质型铁矿床、攀枝花式岩浆岩型钒钛磁铁矿床、大冶式矽卡岩型铁矿床、梅山式火山岩型铁矿床和白云鄂博热液型稀土铁矿床。从矿床规模看，中小矿床多，大型矿床少，其中，特大型矿床（＞10亿吨）10处，大型矿床（1亿～10亿吨）101处，中型矿床（0.1亿～1亿吨）510余处，其余为小型矿床。

我国铁矿石自然类型复杂，有磁铁矿石、钒钛磁铁矿石、赤铁矿石、菱铁矿石、褐铁矿石、镜铁矿石及混合矿石等。其中，磁铁矿石（占35%）、赤铁矿石（占21%）和钒钛磁铁矿石（占17%）是目前开采的主要矿石类型，菱铁矿石（占2%）、褐铁矿石（占1%）、镜铁矿石（占1%）、混合矿石（占23%）4种类型矿石，随着选冶技术的进步，部分资源也已经得到利用。

③ 矿产分布广泛且相对集中，成群成带产出。全国31个省（自治区、直辖市）均有铁矿资源产出，但相对集中于辽宁、四川和河北三省之内，三省铁矿石查明资源储量404.6亿吨，占全国铁矿石总查明资源储量的51.5%。

④ 铁矿床中共（伴）生组分多，具有综合利用价值。我国铁矿石类型复杂，难选矿和多组分共（伴）生矿所占比重大，约占全国总储量的1/3，其共（伴）生组分主要包括V、Ti、Cu、Pb、Zn、Co、Nb、Se、Sb、W、Sn、Mo、Au、Ag、S、稀土元素等30余种。

近年来钢铁工业的迅速发展促进了全球铁矿资源的开发利用。根据国际钢铁协会数据，全球铁矿石产量从2000年后显著提升，在2009年有所回落之后，2010年至今基本保持了每年 20 亿吨左右的产量。从国别层面来看，巴西、澳大利亚、中国、印度四国的铁矿石产量合计已占全球铁矿石产量的 74.78%。矿产相对较为丰富的俄罗斯、印度由于受到国家政策的限制，产量基本供应国内需求；中国铁矿石储量较大但品位较低，开采成本高，国内需求尚未能满足。从铁矿石产量来看，澳大利亚和巴西已成为全球铁矿石主要供应国家，其中淡水河谷、力拓、必和必拓、FMG 四大矿山合计总产量超过 10 亿吨，占全球铁矿石产量的 1/2 左右。此外，由于四大矿山铁品位高，折合为金属铁的产量实际占比要高于 50%。

我国铁矿资源开发利用程度较高，目前是世界第一大铁矿石生产国。国内铁矿石产量在 2005 ~ 2014 年期间一直处于明显增长态势，2015 ~ 2018 年呈下降趋势，2019 年后随着铁矿价格不断走高，产量出现稳步回升，2021 年我国铁矿石产量为 9.81 亿吨。但由于我国开发利用的主要是低品位铁矿石，因此折合成金属铁计算，产量排在巴西和澳大利亚等国之后。

近年来我国钢铁产量稳定在相对高位，但国内铁矿石生产不能满足钢铁生产发展的需要。我国富铁矿资源非常短缺，94.6% 的铁矿为贫矿，平均品位只有 34.5%，比世界铁矿平均品位低 12 个百分点，比巴西和澳大利亚铁矿平均品位低近 20 个百分点。且铁矿开采难度大，适于露天开采的铁矿逐步减少，露天开采的比重已降至 75%，剥采比逐年上升，每吨成品矿剥采比与巴西和澳大利亚相比高出 5 ~ 8 倍。铁矿石需经过选矿后才能利用，精矿的生产成本高于进口铁矿石，无论是在质量上还是在价格上均明显处于劣势。因此，进口铁矿石已经成为我国重要战略资源类工业原料之一。

（2）锰矿

锰及其化合物可应用于国民经济的各个领域。其中钢铁工业是最重要的领域，用锰量占总用锰量的 90% ~ 95%，主要作为炼铁和炼钢过程中的脱氧剂和脱硫剂，以及用来制造合金。其余 5% ~ 10% 的锰用于其他工业领域，如化学工业（制造各种含锰盐类）、轻工业（用于电池、火柴、制皂等）、建材工业（玻璃和陶瓷的着色剂和脱色剂）、国防工业、电子工业，以及环境保护和农牧业。

根据美国地质调查局 2022 年发布的数据，截至 2021 年年底，全球锰矿金属储量 15 亿吨，主要集中分布在南非（6.4 亿吨）、乌克兰（1.4 亿吨）、加蓬（6100 万吨）、巴西（2.7 亿吨）、印度（3400 万吨）、澳大利亚（2.7 亿吨）、中国（5400 万吨）和加纳（1300 万吨），这 8 个国家锰金属储量合计为 14.82 亿吨，占全球总储量的 98.80%，2021 年锰矿生产总量占全球的 90.35%。另外，海底锰结核资源极为丰富，海底锰结核将是未来镍、钴、钼和锰的主要来源，但目前尚不能开发利用。

《中国矿产资源报告（2021）》数据显示，截至 2020 年年底，我国有锰矿产地 500 多处，锰资源保有储量（矿石量）约 2.13 亿吨。我国锰矿资源分布比较集中，主要集中在广西、湖南、云南、贵州和重庆等地，一些地区如黑龙江、浙江、上海、山东、宁夏、西藏、台湾尚未发现锰矿存在。其中，富锰资源仅占全国已探明储量的 4.25%，主要分布在广西和重庆等地。

我国已探明锰矿资源有以下主要特点：

① 贫矿多，富矿少。锰平均品位在20%左右，比世界平均矿山品位低10%，相当部分品位还在15%以下，缺乏品位高于35%的国际商品级富锰矿石。

② 产地多，规模小。全国已发现和勘查的锰矿床大部分为中小型，截至2019年年底，我国已查明锰矿床共计433处，其中超大型5处、大型21处、中型94处、小型313处。

③ 地理分布极不均匀。中国锰矿资源集中于中南地区和西南地区的扬子陆地西缘及东南缘、南盘江-右江盆地及湘桂等地区，贵州、广西、云南、湖南、重庆5地占了全国资源总量的80%。

④ 开发利用条件差。主要原因：a. 我国锰矿成矿规模总体偏小，难以充分利用现代化工业技术采掘，适合露采的矿区大型以上较少，多为中小型矿，地下开采的原生矿大多矿层薄、产状变化大、埋深大；b. 大部分矿石锰含量低，而杂质含量高，且矿石结构复杂、嵌布粒度细，选冶难度大。

根据美国地质调查局2022年发布的数据，2021年全球锰矿产量约为2000万吨，南非为世界最大的锰生产国，锰产量为740万吨，约占全球总产量的37%，加蓬和澳大利亚分别列第二、第三位，产量分别为360万吨和330万吨，中国为第四位（130万吨）。截至2017年年底我国锰矿山约230座，主要集中在贵州、广西、云南、湖南、重庆等地，分别有42座、45座、22座、48座、51座，5个地区矿山总数就占全国的90%，集中度较高。

2017年全国锰矿山仅有108座有开采活动，开工率不足50%。采出矿石总量1254万吨，其中大型矿山（年采出矿石量≥10万吨）仅14座，共采出621.45万吨，占采出总量的49.56%；中型（5万吨≤年采出矿石量＜10万吨）、小型（年采出矿石量＜5万吨）矿山共94座，采出矿石总量632.55万吨。

锰在国民经济中具有十分重要的战略地位，随着我国钢铁工业及其他相关工业的高速发展，我国已经成为世界上最大的锰矿消费国。由于我国锰矿资源贫矿多富矿少、矿床规模小、开发利用条件差等，锰矿长期依赖进口，我国也是世界上最大的锰矿石进口国。2010年以来，我国锰矿进口量就已突破1100万吨，2017年达到2127万吨，对外依存度按金属量计已超过60%。且2017年以来进口锰矿石量持续增加，造成国内锰矿开采企业的进一步减少。

（3）铬矿

铬主要来自铬铁矿、富铬类尖晶石、硬铬尖晶石等矿物的冶炼，其中铬铁矿占到90%。铬可用于冶金、化工、耐火材料等领域。在冶金工业上，铬铁矿主要用来生产铬铁合金和金属铬。铬铁合金作为钢的添加料可生产多种高强度、抗腐蚀、耐磨、耐高温、耐氧化的特种钢，如不锈钢、耐酸钢、耐热钢、弹簧钢等。金属铬主要用于与钴、镍、钨等元素冶炼特种合金，这些特种合金是航空航天、汽车、造船以及国防工业等不可缺少的材料。在化学工业上铬铁矿石主要用来生产重铬酸钠，进而制取其他铬化合物，用于颜料、纺织、电镀、制革等，还可制作催化剂等。在耐火材料上，铬铁矿用来制造铬砖、铬镁砖和其他特殊耐火材料。其中冶金工业（主要是不锈钢冶炼）用铬量最大，占到铬消费总量的85%～90%，特别是近年来不锈钢的发展直接带动了铬在全球消费的发展。

世界铬铁矿资源总量超过120亿吨，可以满足全球数百年的需求。美国地质调查局的数据显示，铬铁矿资源在全球分布极不均衡，主要分布在南非、哈萨克斯坦、津巴布韦、芬兰、印度、巴西等国。其中南非、哈萨克斯坦和津巴布韦是世界上铬铁矿资源最丰富的3个国家，其铬铁矿资源量约占世界铬铁矿探明资源总量的95%。

我国的铬铁矿资源储量少，铬铁矿是我国急缺的战略矿产，《2022年全国矿产资源储量统计表》数据显示，截至2021年年底，我国查明铬铁矿矿石储量308.63万吨，主要分布于西藏、甘肃、新疆、内蒙古与河北5地，其中以西藏最多，铬铁矿矿石储量为205.70万吨，占全国基础储量的66.65%。其次为甘肃省49.10万吨，新疆维吾尔自治区38.00万吨，河北省2.93万吨。现阶段我国大部分消费量都依赖进口。

我国已探明铬铁矿资源有以下主要特点：

① 我国铬铁矿矿床规模小，分布零散，没有大型铬铁矿矿床。全国探明的中型铬铁矿矿区（100万～500万吨）只有4处，分别为罗布莎、大道尔吉、萨尔托海和贺根山，其余均为小型铬铁矿矿区。

② 分布区域不均衡，开发利用条件差。我国铬矿矿床保有储量集中分布在西藏、新疆、甘肃、内蒙古这些边远地区，运输路线长，交通十分不便。

③ 富矿储量较少。按照品级划分，全部查明资源储量中，富铬矿（$Gr_2O_3 > 32\%$）资源储量278.2万吨，占总量的22.6%。从用途来看，冶金级储量约占总储量的37.4%，主要分布于西藏和青海两地；化工级储量约占38.4%，主要分布于内蒙古和甘肃两地；耐火级储量约占24.2%，主要分布于新疆维吾尔自治区。

④ 露天采矿少，小而易采的富铬矿都已采完。我国铬矿储量中适合单独露采的只有6%左右，绝大部分需要坑采。

⑤ 矿床成因单一。主要为岩浆晚期矿床，而世界上一些著名的具有层状特征的大型、特大型岩浆早期矿床在我国尚未发现。

世界铬铁矿生产主要集中在南非、哈萨克斯坦、土耳其和印度等国。最近10年来，南非一直是世界最大的铬铁矿生产国，约占世界资源总量的1/2。2020年其生产的铬铁矿为1600万吨，占世界总产量的40%；其次为哈萨克斯坦670万吨，占世界总产量的16.8%；土耳其近几年产量快速增长，达到630万吨；印度由于近几年开始实行保护性限制开采政策，产量开始不断减少；津巴布韦虽然资源量很大，但开发程度较低。

根据《中国国土资源统计年鉴2018》，2017年我国铬铁矿生产矿山23个，主要分布在西藏、新疆、甘肃和内蒙古等地，其中大型矿山3个、中型矿山2个、小型矿山12个、小矿6个，其中西藏自治区年产量约11万吨，新疆维吾尔自治区年产量约6万吨，甘肃省年产量约3万吨，内蒙古自治区年产量约9万吨（含6万吨品位只有7.77%的贫铬铁矿）。从业人员939人，工业总产值18267.08万元，利润总额291.00万元。

近年来，中国不锈钢产业迅猛发展。世界金属年鉴资料显示，2006年以来，中国一直是世界不锈钢第一生产大国，且产量还在不断增长，是世界上最大的铬资源消费国（消费量超过世界铬铁矿产量的1/3）。然而，中国铬铁矿年产量还不到世界年产量的1%，铬矿资源进口量与日俱增，铬已成为中国对外依存度最高的战略金属之一，供求矛盾日显突出。

（4）其他黑色金属

其他黑色金属矿主要指钒矿。钒具有优异的物理性能和化学性能，因而用途十分广泛，被称为金属"维生素"或"现代工业的味精"，是发展现代工业和现代科学技术不可缺少的重要材料。钒在冶金业中用量较大。从世界范围来看，钒在钢铁工业中的消耗量占其生产总量的85%。此外，钒在化工、钒电池、航空航天等其他领域的应用也在不断扩展，具有良好的发展前景。

在自然界中，钒很难以单体存在，主要与其他矿物形成共生矿或复合矿。目前发现的含钒矿物有70多种，但主要的矿物有3种，即钒钛磁铁矿（世界上除美国从钾钒铀矿中提取钒外，其他主要产钒国家都是从钒钛磁铁矿中提取钒）、钾钒铀矿和石油伴生矿。现已探明的钒资源储量的98%赋存于钒钛磁铁矿中，V_2O_5含量可达1.8%。

根据美国地质调查局的不完全统计，2021年全球钒（以V_2O_5计）资源量已超6300万吨，全球钒金属储量约2416万吨，其中中国约950万吨钒金属储量，占全球总量的39%，居世界第一，其次为澳大利亚、俄罗斯、南非。目前国际市场上主要的钒供应国为中国、南非和俄罗斯。

中国钒资源丰富，分布广泛，是全球钒资源大国，根据《2022年全国矿产资源储量统计表》数据，截至2021年年底，我国查明钒矿（V_2O_5）资源储量786.74万吨，主要分布在四川、湖南、贵州、湖北、陕西、河南、广西、安徽、甘肃、江西、内蒙古、河北等15个省（自治区、直辖市）。其中四川（497.73万吨）、广西（100.55万吨）、安徽（60.76万吨）、陕西（49.01万吨）、甘肃（20.38万吨）5省（自治区）共728.43万吨，占全国储量的92.59%。又以四川省攀枝花地区和河北省承德地区最为集中，尤其攀枝花地区钒资源储量最为丰富，攀枝花市钒钛磁铁矿累计探明资源储量达86.68亿吨，被誉为"钒钛之都"，其中钒资源储量约0.14亿吨，居国内第一、世界第三。

另外，石煤是我国一种独特的钒资源，蕴藏量丰富，以湖南、浙江、广西、湖北等地最多，从石煤中提钒已经成为我国利用钒资源的一个重要发展方向。

根据美国地质调查局发布的数据，2021年全球钒产量11万吨，中国高居首位，产量7.3万吨，约占全球总量的66%；其次为俄罗斯，产量2万吨，约占全球总量的18%。

《中国国土资源统计年鉴2018》数据显示，2017年钒矿生产矿山116个，其中大型58个、中型24个、小型24个、小矿10个，钒矿产量202.2万吨，工业总产值51070.13万元，利润总额298万元。

3.1.2　主要环境问题

矿山资源的大力开发对我国国民经济的飞速发展发挥着不可忽略的作用，但随着矿山开采活动的加剧，一系列环境问题凸显出来。由于行业本质特征所限，矿业活动可能在多方面对生态环境产生影响，并导致不可逆的生态环境破坏，主要包括：矿石开采与废石/尾矿堆存直接占用土地、破坏土壤和地质条件；矿石、废渣等固体废物中酸/碱性、毒性、放射性或重金属成分，通过地表水径流、大气飘尘污染周围的土地、水域和大气；采选加工过程中的废水、废气排放对土壤、水体和大气环境等可能造成危害。矿山开发对环境的影响和对资源的破坏，可归纳为 15 项不良影响，见图3-1。

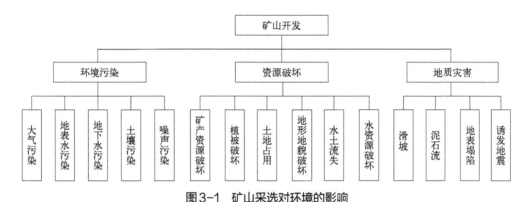

图3-1　矿山采选对环境的影响

虽然我国自2000年以来在矿山环境问题的防治上取得了一定的成效，例如：原石及废石堆场覆盖防尘网/布防止扬尘的产生；矿石转运或运输过程中，防尘网的使用、道路硬化程度的加深和洒水频次的提高使运输粉尘产生量降低；选矿过程中破碎、筛分等工艺产生的工业粉尘经有组织收集后统一处理；选矿废水经简单处理后回用基本不外排；等等，但是与发达国家相比还有较大差距，主要表现在3个方面：

① 处理装置能力不足；

② 处理技术开发水平还不高；

③ 管理制度不够完善。

结合黑色金属矿采选行业，现阶段行业环境保护主要存在以下问题：

① 露天采矿过程中由于作业面大且不固定，造成凿岩、爆破等产生的无组织废气中含有较高浓度的颗粒物及有毒有害气体；

② 选矿过程中矿石带走及管线泄漏造成的含有较高浓度石油类、总磷、总铬等有害物质的废水外排；

③ 尾矿库渗水造成土壤及周边水质污染。

根据《中国环境统计年鉴（2022）》统计，2021年纳入环境统计的黑色金属矿采选业工业废水治理设施为353套，日处理能力为448万吨，年运行费用为42270万元。化学需氧量、氨氮排放量分别为1579t、17t。工业废气治理设施为1094套，处理能力为

$152564 \times 10^4 \mathrm{m}^3/\mathrm{h}$，治理设施2021年运行费用为26367万元。二氧化硫、氮氧化物、颗粒物排放量分别为1318t、1543t和73443t。一般工业固体废物产生量为59086.8万吨，一般工业固体废物综合利用量为20296.8万吨，一般工业固体废物处理量为14538.3万吨。

3.2 主要工艺过程及产排污特征

3.2.1 主要工艺过程

3.2.1.1 采矿工艺

黑色金属矿床的开采方式主要有露天开采和地下开采等。接近地表和埋藏较浅的矿床采用露天开采，深部矿床采用地下开采。我国的黑色金属矿采矿90%采用露天开采，10%采用地下开采，近年来许多矿区在露天开采到一定程度后转入地下开采，目前露天开采的占比已下降到约70%。露天开采和地下开采基本都是机械开采，但有极少数地表砂矿或浅层风化型矿床，在水源充足的条件下采用水力开采。

（1）露天开采

露天开采是指用一定的开采工艺，按一定的开采顺序，剥离岩石、采出矿石的方法。露天开采工艺按作业的连续性分为间断式、连续式和半连续式。露天开采作业主要包括穿孔爆破、铲装、运输和排土等。露天开采是采矿和剥离在时间和空间上的相互配合。

黑色金属矿采矿工艺主要分为以下4个环节。

1）穿孔爆破

指在露天采场矿岩内钻凿一定直径和深度的定向爆破孔，以炸药爆破，对矿岩进行破碎和松动的作业。穿孔设备主要有冲击式钻机、潜孔钻机和牙轮钻机等，多用铵油炸药、浆状抗水炸药和乳化炸药及粒状乳化炸药。

2）铲装

指用人工或机械将矿岩装入运输设备，或直接卸到指定地点的作业。常用的设备是挖掘机（有多斗和单斗两类）、轮斗铲和前端式装载机，广泛采用的为单斗挖掘机。

3）运输

指将露天采场的矿、岩分别运送到卸载点（或选矿厂）和排土场，同时把生产人员、设备和材料运送到采矿场。主要运输方式有铁路、公路、输送机、提升机，还有水力运输和用于崎岖山区的索道运输。

4）排土

指从露天采场将剥离的覆盖在矿床上部及其周围的大量表土和岩石，运送到专门设置的场地（如排土场或废石场）进行排弃的作业。排土方法依其排土设备的不同，分为推土犁推土、推土机排土、前装机排土、拖拉铲运机排土、索斗铲排土等。

（2）地下开采

地下开采是指从地下矿床的矿块里采出矿石的过程，主要包括矿床开拓、矿块的采准、切割和回采四个作业。地下采矿方法分类繁多，常以地压管理方法为依据，分为自然支护采矿法、人工支护采矿法以及崩落采矿法三类。地下采矿系统主要包括生产管理、凿岩、爆破、出矿、溜矿、井下破碎、箕斗提升以及提升井架子系统。

① 开拓是为了由地表通达矿体而开凿的竖井、斜井、斜坡道、平巷等井巷掘进工程。

② 采准是在开拓工程的基础上，为回采矿石所做的准备工作，包括掘进阶段平巷、横巷和天井等采矿准备巷道。

③ 切割是在开拓与采准工程的基础上按采矿方法规定在回采作业前必须完成的井巷工程，如切割天井、切割平巷、拉底巷道、切割堑沟、放矿漏斗、凿岩硐室等。

④ 回采是在采场内进行采矿，包括凿岩和崩落矿石、运搬矿石、支护采场等作业。

这几个步骤，开始是依次进行，当矿山投产以后，为能保持持续正常生产，仍需继续开凿各种井巷。例如，延伸开拓巷道，开凿各种探矿、采准、回采巷道等。

3.2.1.2　选矿工艺

我国黑色金属矿石的地质成因类型和工业类型较多，矿石中的矿物组分共生关系复杂，矿石品位普遍较低且有用组分嵌布粒度细，因此一般都需要经过选矿才能满足冶炼的要求。选矿就是把矿石加以碎磨，利用物理、化学的方法，将有用矿物与脉石矿物彼此分离开，然后将有用矿物富集起来，抛弃绝大部分脉石的工艺过程。选矿的工艺流程如图3-2所示，一般包括3个最基本的工艺过程。

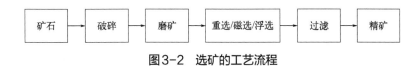

图3-2　选矿的工艺流程

（1）分选前的准备作业

包括矿石的破碎、筛分、磨矿、分级等工序。其首要目的是使有用矿物与脉石矿物充分单体分离，或使各种有用矿物间充分单体解离，同时为下一步的分选提供合适的粒度。有的选矿厂根据矿石性质和分选的需要，在分选作业前还设有洗矿或预选抛废作业。

（2）分选作业

借助重选、磁选、浮选和其他选矿方法将有用矿物同脉石矿物分离，并使有用矿物相互分离以获得最终选矿产品（精矿、尾矿，有时还产出中矿）。分选作业中，常将开头的选别称为粗选；将粗选得到的富集产物做进一步选别以获得高质量精矿产品的选别作业称为精选；将粗选后的贫产物做进一步选别，分出中矿返回粗选或单独处理，以获得较高回收率的选别作业称为扫选，扫选后的贫产物为尾矿。

（3）选后产品的处理作业

包括各种精矿、尾矿产品的浓缩脱水，尾矿堆存，废水处理和回水循环利用，等等。

选矿的关键在于分选方法，黑色金属矿选矿常用的方法有重选、磁选、浮选以及这些方法的联合。重选是利用矿物的密度差异，在一定的介质中进行分离的选矿方法，主要设备有螺旋溜槽、跳汰机、摇床等。磁选是利用矿物磁性差异，在不均匀磁场中进行分离的选矿方法，常用的磁选设备有弱磁场和强磁场两类。浮选是利用不同矿物表面物理化学性质的差异，进行分离的选矿方法，浮选设备主要有浮选机和浮选柱。

目前我国的铁矿石选矿中处理磁铁矿的最多，磁选铁精矿产量占铁精矿总产量的3/4。对于弱磁性的赤铁矿，主要采用重选、浮选、强磁选、焙烧磁选及几种方法的联合流程，其中焙烧磁选由于能耗和环保等问题，近年来应用渐少。褐铁矿采用强磁选-正（反）浮选联合流程指标较好，菱铁矿主要采用焙烧磁选。复合铁矿选矿根据矿石性质不同，方法不同，如包头白云鄂博稀土铁矿，采用的主要是磁选-浮选联合流程，攀枝花钒钛磁铁矿采用的是磁选回收钒铁精矿。

我国锰矿绝大多数属于贫矿，由于多数锰矿石中锰矿物为细粒或微细粒嵌布，并有相当数量的高磷、高铁锰矿，因此给选矿加工带来很大难度。目前，我国锰矿选别常用方法为洗矿、筛分、重选、强磁选和浮选。

铬矿的选别工艺有重选、浮选、磁电选、化学选矿等。由于铬铁矿的脉石矿物通常都是由一种或多种硅酸盐组成，而铬矿的密度和硅酸盐的密度差异较大，因此目前国内外关于铬矿选别工艺的生产研究主要集中在重选。

3.2.2 产排污特征

3.2.2.1 主要影响因素

对本行业产污量影响较大的因素主要包括原料、产品、工艺、规模。

（1）原料、产品

采矿的产品即选矿的原料，选矿的产品为富含有用矿物的精矿和主要为脉石矿物的尾矿，因此将两者结合来论述。采矿是对矿体进行开采，选矿是处理采矿得到的含不同品位不同矿石类型的矿石。采用的原料不同，产生的废物的量也会不同。如铁矿采矿阶段，由于我国铁矿石多为贫矿，伴生岩和其他杂质较多，因而剥岩产生量和尾矿量较大。选矿阶段，不同品位不同种类矿石采用的选矿工艺不同，如酒泉钢铁厂，处理的矿石主要为镜铁矿，镜铁矿是赤铁矿的亚属，属于弱磁性矿，主要成分是 Fe_2O_3，目前选矿采用焙烧磁选工艺流程，矿石在焙烧炉中加热使弱磁性铁矿物（Fe_2O_3）和氧气反应转变为强磁性铁矿物（Fe_3O_4），再通过弱磁选回收从而获得较高品位的铁精粉，但焙烧工艺较其他选矿工艺会产生较多的有毒有害废气。

（2）工艺

采矿主要分为露天开采和地下开采，不同的开采方式采用的工艺不同。绝大部分原矿采出后，需要经过比较复杂的选矿工艺过程，以获得高品位的精矿。由于采用的工艺不同，生产过程中的产污状况就会有所不同，如选矿工艺中采用浮选，需要添加调整剂、捕收剂、起泡剂等大量浮选药剂，这些药剂多数为有机物，则选矿废水中会因药剂残留而形成 COD、氨氮、石油类等污染。装备水平不同，产排污系数也有差距，如汽车运输比机车运输的产尘量就大很多。汽车运输的区域粉尘浓度可以高达 2000 ～ 5000mg/m^3，而机车运输沿线的粉尘浓度基本小于 10mg/m^3。一般小矿采用气动凿岩设备，不但产生大量粉尘，还产生凿岩污水，生产效率低。而国营大矿，采用自动化液压设备或者电动凿岩设备，产生的粉尘少，污水产生量也少，其凿岩效率高，工人作业环境显著改善。小型矿山采用柴油电铲出矿，作业时产生大量 NO_x 和其他尾气，严重危害矿工身体健康，而大型矿山采用电动电铲出矿，基本不产生污染物，作业环境得到较好保护，污染物产生水平显著下降。

（3）规模

我国矿山企业中私营、小型企业占有一定比例，这类企业经济实力较为薄弱，没有能力建设、购置污染治理设施和设备，生产现场的无组织排放比较严重，废水也存在直排现象，给周围环境带来较大的影响。而中大型矿山企业经济实力强，拥有先进的机械设备和优良的矿井通风系统，生产过程中产生的污染物少，同时一些大型矿山企业在污染物治理方面采用先进的设施和设备，发展循环经济，减少了污染物的排放。

3.2.2.2　产污环节

黑色金属矿在采矿、选矿作业过程中排出的废物，包括采矿产生的废气、粉尘、有毒有害气体、废石、矿坑涌（积）水；选矿产生的尾矿、粉尘、生产废水，以及尾矿库、排土场风面源扬尘等对大气、水体和土壤等周围生态环境均有影响。黑色金属矿采选业污染物产生流程如图3-3所示。

地下矿山在井下作业，井下有巷道、采场和工作面。凿岩爆破、矿石运输等作业产

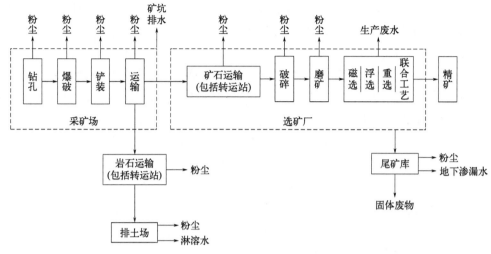

图3-3　黑色金属矿采选业污染物产生流程

生大量粉尘。露天矿山的废气特征污染因子也是粉尘，在钻孔、爆破、铲装、运输等环节均会产生粉尘。原矿在采矿场经过钻孔、爆破、铲装、运输等工序产出矿石，并产生矿坑水或矿井涌水。选矿厂的矿石运输、转载、破碎、筛分也产生大量粉尘。选矿厂废水主要为选矿生产废水、湿式除尘器废水、地坪冲洗水等。

3.3　污染减排技术

3.3.1　废气污染治理

采装过程若采用湿式穿孔和凿岩作业，则产生粉尘量较少，若在爆堆干燥的情况下作业，电铲作业过程中扬尘量较大，企业会在工作平台上采用喷射式洒水车洒水的方式降尘。随着技术提高，现有的爆破很多都采用先进的微差爆破技术，加强装药和填塞作业的管理，避免了大规模开炸，粉尘影响范围减小，若进行深凹开采，爆破的扬尘对外环境影响较小。转载运输产生的扬尘与运输距离、地形地貌、车辆车型和大小、风速等均具有相关性。采场常用喷水车喷淋洒水、运输道路两侧设置管道式喷淋洒水降尘系统、喷洒抑尘剂、设置抑尘网等方式减少转载运输扬尘。

选矿厂粉尘主要在破碎、筛分阶段产生，破碎筛分的废气多采用密闭抽尘，经除尘器处理后排放至大气中。常用的除尘器有袋式除尘器、湿式除尘器、单管多管旋风除尘器等，有时为提高除尘效率可采用多管旋风除尘器和袋式除尘器联用的二级除尘装置。不同的除尘装置具有不同的效率，在密闭空间，粉尘收集率大大提高，除尘器能有效降低粉尘污染，除尘效率最高能达到95%以上。

3.3.2 废水污染治理

（1）采矿场废水治理措施

当采矿场与选矿厂距离较近时，矿坑涌水经过沉淀分离或经水泵打入高位水池沉淀后供选矿使用，如图3-4所示。

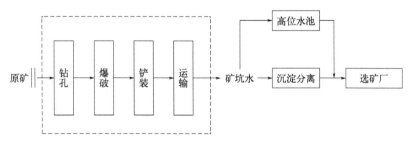

图3-4 采矿厂废水治理工艺流程（采矿场与选矿厂距离较近的情况）

当采矿场与选矿厂距离较远时，矿坑涌水经过沉淀分离或经水泵打入高位水池沉淀后用于矿区运输道路的喷洒降尘、厂区绿化浇水，也有部分企业将其直接排放至环境中，如图3-5所示。

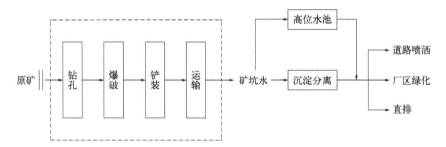

图3-5 采矿厂废水治理工艺流程（采矿场与选矿厂距离较远的情况）

（2）选矿厂废水治理措施

选矿厂废水主要为选矿生产废水、湿式除尘器废水、地坪冲洗水等。为节约成本，选矿厂废水回用率较高，很多选矿厂废水回用率可达100%。选矿厂废水回用情况如图3-6所示。

① 选矿厂直接产生的设备冷却、冲洗地坪、湿式除尘等废水进入尾矿浓缩池，上层澄清水直接返回选矿厂回用，其余随尾矿排入尾矿库。

② 尾矿库澄清水也返回选矿厂回用。

③ 精矿车间的精矿经浓缩池浓缩后，上层澄清液返回选矿厂回用。

④ 精矿过滤水大部分进入回水泵站返回选矿厂回用，少部分净化后返回精矿车间回用。

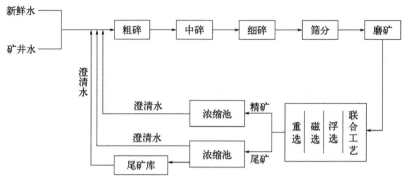

图3-6　选矿厂废水回用情况

参考文献

[1] 自然资源部. 中国矿产资源产业发展报告2020[M]. 武汉：中国地质大学出版社，2021.

[2] 何哲峰，蒋荣宝，刘树臣. 我国铬铁矿资源安全分析 [J]. 中国矿业，2016, 25 (6): 7-11, 29.

[3] 王若枫，袁帅，刘应志，等. 全球锰矿资源现状及选矿技术进展[J]. 矿产保护与利用，2023, 43 (1): 14-23.

第 **4** 章

非金属工业污染与减排

- □ 工业发展现状
- □ 主要工艺过程及产排污特征
- □ 污染减排技术

4.1　工业发展现状

我国非金属矿产资源具有种类齐全、储量丰富、应用领域广等特点，全国现已探明资源量的非金属矿产地有5000多处。根据《中国矿产资源报告（2023）》，我国有非金属矿产95种，可分为冶金辅助原料非金属矿产、化工原料非金属矿产、建材和其他非金属矿产3类，其中属冶金辅助原料非金属矿产资源的菱镁矿、萤石、耐火黏土，以及化工非金属矿产资源的硫、磷、重晶石、芒硝、钠盐的探明储量均居世界前列，建材和其他非金属矿种类多、分布广，在国际市场上也具有较强的竞争力，石墨、滑石、石棉、大理石、花岗石、水泥原料、玻璃硅质原料的矿产品或加工品均有大量出口。

截至2021年年底，我国非金属矿中磷矿资源总保有储量超过200亿吨，居世界第2位，探明储量主要集中于西南和中南两地区的湖北、云南、贵州、湖南、四川五省，合计储量占全国总储量的80%；菱镁矿资源总保有储量36亿吨，居世界第1位，占全球菱镁矿总储量的29%，主要特点是储量相对集中，大型矿床多；石墨资源总保有储量居世界第1位，但可采储量占比小，尤其是大鳞片石墨可采储量更少，天然石墨探明可采储量约为7400万吨，全球占比约为22.5%。全国有22个省（自治区、直辖市）有石墨矿产出，以黑龙江最多，储量占全国的59.0%，内蒙古自治区和吉林省石墨矿也较丰富；在全国24个省（自治区、直辖市）有石膏矿产出，探明储量的矿区规模以大、中型为主，矿石储量21.25亿吨；石棉矿藏分布于全国18个省（自治区、直辖市），共有矿点600多个，石棉矿床类型以蛇纹石石棉（又称温石棉）为主，储量占全国石棉总储量的95%以上。

非金属矿采选的主要环境问题是露天采矿颗粒物的无组织排放，选矿废水的排放，以及采矿废石及选矿尾矿的堆存。部分矿山资源利用率不高，以石灰岩矿山为例，全国正在开采的石灰岩矿山有6000余处，但大多数矿山由私人企业开采，一般正规开采的石灰石矿山资源利用率在90%以上，但民采矿山资源利用率只有40%。

4.2　主要工艺过程及产排污特征

4.2.1　主要工艺过程

非金属矿山的开采方式主要有露天开采、地下开采两种。其中，石灰石、石棉、云母、滑石、宝玉石、建筑装饰用石的开采方式一般为露天开采。建筑装饰用石的开采方式以人工开采居多。黏土可直接用于工业生产，以膨润土矿为例，露天开采法的矿山占比超过95%。石膏矿的开采方式有露天开采法和地下开采法，但主要是地下开采法。我国原盐生产的三大种类包括海盐、井矿盐和湖盐，海盐和湖盐都是露天开采，只有井矿盐需要地下开采。石墨矿产资源主要有晶质石墨和隐晶质石墨两种，晶质石墨矿采用露天开采，隐晶质石墨矿多为地下开采。

非金属矿物制品制造业多为流程型行业，产品从原料到成品的工序一般包括原料制备（配料、磨料、干燥）、成品制成（烧制、熔融、养护、成型）、成品加工（磨边、抛光、退火）三大工艺环节。

4.2.2 产排污特征

矿山开采颗粒物的排放以无组织排放为主，其排放量根据作业条件、气象条件、采矿规模、采取的措施等不同而有较大差别。选矿废水中的污染物主要来自选矿药剂及矿石中的污染物，主要为化学需氧量、氨氮、石油类和悬浮物，有少量的重金属汞、镉、铅、砷等。采矿剥离产生的废石、选矿产生的尾矿为一般工业固体废物，采矿废石的产生量与矿石赋存条件和开采条件有关，不同矿山差异较大。

非金属矿物制品制造业主要的污染物以废气的有组织颗粒物、二氧化硫和氮氧化物为主，其中以使用工业窑炉的非金属矿物制品制造行业产污量占比最高。通过分析该类非金属矿物制品业工艺流程可知，产污的核心影响因素是工艺（能源结构）和技术要求。

以陶瓷制品行业为例，窑炉烟气中颗粒物的来源分为两大部分：一部分来源于燃料的不完全燃烧，在低温缺氧条件下形成含碳的颗粒物；另一部分是喷雾干燥塔及窑炉中存在的陶瓷粉尘由高温烟气带出。

窑炉烟气中的二氧化硫一部分来自含硫的燃料，另一部分来自需要烧制的陶瓷原料。陶瓷原料中的硫化物一部分来自其本身的矿物原料，还有一部分来自坯体粉料在喷雾干燥塔中吸收热风炉热风燃烧时形成的硫氧化合物。这些含硫化合物在烧成窑炉内经过高温燃烧生成二氧化硫气体。

窑炉烟气中氮氧化物（NO_x）主要由三部分组成，分别是热力型NO_x、快速型NO_x和燃料型NO_x。其中热力型NO_x的产生与燃烧温度关系密切，当温度低于1400℃时NO_x生成速度缓慢，当温度高于1400℃时，NO_x生成速率呈指数增加；快速型NO_x主要产生在火焰燃烧的初始区，对不含氮的碳氢燃料影响较大；燃料型NO_x的产生则与燃料中含氮化合物的多少有关。以煤为例，燃料型NO_x的产生量占总产生量的60%以上。

4.3 污染减排技术

（1）非金属矿采选

采矿废气中颗粒物的治理方式主要是洒水、硬化、苫盖等，破碎等有组织源主要采取袋式除尘器除尘或湿式除尘器除尘，均属于行业通用技术，具有较强的实用性，在维护和管理到位的情况下运行状况可以保持长期稳定，其中袋式除尘器的处理效率较高，可达99%以上，湿式除尘器的处理效率较低，一般在80%左右，但矿山破碎站多设置在矿区内，可按无组织源核算。剥离、钻孔、爆破、铲装、运输等环节产生无组织颗粒物，治理效率一般为40%～50%。

非金属矿的选矿废水的主要污染物为悬浮物，通过沉淀、絮凝处理后可全部回用于选矿工序，大部分企业可做到废水不外排。

采矿废石大部分可综合利用，部分选择废石场堆存，选矿尾矿综合利用程度较低，通过建设单独尾矿库堆存。

（2）非金属矿物制品

非金属矿物制品制造业主要的污染物以废气的有组织颗粒物、二氧化硫和氮氧化物为主。针对废气、废水的治理技术以及设备相对成熟。非金属矿物制品制造业废气排放常用治理技术情况见表4-1。

表4-1 非金属矿物制品制造业废气排放常用治理技术情况（仅供参考）

污染物类型	污染物因子	治理技术	治理效率/%	应用占比/%
废气	颗粒物	过滤式除尘	≥99	50
		静电除尘	95～99	10
		湿式除尘	60～80	10
		旋风除尘	70～80	10
		组合除尘	≥95	20
	二氧化硫	石灰石/石膏法	>90	60
		石灰/石膏法	>85	20
		钙钠双碱法	≥85	10
		氨法	≥95	10
	氮氧化物	低氮燃烧法	≥55	10
		SNCR	≥50	45
		SCR	≥80	45

续表

污染物类型	污染物因子	治理技术	治理效率/%	应用占比/%
废水	化学需氧量	沉淀分离、化学混凝法等	40 ~ 50	70
	氨氮		20 ~ 30	20
	悬浮物		70 ~ 80	10

注：1. 颗粒物指有组织颗粒物和窑炉烟尘。

2. 治理效率和应用占比与被处理废气产生工况以及行业有关。

3. SNCR—选择性非催化还原；SCR—选择性催化还原。

参考文献

[1] 陈军元，从相军，颜玲亚，等 . 我国非金属矿产资源现状及勘查技术特点[J]. 中国非金属矿工业导刊，2023 (1): 1-5, 27.

[2] 杨稳权，张华，蔡忠俊，等 . 战略性非金属矿产资源现状及加工技术研究进展[J]. 化工矿物与加工，2024, 53(1): 35-49.

第 5 章
煤炭开采及加工
污染与减排

5.1　工业发展现状及主要环境问题

5.1.1　工业发展现状

5.1.1.1　煤炭开采

（1）国外工业发展现状

世界煤炭资源的地理分布是很广泛的，遍及各大洲的许多地区，但又是不均衡的。总的来说，北半球多于南半球，尤其集中在北半球的中温带和亚寒带地区。北半球北纬 30°～ 70°之间是世界上最主要的聚煤带，占世界煤炭资源量的 70% 以上。

截至 2020 年年底，全球已探明的煤炭储量为 1.07 万亿吨。分地区来看，亚太地区储量占比 42.8%，北美地区储量占比 23.9%，原独联体国家储量占比 17.8%，欧盟地区储量占比 7.3%，以上 4 个地区储量合计占比超过 90%。从国家来看，美国是全球煤炭储量最丰富的国家，占全球资源的 23.2%，俄罗斯占比 15.1%，澳大利亚占比 14.0%，中国占比 13.3%，印度占比 10.3%，以上 5 个国家储量之和占全球总储量的 75.9%；而印度尼西亚和蒙古国煤炭的探明储量占比仅为 3.2% 和 0.2%，详见图 5-1。

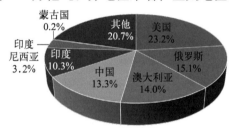

图5-1　世界部分国家煤炭资源占比

1）美国

美国的煤炭主要分布在阿巴拉契亚煤区、内陆煤区和西部煤区（包括粉河盆地）。其中，阿巴拉契亚煤区，包括亚拉巴马州、东肯塔基州、马里兰州、俄亥俄州、宾夕法尼亚州、田纳西州、弗吉尼亚州和西弗吉尼亚州，美国生产的煤约有 25% 来自阿巴拉契亚的煤矿区。西弗吉尼亚州是该地区最大的产煤州，也是美国第二大产煤州。阿巴拉契亚的煤矿区，地下煤矿生产了 79% 的煤炭。内陆煤炭地区，包括阿肯色州、伊利诺伊州、印第安纳州、堪萨斯州、路易斯安那州、密西西比州、密苏里州、俄克拉何马州、得克萨斯州和肯塔基州西部。美国生产的煤炭约 20% 来自内陆煤矿区。伊利诺伊州是内陆煤炭地区最大的煤炭生产州，占该地区煤炭产量的 30%，占美国煤炭总产量的 6%。地下煤矿提供了该地区 54% 的煤炭产量，地面矿山则提供了 46%。西部煤炭区，包括阿拉斯加州、亚利桑那州、科罗拉多州、蒙大拿州、新墨西哥州、北达科他州、犹他州、华盛顿州和怀俄明州，美国生产的煤约有 55% 来自西部地区。怀俄明州是美国最大的煤炭生产州，其煤炭产量占美国煤炭总产量的 41%，占美国西部煤炭开采量的 74%。美国前十大煤矿中，有七座位于怀俄明州，所有这些矿山都是露天矿。露天煤矿开采了西部煤炭区 92% 的煤。美国最大的两个煤矿是怀俄明州的北羚羊罗谢尔矿和黑雷矿，这两个煤矿煤炭产量占美国煤炭总产量的 22%。

2）俄罗斯

俄罗斯是煤炭总储量最多的国家之一，预测储量超过5万亿吨，可采储量2000亿吨以上，约占世界可采储量的12%，仅次于美国和中国，居第三位。俄罗斯煤炭种类多样，如长焰煤、褐煤、炼焦煤等。其中焦煤不仅储量大，而且品种齐全，能充分保障钢铁工业需求。约42%的硬煤储量可用于炼焦，不足3%的硬煤储量为烟煤。煤田与煤矿床在俄罗斯的分布是不均衡的，绝大部分的煤炭可采储量（约90%）位于西伯利亚东部与西部，约5%的可采储量分布在远东和欧洲部分。大部分煤田地质采矿条件复杂，探明储量中约1600亿吨或80%埋藏深度达300m。

俄罗斯煤炭主要分布在两个大型含煤带内：一个位于贝加尔湖与土尔盖凹陷之间，包括伊尔库茨克、坎斯克-阿钦斯克、库兹巴斯、埃基巴斯图兹和卡拉干达等煤田；另一个位于叶尼塞河以东，北纬60°以北，包括通古斯、勒拿和泰梅尔等大煤田。此外，远东地区的南雅库特等煤田也很重要。焦煤产地主要有库兹巴斯煤田、伯朝拉煤田、南雅库特煤田和伊尔库茨克煤田。俄罗斯有煤矿343个，其中井工矿119个（含37个停产或破产矿）、露天矿224个（含21个停产或破产矿），另外有选煤厂19个。

3）澳大利亚

澳大利亚煤炭资源丰富、品种齐全，有无烟煤、半无烟煤、烟煤（动力煤和炼焦煤）、次烟煤和褐煤，按目前生产水平计算，澳大利亚探明的煤炭资源可采180年。澳大利亚是世界第四大煤炭生产国，硬煤产量占世界硬煤总产量的近7%，其中3/4的硬煤产量来自露天矿，仅有1/4来自井工矿。从分布地区看，澳大利亚烟煤和次烟煤主要分布于新南威尔士州和昆士兰州。这两个州的煤炭探明储量占澳大利亚探明储量的97%，也是澳大利亚出口煤炭的主要生产基地。其中新南威尔士州探明煤炭储量占澳大利亚探明储量的39%，主要分布在悉尼-冈尼达煤田的东西两侧，煤种为动力煤和半软焦煤。昆士兰州探明煤炭储量占澳大利亚探明煤炭储量的58%，其中炼焦煤储量占3/4以上，主要分布在鲍恩煤田的北部和中部地区，煤层埋藏较浅，以露天开采为主，已探明的经济可采储量占62%。维多利亚州是澳大利亚唯一生产褐煤的州，西澳大利亚州、南澳大利亚州和塔斯马尼亚州也有褐煤资源分布。

澳大利亚约有28个煤田，其重要煤田有昆士兰州的鲍恩煤田、新南威尔士州的悉尼煤田、维多利亚州的拉特罗布谷煤田和吉普斯兰煤田等。优质炼焦煤主要分布在新南威尔士州的悉尼煤田和昆士兰州的鲍恩煤田，次烟煤主要分布在南澳大利亚州和西澳大利亚州，褐煤主要分布在维多利亚州，占澳大利亚探明褐煤储量的96%以上。澳大利亚生产煤矿数量近100个，其中产量在1000万吨及以上的煤矿有16个，产量占比41%；产量在500万～1000万吨的煤矿有27个，产量占比33%；产量在500万吨以下的煤矿有54个，产量占比36%。

（2）国内工业发展现状

1）煤炭资源开发现状

我国煤炭资源在地理分布上的总体格局是西多东少、北富南贫。已探明的煤炭资源主要分布在山西省、陕西省、内蒙古自治区、宁夏回族自治区、甘肃省、新疆维吾尔自治区，生产和在建煤炭资源开发企业也主要分布在这些地区。全国除上海市外，其他省（自治区、直辖市）都有不同数量的煤炭资源。在全国2100多个县中，1200多个有预测储量，已有进行煤矿开采的县就有1100多个。据自然资源部《中国矿产资源报告（2023）》，截至2022年年底我国煤炭保有储量2070.12亿吨。据中国煤炭地质总局等发布的《全国煤炭资源潜力评价》，全国2000m以内的煤炭资源总量为5.90万亿吨，其中查明和预测的资源为2.02万亿吨，其中生产井、在建井已占用近4200亿吨；全国潜在资源为3.88万亿吨，共圈定预测区2880个，总面积42.84万平方千米。

2）煤炭产业布局及生产规模

近年来，煤炭开发高度集中，煤炭生产重心逐步向山西、陕西、内蒙古等资源禀赋好、竞争能力强的地区集中。国家统计局数据显示，2022年全国规模以上煤炭企业原煤产量45.0亿吨，同比增长9.0%。亿吨级产煤省（自治区）产量比重继续增加，山西省、内蒙古自治区、陕西省仍稳居前三名，山西省（13.07亿吨）和内蒙古自治区（11.74亿吨）原煤产量超10亿吨，陕西省达到7.46亿吨；第四位是新疆维吾尔自治区（4.12亿吨），与前三位差了一个等级，贵州省（1.28亿吨）和安徽省（1.12亿吨）刚上亿吨级台阶。亿吨以上6省（自治区）产煤合计为38.79亿吨，同比增长9.4%，占全国原煤产量的86.3%，比重比2021年提高0.4个百分点。

目前，全国煤矿数量大幅减少，大型现代化煤矿已经成为全国煤炭生产主体。据统计，截至2022年年底，全国共有煤矿约4400处，在建572处，生产煤矿产能超过44亿吨/年。其中，千万吨级生产煤矿79处，产能提高到12.8亿吨/年；年产120万吨以上的大型煤矿1200处以上，产能占全国的85%左右。建成智能化煤矿572处，智能化采掘工作面1019处。

原煤产量方面，2022年我国煤炭产量45.6亿吨，同比增长10.41%。能源消费总量54.1亿吨标准煤，同比增长2.9%。煤炭消费量增长4.3%，占比56.2%。2022年，原煤产量45.0亿吨，比上年增长9.0%。进口量2.9亿吨，比上年下降9.2%。2012～2022年我国煤炭产量及增速情况见图5-2。

3）煤炭开采工艺路线

我国煤矿开采主要有井工开采和露天开采两种方式，其中，井工开采占比94%左右，露天开采仅占6%左右，其开采的工艺路线主要有以下几种。

① 井工煤矿　井工开采主要有炮采、机采和综采三种方式，随着科技水平的提高，我国大部分煤矿特别是国有煤矿都采用综采的方式，其综采工艺主要包括采煤、装车、运输、支护、采空区处理等部分。

② 露天煤矿　露天煤矿的开采一般通过地表剥离采出煤炭资源，对地表植被破坏较大，开采过程中，生态修复、粉尘治理、矿井水综合利用等是环境治理主要考虑的要素。其开采工艺分为间断式、连续式和半连续式。露天煤矿间断式开采工艺适用于各种地质矿岩条件；连续式工艺劳动效率高，易实现生产过程自动化，但只能用于松软矿

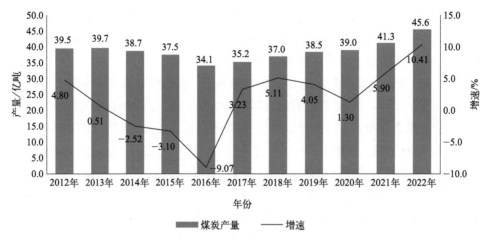

图5-2　2012～2022年我国煤炭产量及增速情况

岩；半连续式工艺兼有以上两者的特点，但在硬岩中，需增加机械破碎岩石的环节。开采顺序是采矿和剥离在时间和空间上的相互配合。

③ 选煤厂　根据环保政策的有关规定，新建煤矿必须配套建设选煤厂，选煤厂生产工艺流程主要由煤炭加工、矸石处理、材料和设备输送等矿井地面系统构成，其中地面煤炭加工系统由受煤、筛分、破碎、选煤、储存、装车等主要环节构成，是矿井地面生产的主体。

4）主要污染物产生及排放情况

近年来，我国煤炭矿区资源综合利用稳步发展，煤矸石综合利用率由2005年的44.3%增长至2021年年底的73.1%，矿井水综合利用率由2005年的44%增长至2022年年底的79%；煤矿瓦斯（煤层气）抽采量由2005年的23亿立方米增长至2021年年底的4.735立方千米，利用量1.446立方千米。近几年来，抽采瓦斯提纯制液化天然气（LNG）、压缩天然气（CNG），中低浓度瓦斯发电及提纯制备CNG、LNG，乏风瓦斯氧化销毁等技术的应用得到进一步推广，瓦斯发电规模进一步扩大。共伴生高岭土、油母页岩、高铝粉煤灰、硫铁矿、石灰石等综合利用产业化步伐加快。

经过多年的发展，煤矿节能降耗取得积极进展，煤矿企业从单一节能向技术节能、管理节能、结构优化节能、全方位能源管理转变，单位生产能耗显著降低。

近年来，特别是党的十九大以来，煤炭洗选加工发展进一步加速，2022年，煤炭产量45.6亿吨，原煤入选量31.51亿吨，入选率达到69.1%。煤炭洗选加工的发展带动了相关产业的发展和进步，千万吨级大型选煤厂数量不断增加，我国在选煤工艺设计、建设、运行管理领域已达到世界先进水平。重介质选煤工艺应用大范围推广，占全部洗选工艺的比重达到70%。在干法选煤工艺技术和装备制造领域也取得重大进步，复合干法分选设备大型化、系列化、自动化、智能化水平进一步完善提高。选煤厂单厂规模不断扩大，全国运营的选煤厂超过2100座，已建成一批具有世界先进水平的大型、超大型选煤厂。

5.1.1.2　煤炭加工——炼焦行业发展概况

从第一次全国污染源普查至今，受全球经济形势、钢铁生产技术及环保政策等方面因素影响，我国焦化行业经历了由迅速扩张向集约、环保、高效发展的重要转变。目前，我国已基本形成完整的焦化工业体系，在规模、产量、技术及管理方面均处于世界领先水平。

自《焦化行业准入条件（2008年修订）》首次将半焦（兰炭）企业纳入准入范围开始，我国炼焦工业基本正式形成。炼焦企业广泛分布在全国32个省（自治区、直辖市）中的29个，仅西藏自治区、海南省和北京市没有炼焦企业。据调查统计，2014年我国焦炭产量达到峰值，之后回落，2022年，我国焦炭产量累计4.73亿吨，较2016年增长5.35%，见图5-3。

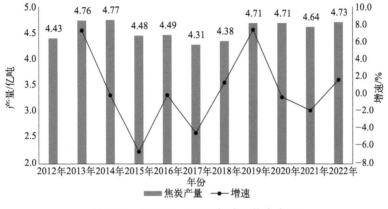

图5-3　2012 ～ 2022年我国焦炭产量

近年来，我国淘汰落后产能步伐加快，一大批技术落后型企业退出市场，全国具有一定规模的炼焦企业降至602家，全国炼焦产能平均规模增至114万吨以上，因此炼焦总产能仍维持在6.5亿吨左右。我国以常规机械化焦炉为主，常规机械化焦炉产能约占焦炭总产能的87.6%，热回收焦炉产能约占2.5%，半焦（兰炭）产能约占9.9%，其中炭化室高度5.5m及以上大型常规机械化焦炉占焦炭总产能的51.9%左右。炼焦企业主要分布在山西、河北、山东、陕西、内蒙古、河南、江苏、辽宁等地。截至目前，我国正常运行的7m顶装焦炉有58座、7.63m顶装焦炉有17座、6.0m及以上捣固焦炉有22座。

5.1.2　主要环境问题

5.1.2.1　煤炭开采

党的十九大以来，国家、地方和各级企业对矿区环境保护重视程度日益加深，用于矿区环境保护的资金投入大幅增加，老矿区环境治理取得积极进展，矿区环境恶化趋势得到了有效遏制。新建煤矿项目在立项、建设和运营过程中的环境监管进一步加强，新建成煤矿矿区的总体环境状况显著提高。

我国的煤炭资源开发主要集中在中西部地区。第一，这些地区大部分为生态脆弱区，环境恢复任务艰巨；第二，大量的集中式煤炭开发，导致大量的污染物集中式排放，而且现有煤炭企业不再是单一的煤炭开采企业，大部分是集煤、电、化一体的综合性企业，加剧了污染物排放的复杂性和治理难度；第三，环保治理成本较高，收益较低，大部分煤炭企业在环保政策的强压下被动治理，积极性不高；第四，现阶段的矿区环境治理技术水平有待进一步提高，如井下充填、二次污染的处置等。

煤炭开采的主要环境问题有以下几方面。

（1）煤炭行业产量增加，环境治理没有跟上

据统计，2022年全国煤炭产量45.6亿吨，同比增长10.41%，煤炭产量增加，伴生污染物也随之增加，但是综合治理及生态修复水平却没有大幅度提高，环境问题突出。

（2）小型煤矿环境治理水平没有显著改善，环境治理效果较差

小型煤矿环境治理设施不齐全，治理效果较差。特别是矿井水、生活污水处理不达标，部分小煤矿甚至没有污水处理设施。

（3）环境保护政策趋严，环境治理投入加大，成本增加

近年来，《中华人民共和国环境保护法》《中华人民共和国环境保护税法》《大气污染防治行动计划》等一系列环保法律法规、政策措施的实施，提高了污染排放门槛，加大了环境污染的违法成本，企业为做到达标排放，环保投入成本增加，在企业经济效益较好的情况下，环保投入尚能保障，经济形势一旦下滑，便首先在环保治理上大打折扣。

（4）科技创新能力有待提高

"科教兴煤"战略并没有得到完全落实，煤炭作为传统的劳动密集型产业，也是苦脏累险的行业。首先，高素质的人才比例低，虽然近些年煤炭科技进步速度加快，煤矿装备现代化水平大幅提升，但与两化融合型、人才技术密集型发展的要求还存在较大差距，原始性创新能力比较弱。其次，节能环保装备水平及污染物治理水平还亟待提高和完善。

5.1.2.2　煤炭加工——炼焦

我国虽已成为世界上最大、最重要的焦炭生产国，但就整体而言，由于历史的、体制的和企业重视程度等方面的原因，中国炼焦行业中存在的问题在新形势下显得尤为突出，主要表现如下。

（1）焦炭产能严重过剩，企业技术管理水平与产业集中度有待进一步提高

近年来，我国逐步提高焦化行业准入门槛，并加速淘汰落后产能，大批土焦炉、改

良焦炉、小机焦炉、小兰炭焦炉被取缔，大批4.3m左右老焦炉被整合或更新改造，炼焦企业数量明显减少，但焦化产能平均规模大幅度提升，使得我国焦炭产能仍维持在6.5亿吨左右。2022年我国焦炭产能5.58亿吨左右，而实际产量为4.73亿吨，产能过剩。此外，目前仍有众多中小型独立炼焦企业存在，这些企业不仅规模小、布局分散，而且生产水平低下、技术管理粗放，造成资源、能源的极大浪费和严重的环境污染。

（2）产业结构不合理，资源综合利用效率仍然较低

近年来，我国焦化企业在"焦化副产品"和"焦炉煤气综合利用"等方面取得了长足发展，煤气制甲醇、焦油加氢、焦油深度加工等先进工艺技术在行业内逐渐被推广采用。但是，受当前经济形势和市场需求影响，上述技术仅在少数大型炼焦企业被采用，致使资源综合利用率低下，浪费严重。

（3）环保压力陡增，环境问题依然严重

炼焦企业排污环节多、强度大、种类复杂、毒性大。近年来，我国炼焦企业大都配套建设了焦炉装煤除尘、出焦除尘、废水处理和煤气净化脱硫脱氮等环保设施，干熄焦、煤调湿等先进技术以及余热蒸汽回收利用装置也被推广采用，在一定程度上减轻了环境污染。但随着公众对环境要求的日益提高，环保政策的逐渐趋严，当前环保技术的投入仍然很难实现炼焦企业污染物达标排放，环保形势依然严峻。

5.2　主要工艺过程及产排污特征

5.2.1　主要工艺过程

5.2.1.1　煤炭开采

煤炭开采过程和辅助活动产生的污染物包括废水、废气和固体废物，其中废水是指生产过程中排出的矿井水、矿坑水，煤炭洗选加工过程产生的煤泥水，煤矿工业场地产生的生产废水和生活污水。大气环境污染主要源于煤炭破碎、筛分和储运环节无组织煤尘扬散，露天矿采掘场、排土场扬尘，煤炭企业燃煤锅炉烟尘和二氧化硫大气污染物排放等。目前大型矿井的地面生产系统煤炭转载输送都是封闭的，但储煤场多数都是露天的，尤其是一些老矿井，在风力作用下，露天煤堆会产生大量的粉尘，对周围环境造成严重污染。固体废物主要为矿井掘进矸石、选煤厂洗选矸石、露天矿剥离土岩等。煤矸石是煤矿生产排放量最大的固体废物，也是我国工业固体废物中产生量和堆积量最大的固体废物。典型井工煤矿与露天煤矿开采工艺过程及产污环节示意详见图5-4（书后另见彩图）和图5-5（书后另见彩图）。

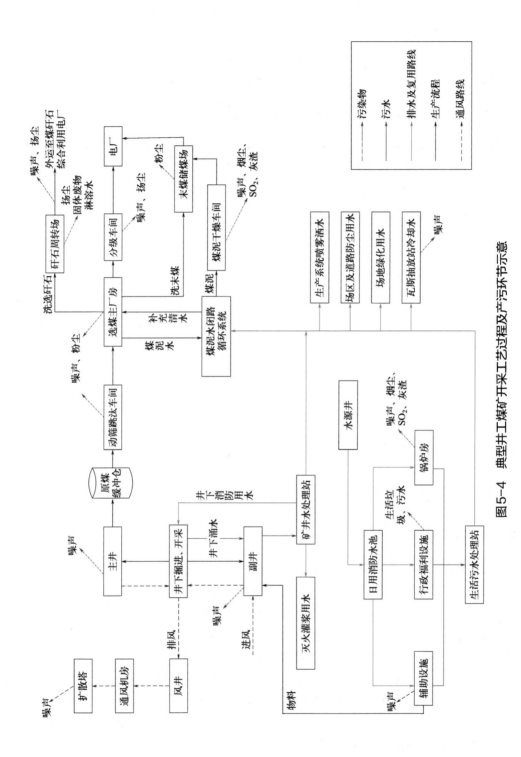

图5-4 典型井工煤矿开采工艺过程及产污环节示意

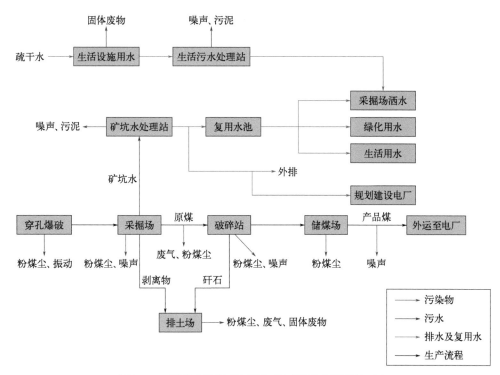

图5-5　典型露天煤矿开采工艺过程及产污环节示意

5.2.1.2　煤炭加工——炼焦

炼焦行业小类中的生产工艺主要包括顶装工艺、捣固工艺、热回收工艺及半焦工艺，主要生产工艺及产排污节点如图5-6所示。炼焦企业工艺过程中产生的污染物种类见表5-1。

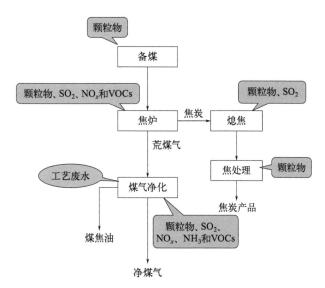

图5-6　炼焦行业常规机械化焦炉典型生产工艺及产排污节点示意

表5-1 炼焦企业工艺过程中污染物种类

污染物类别	工艺单元	污染物种类
废气	备煤及储运系统	工业废气、颗粒物
	装煤地面站	工业废气、颗粒物、SO_2和VOCs
	推焦地面站	工业废气、颗粒物和SO_2
	焦炉烟囱	工业废气、颗粒物、SO_2、NO_x和VOCs
	熄焦系统	工业废气、颗粒物和SO_2
	焦处理系统	工业废气、颗粒物
	煤气净化工段	工业废气、颗粒物、SO_2、NO_x、NH_3和VOCs
废水	煤气净化工段	工业废水、化学需氧量、氨氮、石油类、挥发酚、氰化物、总磷、总氮
固体废物	—	一般固体废物
		危险废物

5.2.2　产排污特征

5.2.2.1　煤炭开采和洗选

(1) 污染物排放类型及特征

煤炭开采和洗选业是指开采地下煤炭资源并进行物理加工的行业，可以划分为煤炭开采和煤炭洗选加工两个子行业。煤炭开采业的产品是原煤（露天煤矿称为毛煤），煤炭洗选业的产品是不同粒径和灰分等级的商品煤。煤矿矿井在井下采煤、掘进和煤炭洗选加工过程中会产生大量的矿井水、矿井瓦斯、煤矸石、煤泥，其中矿井水运送至地面或井下水处理站，首先进行综合利用，不能利用的部分达标排放，设有在线监测的排污口。随着《中华人民共和国环境保护税法》的实施，企业尽可能地利用煤矿产生的矿井水，拓展矿井水综合利用途径，减少排污税的缴纳。煤矸石分为掘进矸石和洗选矸石，首先进行综合利用，不能利用的部分安全、达标处置。大气污染方面，除锅炉房产生的颗粒物、SO_2、NO_x等污染物为有组织排放外，其他环节如转载、筛分、运输等均为无组织排放。为了维持煤矿的正常生产，需要用风机向井下输送新鲜空气，风井井口排放大量含矿井瓦斯（甲烷）的气体，风机运转过程中会产生噪声，煤炭的洗选加工过程中也会产生噪声。

(2) 产排污节点

煤炭开采和洗选业主要产生的污染物为废水、废气和固体废物，其中废水主要指矿井水和生活污水，监测指标包括废水排放量、化学需氧量、石油类等。废气主要来源于转载点、破碎车间等产生的无组织排放，主要监测指标为颗粒物。

5.2.2.2 煤炭加工——炼焦

我国炼焦工艺有常规机械化焦炉、热回收焦炉、半焦炭化炉三类，以常规机械化焦炉生产工艺为例，分析炼焦工业具体产排污环节。

常规机械化焦炉污染物排放来自备煤、炼焦、熄焦、焦处理、煤气净化等生产环节，各环节产排污情况如下。

（1）备煤

备煤工序主要污染源有煤场、煤粉碎机室、各转运站及运煤通廊等。转运、配煤及粉碎等操作过程中，煤尘向大气逸散而形成污染，主要污染因子为颗粒物，基本为连续性无组织排放。

（2）炼焦

炼焦作业区大气污染物排放量较大，污染物种类较多，危害性也较大。

1）焦炉炉体

焦炉炉体排放主要是从焦炉装煤孔盖、炉门及上升管等处泄漏的烟尘、SO_2 和 VOCs，为连续性无组织排放；另外还有在装煤推焦时从炉体中逸散出的烟尘、SO_2 和 VOCs，为间歇性无组织排放。主要污染因子为颗粒物、SO_2 和 VOCs。

2）焦炉烟囱

焦炉烟囱为连续性有组织排放，主要污染因子为 SO_2、NO_x、颗粒物和 VOCs。

（3）熄焦

熄焦工艺分为湿法熄焦和干法熄焦两种。

1）湿法熄焦

湿法熄焦是焦炭被送入熄焦塔内，水与炽热的焦炭接触，其间伴有大量的熄焦水蒸发和污染物逸散，主要污染物为颗粒物和 SO_2。

2）干法熄焦

干法熄焦是用惰性气体作热载体，由循环风机鼓入冷却室内，吸收焦炭显热，经余热锅炉后回到冷却室，如此循环将焦炭冷却，主要污染因子为颗粒物和 SO_2。

（4）焦处理

焦处理工序主要污染源有筛焦楼及焦转运站等，主要污染因子为焦炭在筛分过程中产生的颗粒物和 VOCs，为连续性无组织排放。

（5）煤气净化

煤气净化系统向环境排放的污染物包括各类设备的放散管、管式炉烟囱、排气口、各类储槽等产生的废气，以及脱硫、蒸氨、煤气水封、粗苯分离等过程产生的废水。废气主要污染因子包括颗粒物、SO_2、NO_x、NH_3和VOCs等。废水主要污染因子包括COD、BOD、挥发酚、氰化物、氨氮、石油类等。

（6）其他涉及VOCs源项

通过对炼焦企业、生产过程和废气排放形式等的剖析，炼焦行业其他VOCs污染源项还包括工艺有组织排放、工艺无组织排放和废水集输贮存处理过程等。

5.3　污染减排技术

5.3.1　煤炭开采

采煤工作面是煤矿产尘量最大的场所，目前采煤工作面采取煤层注水、采煤机内外喷雾、液压支架喷雾、破碎机喷雾、转载点喷雾、风流净化、清扫冲洗、个人防护等综合防尘措施，粉尘降尘效率达到75%以上，高压外喷雾可使总粉尘降尘率达到90%以上。

矿井水处理工艺主要有：

① 高悬浮物矿井水处理，一般采用混凝、沉淀（或浮升）以及过滤、消毒等工序处理后，其出水水质即能达到生产使用和生活饮用标准的要求；

② 高矿化度矿井水的处理，除采用给水净化传统工艺去除悬浮物和消毒外，其关键工序就是脱盐；

③ 酸性矿井水的处理，有中和法、生物化学处理法、湿地生态工程处理法等。

煤矸石、粉煤灰、煤泥最佳处置方式为综合利用，不能综合利用的部分通过回填井下采空区、沉陷区等方式进行合理化处置。

煤炭采选业废气、废水产污关键节点和治理技术分别见表5-2和表5-3。

5.3.2　煤炭加工——炼焦

全国炼焦工业主要污染治理措施基本情况如下。

5.3.2.1　废气治理

（1）煤粉尘、焦粉尘治理

大部分炼焦企业通过在煤场周围布设防尘网，并配合洒水或喷洒覆盖剂等措施减少煤场粉尘污染问题，少数企业也通过采用封闭式煤仓来彻底解决煤场粉尘问题。

表5-2　煤炭采选业废气产污关键节点和治理技术

工序：煤炭采选　　　污染源种类：废气

工序	原料	产品	工艺	生产规模	产污节点	污染因子	治理技术
煤炭开采	烟煤和无烟煤		井工机采	特大型、大型、中型、小型	原煤输送、转载点	无组织排放颗粒物	封闭、喷雾洒水
			井工综采	特大型、大型、中型、小型	原煤输送、转载点	无组织排放颗粒物	封闭、喷雾洒水
			露天开采	大型、中型	采掘场	无组织排放颗粒物	喷雾洒水
					破碎站	无组织排放颗粒物	喷雾洒水
	褐煤		井工机采	特大型、大型、中型、小型	原煤输送、转载点	无组织排放颗粒物	封闭、喷雾洒水
			井工综采	特大型、大型、中型、小型	原煤输送、转载点	无组织排放颗粒物	封闭、喷雾洒水
煤炭洗选	烟煤和无烟煤	洗精煤	块煤、末煤全入洗	特大型、大型、中型	原煤筛分破碎车间	无组织排放颗粒物	过滤式除尘、旋风除尘、组合式除尘
		洗混煤	块煤入洗、末煤不入洗	特大型、大型、中型	原煤筛分破碎车间	无组织排放颗粒物	过滤式除尘、旋风除尘、组合式除尘
			干选	所有规模	原煤筛分破碎车间	无组织排放颗粒物	过滤式除尘、旋风除尘、组合式除尘
	褐煤	洗混煤	块煤入洗、末煤不入洗	大型、中型	原煤筛分破碎车间	无组织排放颗粒物	过滤式除尘、旋风除尘、组合式除尘

表5-3 煤炭采选业废水产污关键节点和治理技术

工序：煤炭采选　　　　污染源种类：废水

工序	原料	产品	工艺	生产规模	产污节点	污染因子	治理技术
煤炭开采	烟煤、无烟煤、褐煤	烟煤和无烟煤	井工机采	特大型、大型、中型、小型	矿井水处理站	废水排放量、COD、石油类、汞、砷、悬浮物、氟化物	物理处理法、化学处理法、物理化学处理法
			井工综采	特大型、大型、中型、小型	矿井水处理站	废水排放量、COD、石油类、汞、砷、悬浮物、氟化物	物理处理法、化学处理法、物理化学处理法
		褐煤	井工机采	特大型、大型、中型、小型	矿井水处理站	废水排放量、COD、石油类、汞、砷、悬浮物、氟化物	物理处理法、化学处理法、物理化学处理法
			井工综采	特大型、大型、中型、小型	矿井水处理站	废水排放量、COD、石油类、汞、砷、悬浮物、氟化物	物理处理法、化学处理法、物理化学处理法
		烟煤和无烟煤	露天开采	大型、中型	疏干水处理站	废水排放量、COD、石油类、汞、砷、悬浮物、氟化物	物理处理法、化学处理法、物理化学处理法
		褐煤		大型、中型	疏干水处理站	废水排放量、COD、石油类、汞、砷、悬浮物、氟化物	物理处理法、化学处理法、物理化学处理法
煤炭洗选	烟煤和无烟煤	洗精煤	块煤、末煤全入洗	特大型、大型、中型	浓缩池	废水排放量、COD、石油类、汞、砷、悬浮物、氟化物	物理处理法、化学处理法、物理化学处理法
		洗混煤	块煤入洗、末煤不入洗	特大型、大型、中型	浓缩池	废水排放量、COD、石油类、汞、砷、悬浮物、氟化物	物理处理法、化学处理法、物理化学处理法

炼焦企业普遍采用煤（焦）转运站、粉碎机室、运煤（焦）通廊封闭等措施，避免煤（焦）粉尘外泄，并在煤转运站、粉碎机室，以及筛焦楼、焦转运站设置袋式除尘器，除尘效率超过99%，有效控制了煤粉尘、焦粉尘外逸，各排放口排放速率及浓度能实现达标排放。

（2）炼焦烟尘治理

炼焦作业区大气污染物排放量较大，污染物种类较多，危害性也较大。装煤及推焦操作过程的烟尘污染排放量约占焦炉烟尘总污染排放量的90%。应用较多的焦炉装煤烟尘控制技术有高压氨水喷射、导烟车消烟除尘、单集气管压力调节、地面站烟尘净化、车载式烟尘净化以及上述各种技术的组合方式等；应用较多的推焦烟尘控制技术为推焦干式地面除尘站。也有部分企业将装煤与出焦除尘合二为一进行净化处理，两个除尘系统共用一个除尘器和一台风机，减少占地面积。

炼焦企业通过采用炉顶装煤孔盖密封结构，并用特制泥浆密封炉盖与盖座的间隙；上升管盖、桥管承插口采用水封装置；上升管根部采用耐高温填充物填塞，泥浆封闭，以减少炉顶污染。通过采用弹簧刀边焦炉炉门防止炉门泄漏。

炼焦企业减少焦炉烟囱二氧化硫排放，普遍采用净化后的煤气为焦炉加热；加强炉体维护，控制炉体串漏，避免未经净化的荒煤气进入燃烧室；采用焦炉烟气脱硫措施。常用控制氮氧化物的措施为：a. 采用自动加热技术，控制高温火道；b. 采用贫煤气为焦炉加热；c. 采用分段燃烧、废气循环加热方式；d. 采用烟气脱硝等。2014年，工业和信息化部印发《大气污染防治重点工业行业清洁生产技术推行方案》，推荐焦炉分段（多段）加热技术及焦炉煤气两级脱硫以减少氮氧化物和二氧化硫排放。

（3）熄焦烟尘和废气治理

湿法熄焦向大气排放大量的水蒸气并夹带焦尘，湿法熄焦目前采用塔内设置双层折流板的抑尘方式，减少熄焦过程焦尘外排。

干法熄焦将红焦显热有效回收，并在干熄炉装/排焦口、预存室放散气口、熄焦循环气体放散口等处设烟尘捕集装置，烟尘送至除尘地面站除尘，除尘效率达99.5%以上，并有效回收红焦显热。截至2021年，全国325家焦化企业已建成干熄焦装置396套，总干熄焦能力达5.28万吨/时。

（4）焦炉煤气净化、利用及工艺废气治理

煤气净化系统污染物治理主要是从设计上对各类设备进行密封，防止其放散及泄漏，从根本上加以控制和治理，并对产生的各类废气采取相应的净化措施。

冷凝鼓风、粗苯分离、油库等工序各储槽的放散气体可集中通过压力平衡装置接入吸煤气管道，也可通过洗涤塔净化后排放；管式炉等加热炉燃用脱硫净化后的煤气；脱硫再生尾气经洗涤塔净化后排放。

5.3.2.2 废水治理

焦化企业废水一般可分为酚氰废水、循环冷却水排污水、生活污水等，焦化企业水处理应遵循清污分流、污污分治、深度处理、分质回用的原则。

① 酚氰废水 常见处理工艺有蒸氨、预处理（隔油、气浮）、生物处理（A/O、A²/O、A/O²、AAOO、AOAO）、混凝处理等。处理后用于熄焦、高炉冲渣可采用一级生物脱氮；处理后如果外排需要采用两级生物脱氮；对于废水无法消纳或新水价格较高的企业，也可以采用生物处理+深度处理+脱盐处理的方法。

② 循环冷却水排污水 循环冷却水排污水除水温略有升高外，基本不含其他污染物。一般可通过预处理、脱盐处理后用作循环冷却水补充水。

③ 生活污水 生活污水水量较小，可兑入酚氰废水送处理站处理，也可以独立处理用于生产中水。

5.3.2.3 VOCs治理

炼焦行业挥发性有机物排放源包括有组织排放源和无组织排放源，不同于以有组织排放为主的SO₂等常规大气污染物，VOCs排放多以无组织排放为主。按照污染源归类解析，炼焦行业涉及源项主要包括设备动静密封点污染源、挥发性有机液体贮存调和污染源、燃烧烟气排放污染源、循环冷却水系统释放污染源、工艺有组织排放污染源、废水集输贮存处理过程污染源。

炼焦行业涉及的挥发性有机物污染源项及其排放形式如表5-4所列。

表5-4 炼焦行业涉及的挥发性有机物污染源项及其排放形式

序号	源项	排放形式	描述
1	设备动静密封点	无组织	主要是指设备内的物料通过设备动静密封点泄漏产生的VOCs排放，既存在于生产装置中，也存在于贮存、装载、供热供冷等公辅设施中，设备动静密封点类型主要包括泵、压缩机、搅拌器、阀门、泄压设备、取样连接系统、开口管线、法兰、连接件、其他，共10大类
2	挥发性有机液体贮存调和	无组织	主要是指有机液体固定顶罐（立式和卧式）、浮顶罐（内浮顶和外浮顶）的静置呼吸损耗和工作损耗产生的VOCs排放，压力储罐暂不考虑VOCs排放
3	燃烧烟气排放	有组织	主要是指锅炉、工业炉窑、加热炉、内燃机和燃气轮机等设施燃烧燃料过程排放的VOCs
4	工艺有组织排放	有组织	主要是指生产过程中装置有组织排放的工艺废气，其VOCs的排放受生产工艺过程的操作形式（间歇、连续）、工艺条件、物料性质限制
5	废水集输贮存处理过程	无组织	主要是指废水在收集、贮存及处理过程中从水中挥发的VOCs

参考文献

[1] 中华人民共和国自然资源部. 中国矿产资源报告 2023[M]. 北京：地质出版社，2023.

[2] 中国煤炭地质总局. 全国煤炭资源潜力评价 [R]. 北京：中国煤炭工业协会，2022.

[3] 中国煤炭工业协会. 2022 煤炭行业发展年度报告 [R]. 北京：中国煤炭工业协会，2023.

[4] 焦化行业准入条件（2008 年修订）（产业［2008］第 15 号）[EB/OL]. 北京：中华人民共和国商务部，2008.

[5] 生态环境部第二次全国污染源普查工作办公室. 第二次全国污染源普查产排污系数手册·工业源（全五册）[M]. 北京：中国环境出版集团，2023.

第6章
石油炼制工业污染与减排

6.1 工业发展现状及主要环境问题

6.1.1 工业发展现状

根据《石油炼制工业污染物排放标准》(GB 31570—2015)，石油炼制工业指以原油、重油等为原料，生产汽油馏分、柴油馏分、燃料油、润滑油、石油蜡、石油沥青和石油化工原料等的工业。

2022年，我国原油一次加工能力净增2550万吨，达到9.18亿吨，同比增长2.9%，原油一次加工能力首次超过美国，位居世界首位。全年原油加工量6.76亿吨，同比下降3.9%，受新建产能未能完全释放等因素影响，原油一次加工装置平均开工率同比下降6.3个百分点，降至73.6%。从经营主体看，中国形成了以中国石油、中国石化为主，中国海油、中国化工、中化集团、中国兵器、地方炼厂、外资及煤基油品企业等多元化发展格局。从炼厂数量看，中国石油26家、中国石化35家、中国海油12家、煤制油15家、其他炼厂100余家。从产能看，中国石化3.10亿吨/年、中国石油2.25亿吨/年、中国海油(包括其控股的地方炼厂)0.51亿吨/年、独立炼厂3.81亿吨/年、其他炼油企业0.15亿吨/年。

经过40多年的发展，在不断枯竭的石油资源和日益严重的环境问题面前，炼油产业也逐步从粗放型发展模式向精细化发展模式转变，炼油规模不断扩大，产品品种不断增加，推进炼化一体化建设，实现了规模化、基地化、集群化发展，在长江三角洲、珠江三角洲和环渤海地区形成了3个大型区域性炼化企业集群，建设了一批现代化的大型炼厂。2022年，中国千万吨及以上炼油厂已经增加至33家，合计炼油能力4.63亿吨/年，占全国的47.2%。中国三大石油公司总炼油能力在58605万吨/年，若加上其他国有或中央背景炼厂，总炼油能力达60105万吨/年，占中国总炼油能力的61.69%。从地区布局看，我国炼厂主要分布在华东地区，该地区总炼油能力约在3.9亿吨/年。华东地区的独立炼厂主要集中在山东地区，山东省稳定运营的独立炼厂有56家，总炼油能力大约在2.2亿吨/年，约占到中国总炼油能力的22.41%。除山东炼厂以外的华东地区炼厂的炼油能力占比在17.12%；山东省的炼油能力已经超过中国炼油总能力的1/5。其次是东北地区，炼油能力占全国总炼厂的18%。华南地区是中国炼油产业集中度最高的地区，多以国企规模型炼厂为主，约占中国总炼油能力的14.81%。华东、东北和华南位列前三，这三个地区的优势主要是原料运输方便，供应便利。

2021年国务院印发《2030年前碳达峰行动方案》，明确规定：到2025年，国内原油一次加工能力控制在10亿吨以内，主要产品产能利用率提升至80%以上。这意味着未来对落后和小规模装置的淘汰,将会是我国炼油规模实现目标的主要方式。

石油炼制工业原油加工量的不断增加和原油品质的劣质化,导致污染物排放量居高不下,环境形势依然严峻。2013年9月13日,国务院发布了《大气污染防治行动计划》(国发〔2013〕37号),要求:石油炼制企业的催化裂化装置要安装脱硫装置;在石化、有机化工等行业实施挥发性有机物综合整治,在石化行业开展"泄漏检测与修复"技术改造;限时完成加油站、储油库、油罐车的油气回收治理,在原油成品油码头积极开展油气回收治理。2015年4月,环境保护部和国家质量监督检验检疫总局发布了《石油炼制工业污染物排放标准》(GB 31570—2015),加快了我国石油炼制工业污染防治措施改进,推进了石油炼制工业全过程控制和精细化环境管理工作。针对石化工业挥发性有机物管理,我国出台了《石化行业挥发性有机物综合整治方案》《石化行业VOCs污染源排查工作指南》《石化企业泄漏检测与修复工作指南》,初步形成石化工业挥发性有机物排放量核算方法、采样检测规范以及综合管控要求,为石油炼制工业企业挥发性有机物污染源排查和设备动静密封点泄漏检测与修复等提供技术指导。2022年,国务院办公厅印发《新污染物治理行动方案》(国办发〔2022〕15号),对石油化工行业加快有毒有害物质绿色替代、降低新污染物排放提出了新要求,是提升石油化工行业绿色制造水平、增加绿色产品有效供给的重要举措,也是石油化工行业实现绿色高质量发展与高水平生态环境保护相协调的必然要求。

6.1.2 主要环境问题

6.1.2.1 行业污染排放概况

(1)废水

根据中国环境统计年鉴数据,2019~2021年,原油加工及石油制品制造业化学需氧量和氨氮排放量及其占参与统计的42个行业总排放量的比例均不大,具体见表6-1。

表6-1 行业废水污染物排放统计

项目	原油加工与石油制品制造业废水污染物排放量/万吨			占42个行业总排放量比例/%		
	2019年	2020年	2021年	2019年	2020年	2021年
化学需氧量	1.71	1.37	1.22	2.22	3.16	3.23
氨氮	0.11	0.056	0.046	3.15	0.30	2.93

(2)废气

根据中国环境统计年鉴数据,2019~2021年,原油加工及石油制品制造业二氧化硫排放量、氮氧化物排放量和颗粒物排放量占调查统计的42个行业总排放量的比例不大，具体见表6-2。

表6-2 行业废气污染物排放统计

项目	原油加工与石油制品制造业废气污染物排放量/万吨			占42个行业总排放量比例/%		
	2019年	2020年	2021年	2019年	2020年	2021年
二氧化硫	14.41	7.13	2.28	3.64	2.79	1.09
氮氧化物	36.77	20.75	0.18	6.71	4.97	0.05
颗粒物	35.53	17.87	0.55	3.84	4.46	0.17

近些年，炼油行业通过使用脱硫燃料气、天然气等清洁燃料代替燃煤和燃料油，减少二氧化硫和烟尘排放；采用低氮燃烧器减少氮氧化物排放。

（3）固体废物

2021年，原油加工及石油制品制造业固体废物产生量在42个工业行业总产生量中占比不大，＜2%，一般工业固体废物综合利用率为33.8%，危险废物利用处置率为99.72%，具体见表6-3。

表6-3 行业固体废物产生量和综合利用量统计

类别	项目	原油加工与石油制品制造业	占42个行业总量比例/%
一般工业固体废物	产生量/万吨	0.65	1.64
	综合利用量/万吨	0.22	0.97
	综合利用率/%	33.8	——
危险废物	产生量/万吨	0.11	12.91
	利用处置量/万吨	0.11	13.18
	利用处置率/%	99.72	——

6.1.2.2 主要环境问题

（1）非正常工况污染治理水平较低

一些企业环境管理粗放，部分企业在开停车、检维修时排放挥发性有机物或恶臭物质影响周围居民生活。

（2）部分企业挥发性有机物精细化、全过程综合治理水平低

环境管理部门在对十多家石化企业现场检查中发现，各企业对挥发性有机物治理工作

开展深度不一致：有些企业按十二个源项计算全厂挥发性有机物排放量，在此基础上将全厂挥发性有机物排放量大的码头装卸、储罐挥发和冷却塔列为重点治理项目，加强管理，减少排放；有些企业仅进行了泄漏检测修复工作，没有对全厂的挥发性有机物排放源项进行整体梳理，有些企业无组织排放精细化管理不到位，"跑冒滴漏"严重。即便是在开展泄漏检测修复的企业中，各企业泄漏点修复率差别也较大，范围为38% ～ 92.5%。

在对部分国企及民营石化企业挥发性有机物调研中发现，部分企业的有机液体存储未安装油气回收设施；污水收集和输送未采取密闭设施，部分设施加盖收集但气密性有待加强；个别企业火炬气无收集系统；部分有机液体仍采用喷溅式装载；个别企业的中间产品和产品装卸逸散较多，造成厂区环境的污染。

（3）部分老旧企业存在地下水环境污染风险

石化行业生产过程中产生的各类工艺污水收集后经管线输送至污水厂处理，部分污水管线埋地敷设，泄漏不易发现。部分老旧石化企业采取的地下水防渗措施不完善，存在污染地下水和土壤的风险。

（4）部分企业危险废物贮存、处置不规范

个别企业危险废物暂存库容量不足，产生的危险废物空地堆放；部分危险废物贮存场所建设不规范，有的无导流渠道及收集池，有的防风防雨措施不完善；危险废物暂存库现场管理不严格，油泥包装袋破损，废油渗滤至地面；转移联单管理不规范。

（5）环境风险防控能力仍需进一步提高

石化企业多数生产装置属于高温高压反应装置，装置反应过程较为复杂，正常运行要求较高，且石化企业排放源众多，因此该行业环境风险较大，"谈化色变"对行业发展制约较大。

（6）部分企业在线监测设施安装不规范

部分企业没有按规定安装在线监测设施，或废气、废水在线监测设施未联网，或在线监测设施安装不规范以及在线监测设施存在非正常使用的情况。

6.2 主要工艺过程及产排污特征

6.2.1 主要工艺过程

石油炼制工业的原料是原油，由于我国原油大部分为重质原油，为了更多地提高原

油的产品率，炼油企业大部分采用焦化、催化裂化加工工艺使重质馏分轻质化。下面就燃料型炼油厂原油一次加工、二次加工、产品精制工艺过程介绍石油炼制工业生产工艺流程、排污节点、排污方式和排放的污染物种类。一般炼油工艺和相关操作包括以下5种。

（1）分离工艺

包括常压蒸馏、减压蒸馏、轻烃回收（气体加工）。石油炼制操作的第一个阶段是使用3种石油分离工艺［常压蒸馏、减压蒸馏、轻烃回收（气体加工）］把原油分割为它的主要馏分。原油是烷烃、环烷烃，以及带有少量杂质硫、氮、氧和金属的芳香烃等烃类化合物的混合物。炼油厂分离工艺把原油分割为沸点相近的馏分。

（2）石油转化工艺

包括裂化（催化或加氢）、重整、烷基化、聚合、异构化、焦化、减黏裂化。为了满足高辛烷值汽油、喷气燃料和柴油的需求，将渣油、燃料油和轻烃转化为汽油和其他轻馏分。采用裂化、焦化和减黏裂化工艺把大的石油分子裂化为较小的分子。采用聚合和烷基化工艺将小石油分子聚合为较大的分子。异构化和重整过程被用于重排石油分子的结构以生产相似分子大小的较高价值的分子。

（3）石油精制工艺

包括加氢脱硫、加氢精制、化学脱硫、酸气脱除、脱沥青。石油精制工艺通过分离不适当的组分和脱除不希望的元素稳定和升级石油产品。由加氢脱硫、加氢精制、化学脱硫和酸气脱除工艺去除不希望的元素，如硫、氮、氧和金属组分。精制工艺主要使用加氢、碱洗、溶剂脱沥青、吸附工艺分离石油产品。脱盐被用于在炼制之前从原油进料中脱除盐、矿物质、泥沙和水。氧化沥青被用于聚合和稳定沥青以改善沥青的抗老化性能。

（4）原料和产品储运

包括贮存、调和、装载、卸载。炼油厂原料和产品储运操作由卸载、贮存、调和及装载活动组成。

（5）辅助设施

包括锅炉、废水处理、制氢装置、硫回收厂、冷却水塔、泄放系统。对于炼油厂，各种各样不直接涉及原油炼制的工艺和设备都有至关重要的作用。炼油厂多数加工单元需要辅助设施生产的产品（如净水、蒸汽等）。

石油炼制企业按照生产的产品通常可以分成燃料型石油炼制企业（典型工艺流程见图6-1）、燃料-润滑油型石油炼制企业（典型工艺流程见图6-2）和化工型石油炼制企业三大类。

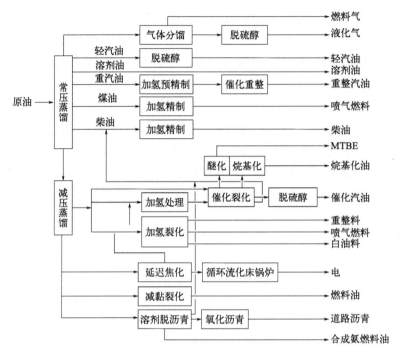

图6-1 燃料型炼油厂典型工艺流程

MTBE—甲基叔丁基醚

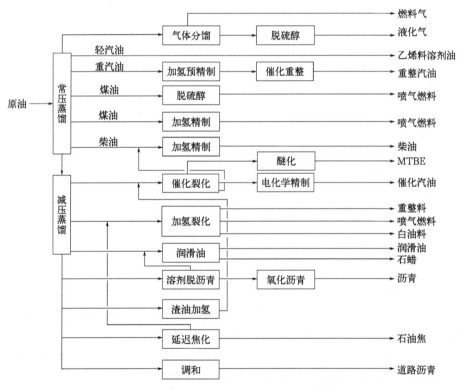

图6-2 燃料-润滑油型炼油厂典型工艺流程

6.2.2 产排污特征

6.2.2.1 废气产排污节点分析

典型石油炼制企业废气产排污节点示意见图6-3。

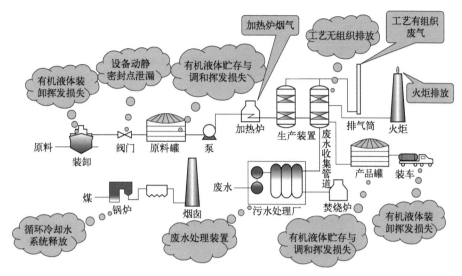

图6-3 典型石油炼制企业废气产排污节点示意

石油炼制行业大气污染物排放源包括有组织排放源和无组织排放源，SO_2等常规大气污染物以有组织排放为主，VOCs排放以无组织排放为主，主要包括设备动静密封点、挥发性有机液体贮存调和、挥发性有机液体装载、固体物料堆存、燃烧烟气排放、循环冷却水系统释放、工艺有组织排放、废水集输贮存处理过程、工艺无组织排放、非正常工况（含开停工及维修）排放、火炬排放、事故排放、厂内道路及非道路移动源排放等。石油炼制行业大气污染物污染源项及其排放形式如表6-4所列。

表6-4 石油炼制行业大气污染物污染源项及其排放形式

序号	源项	排放形式	描述
1	设备动静密封点	有（无）组织	主要是指设备内的物料通过设备动静密封点泄漏产生的VOCs排放，既存在于生产装置中也存在于贮存、装载、供热供冷等公辅设施中，设备动静密封点类型主要包括泵、压缩机、搅拌器、阀门、泄压设备、取样连接系统、开口管线、法兰、连接件、其他，共10大类
2	挥发性有机液体贮存调和	有（无）组织	主要是指有机液体固定顶罐（立式和卧式）、浮顶罐（内浮顶和外浮顶）的静置呼吸损耗和工作损耗产生的VOCs排放，压力储罐暂不考虑VOCs排放
3	挥发性有机液体装载	有（无）组织	主要是指有机液体在装载、分装过程中产生的VOCs排放

序号	源项	排放形式	描述
4	固体物料堆存	有（无）组织	主要是指由于固体物料自身含有或吸附VOCs物质，在开放或半开放的环境中堆存时产生的VOCs排放
5	燃烧烟气排放	有组织	主要是指工业炉窑、加热炉、内燃机和燃气轮机等设施燃烧燃料过程排放的大气污染物
6	循环冷却水系统释放	有（无）组织	设备密封损坏，导致生产物料和冷却水直接接触，冷却水将物料带出，造成无组织排放
7	工艺有组织排放	有组织	主要是指生产过程中装置有组织排放的工艺废气，其大气污染物的排放受生产工艺过程的操作形式（间歇、连续）、工艺条件、物料性质限制
8	废水集输贮存处理过程	无组织	主要是指废水在收集、贮存及处理过程中排放的大气污染物
9	工艺无组织排放	无组织	主要是指非密闭式工艺过程中的无组织、间歇式的排放，在生产材料准备、工艺反应、产品精馏、萃取、结晶、干燥、卸料等工艺过程中，在生产加注、反应、分离、净化等单元操作过程，污染物通过蒸发、闪蒸、吹扫、置换、喷溅、涂布等方式逸散到大气中
10	非正常工况排放	无组织	开停工及检维修过程中由于泄压和吹扫等工序而排放的废气
11	火炬排放	有组织	主要是指用于热氧化处理、处置区域内的生产设备所排放的各类具有一定热值气体的焚烧净化装置所排放的大气污染物
12	事故排放	无组织	泄漏、火灾、爆炸等事故导致的大气污染物的排放
13	厂内道路及非道路移动源排放	无组织	厂内燃气或燃油的机动车及工程建设施工机械、小型通用机械、柴油发电机组排放的废气

各类排放源的大气污染物排放量与企业类型、规模、投产时间以及管理水平都有很大关系。以VOCs为例，据有关估算，国内一些炼油厂的设备管阀件泄漏、物料和产品储运与装卸、废水处理过程逸散等无组织排放的VOCs约占全厂VOCs排放量的90%。不同类型石油炼制企业可能情况有所不同，但其VOCs排放环节基本上可包含在上述污染源类型之内。

6.2.2.2 废水产排污节点分析

石油炼制工业废水主要来自各装置生产废水、污染雨水、生活污水、循环水系统排污水、化学制水排污水、蒸汽发生器排污水、余热锅炉排污水等，按性质分为含油污水、含硫含氨酸性水、含盐污水、含碱污水、脱硫废水、生活污水和生产废水，经"清污分流"及"污污分流"后分别处理。

典型石油炼制企业废水产排污节点示意见图6-4。

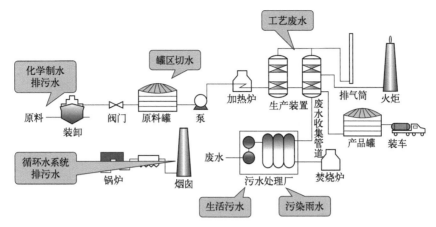

图6-4　典型石油炼制企业废水产排污节点示意

（1）含油污水

含油污水是炼油厂内排放量最大的一种废水，占全厂废水量的80%以上，主要包括装置油水分离器排水、油品水洗水、容器及地面冲洗水、机泵冷却排水、罐区切水、化验室含油废水，以及未回用的汽提净化水、循环水系统排污水、含油雨水等；废水中的特征污染物有石油类、硫化物、酚类化合物以及综合性指标COD等，与油品接触的含油废水，如油水分离器排水、机泵轴封冷却水、罐区切水等，一般为全厂含油污水量的20%左右，其主要污染物的浓度较高，如石油类为500～1000mg/L、COD为1000mg/L左右；另一部分含油污水，如地面冲洗水、含油雨水、循环水系统排污水等，其主要污染物的浓度较低，如石油类为100～200mg/L、COD为500mg/L以下，但这部分污水水量较大，一般占全厂含油污水量的70%～80%。

（2）含硫含氨酸性水

主要来自加工装置的轻质油油水分离罐、富气水洗罐、液态烃水洗罐等，该部分水量较小，一般占全厂污水的10%～20%，其特征污染物主要是硫化物、氨氮、氰化物、酚类化合物等，浓度较高，一般占全厂污水中硫化物、氨氮总量的90%以上。

（3）含盐污水

主要包括含污染物浓度较高的电脱盐污水、污泥滤液及循环水厂旁滤罐反冲洗排水等，该部分污水水量相对较小，一般占全厂污水总量的5%以下，但污染物的浓度并不低，而且变动很大，常常对污水处理厂造成冲击，其特征污染指标为pH值、无机盐类、游离碱、石油类、硫化物和酚类化合物等。

（4）其他生产废水及生活污水

主要为污染物含量很低的清净污水，包括循环水系统合格排污水、除盐系统排污水、锅炉排污水以及装置排放的生产废水，这部分废水受污染的程度较轻，符合排放标准的要求，可直接排放；生活污水主要来自炼油厂内生活辅助设施的排水，如办公楼卫生间、食堂等，这部分水量很小，其特征污染物主要是BOD_5、COD及悬浮物。

6.3 污染减排技术

6.3.1 废气污染治理

石油炼制工业部分生产装置或设施常规废气主要污染防治措施见表6-5。

表6-5　石油炼制工业部分生产装置或设施常规废气主要污染防治措施

产污装置或设施	污染物	污染防治措施
工艺加热炉	二氧化硫	采用低硫燃料
	氮氧化物	低氮燃料、选择性催化还原法
	颗粒物	采用清洁燃料
催化裂化再生装置	二氧化硫	湿法（氢氧化钠法、氧化镁法）
	氮氧化物	选择性催化还原法、选择性非催化还原法
	颗粒物	袋式除尘、湿式电除尘、电除尘
催化汽油吸附脱硫再生装置	二氧化硫	湿法（氢氧化钠法、氧化镁法）
	氮氧化物	选择性催化还原法、选择性非催化还原法
	颗粒物	袋式除尘、湿式电除尘、电除尘
酸性气回收装置	二氧化硫	湿法（氢氧化钠法、氧化镁法）、吸收
	氮氧化物	低氮燃料
	颗粒物	袋式除尘、湿式电除尘、电除尘等
污水处理厂	氨	生物法（生物滴滤）
生产装置设备与管线组件	挥发性有机物	泄漏检测与修复
储罐	挥发性有机物	油气平衡、油气回收（冷凝、吸附、吸收、膜分离或组合技术等）、燃烧净化（热力焚烧、催化燃烧、蓄热燃烧）
装载	挥发性有机物	顶部浸没式或底部装载方式+油气回收（冷凝、吸附、吸收、膜分离或组合技术等）、燃烧净化（热力焚烧、催化燃烧、蓄热燃烧）
污水处理场	挥发性有机物	预处理阶段：密闭集输与贮存+油气回收（冷凝、吸附、吸收或组合技术等）、燃烧净化（热力焚烧、催化燃烧、蓄热燃烧） 生化阶段：生物滴滤

6.3.2 废水污染治理

石油炼制工业污水处理厂的处理单元大致可分为预处理、生化处理（一级或二级）、深度处理及回用工艺三部分。预处理主要包括隔油、浮选、混凝沉淀、调节池（罐）等工艺。常用一级生化处理工艺主要包括鼓风曝气、序批式活性污泥（SBR）法、缺氧/好氧（A/O）法、氧化沟、膜生物反应器（MBR）、曝气生物滤池（BAF）、接触氧化、一体化生化工艺等。常用二级生化处理工艺主要包括BAF、接触氧化等。深度处理及回用工艺主要包括混凝沉淀、过滤、臭氧氧化、臭氧催化氧化以及超滤（UF）、反渗透（RO）等。

石油炼制工业主要废水治理技术见表6-6。

表6-6 石油炼制工业主要废水治理技术

类型	治理技术
物理处理法	过滤分离、破乳+除油、汽提、隔油、气浮、混凝、调节、湿式氧化、臭氧氧化、超滤、反渗透
化学处理法	中和法
生化处理法	好氧生物处理法、活性污泥法、SBR类、A^2/O工艺、A/O工艺、氧化沟类、MBR类、生物接触氧化法、曝气生物滤池（BAF）
物理化学处理法	化学混凝法

含油污水采用"隔油+浮选+生化处理"技术降低水中各种污染物的浓度。例如采用三级生物处理技术（氧化塘、MBR、BAF）进行处理，出水COD＜60mg/L、挥发酚＜0.5mg/L、石油类＜2mg/L、硫化物＜1.0mg/L、氨氮＜5mg/L。

6.3.3 工业固体废物主要来源及处置方式

石油炼制工业固体废物包括一般工业固体废物和危险废物，产生环节主要包括催化裂化、加氢裂化、加氢精制等生产装置产生的废催化剂、废瓷球、碱渣、废矿物油以及污水处理厂污泥等，具体属性根据《国家危险废物名录》和《危险废物鉴别标准》确定。

固体废物处置方式主要有焚烧、填埋、委托处理、厂家回收等。

参考文献

[1] 石油炼制工业污染物排放标准：GB 31570—2015[S].

[2] 关于印发新污染物治理行动方案的通知（国办发〔2022〕15号）[EB/OL]. 北京：国务院办公厅，2022.

第 **7** 章

造纸工业污染
与减排

7.1　工业发展现状及主要环境问题

7.1.1　工业发展现状

从 2007 年第一次全国污染源普查至今，随着产业结构调整、工艺技术的进步、环境监管及治理力度的加大，产业结构及末端治理水平等均发生了较大的变化，从 2009 年以来我国纸及纸板的生产和消费量一直稳居世界第一，在世界制浆造纸工业中起着举足轻重的作用。

根据中国造纸协会发布的《中国造纸工业 2022 年度报告》，2022 年全国纸浆生产总量 8587 万吨，较上年增长 5.01%。其中：木浆 2115 万吨，较上年增长 16.92%；废纸浆 5914 万吨，较上年增长 1.72%；非木浆 558 万吨，较上年增长 0.72%（表 7-1）。

表 7-1　2013 ~ 2022 年纸浆生产情况　　　　　　　　单位：万吨

品种	2013年	2014年	2015年	2016年	2017年	2018年	2019年	2020年	2021年	2022年
纸浆合计	7651	7906	7984	7925	7949	7201	7207	7378	8177	8587
1. 木浆	882	962	966	1005	1050	1147	1268	1490	1809	2115
2. 废纸浆	5940	6189	6338	6329	6302	5444	5351	5363	5814	5914
3. 非木浆	829	755	680	591	597	610	588	525	554	558
苇浆	126	113	100	68	69	49	51	54	41	41
蔗渣浆	97	111	96	90	86	90	70	97	72	79
竹浆	137	154	143	157	165	191	209	219	242	246
稻麦草浆	401	336	303	244	246	250	222	117	159	150
其他浆	68	41	38	32	31	30	36	38	40	52

2022 年全国纸浆消耗总量 11295 万吨，较上年增长 2.59%。木浆 4328 万吨，占纸浆消耗总量的 38%，其中进口木浆占 20%、国产木浆占 18%；废纸浆 6430 万吨，占纸浆消耗总量的 57%，其中进口废纸浆占 3%、国产废纸制浆占 54%；非木浆 537 万吨，占纸浆消耗总量的 5%（图 7-1，书后另见彩图）。

2022 年全国纸及纸板生产企业约 2500 家，全国纸及纸板生产量 12425 万吨，较上年增长 2.64%。消费量 12403 万吨，较上年增长 -1.94%，人均年消费量为 87.84 千克（14.12 亿人）。2013 ~ 2022 年，纸及纸板生产量年均增长率 2.32%，消费量年均增长率 2.67%。

全国纸及纸板总生产量总体呈上涨趋势，2022 年为 12425 万吨，2021 年为 12105 万吨，2022 年比 2021 年增长 2.64%。各类纸品，除新闻纸生产量持平外，其他类型纸及纸板生产量增长较为平稳，其中箱纸板、瓦楞原纸、未涂布印刷书写纸和白纸板为主要生产类型。

2022 年纸及纸板各品种生产量占总产量的比例见图 7-2（书后另见彩图），2022 年纸及纸板各品种消费量占总消费量的比例见图 7-3（书后另见彩图）。

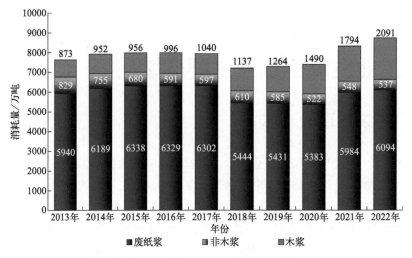

图7-1 2013～2022年国产纸浆消耗情况

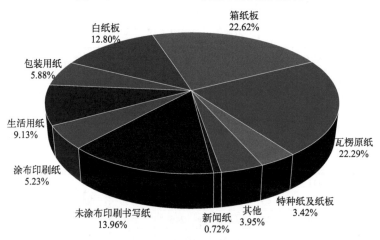

图7-2 2022年纸及纸板各品种生产量占总产量的比例

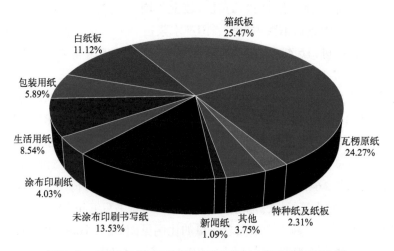

图7-3 2022年纸及纸板各品种消费量占总消费量的比例

截至目前，根据全国排污许可证管理信息平台数据统计，造纸和纸制品业已为3042家企业核发排污许可证，其中纸浆制造、机制纸及纸板制造类企业2283家，手工纸制造类企业27家，加工纸制造类企业118家，纸制品制造类企业614家。

7.1.2 主要环境问题

造纸和纸制品业中纸浆制造、造纸是耗用资源、能源较多的行业，也是对环境污染比较严重的行业。造纸和纸制品业对环境的污染主要体现在废水、废气和固体废物排放方面，其中废水排放最为突出。

根据2018～2021年《中国环境统计年鉴》，造纸和纸制品业废水中化学需氧量排放量减少45.2%，氨氮排放量减少26.3%，污染物排放逐年下降，但造纸行业污染物在全国工业废水污染物中的占比逐年提升，具体见表7-2。

表7-2 2018～2021年造纸和纸制品业废水治理设施及污染物排放情况

项目	2018年	2019年	2020年	2021年
化学需氧量排放量/t	96277	94636	54294	52803
全国工业废水化学需氧量排放量占比/%	11.83	12.26	12.52	13.99
氨氮排放量/万吨	1947	1668	1455	1435
全国工业废水氨氮排放量占比/%	4.88	4.78	7.71	9.14

随着国家和地方一系列产业经济技术及环保政策法规及标准的实施，不符合环保要求和经济效益的企业陆续关停。造纸行业自身坚持清洁生产，加大治理力度，实施结构减排、工程减排和管理减排，实现生产过程及终端污染物综合防治，推进节能减排，行业呈现出在产量逐年提升的情况下资源消耗和污染物排放大幅降低的良性变化趋势。

7.2 主要工艺过程及产排污特征

（1）化学法制浆

化学法制浆生产工艺过程主要为：植物原料经备料工段处理后进入蒸煮工段，在化学药液作用下蒸煮得到的粗浆经过洗涤、筛选工段净化，再根据需要通过氧脱木素及漂白工段生产纸浆。通常木（竹）采用硫酸盐法制浆，非木（竹）采用碱法或亚硫酸盐法制浆，其制浆工艺污染物产生节点分别见图7-4和图7-5。硫酸盐法或碱法制浆洗涤工段产生的黑液经蒸发后进入碱回收炉燃烧，燃烧后的熔融物经苛化工段产生白液和白泥。白液回到蒸煮工段作为蒸煮药液。木（竹）浆生产产生的白泥通过石灰窑煅烧生产氧化钙回用到苛化工段；非木（竹）浆生产产生的白泥作为制备碳酸钙的原料或其他用途，一般不配套石灰窑。亚硫酸盐法制浆洗涤工段产生的废液经蒸发后综合利用。

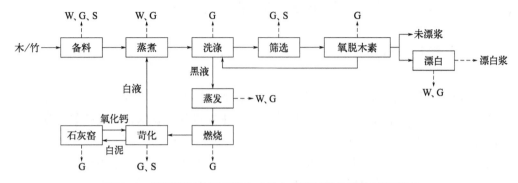

图7-4 典型硫酸盐法化学木（竹）制浆工艺污染物产生节点

W—废水；G—废气；S—固体废物

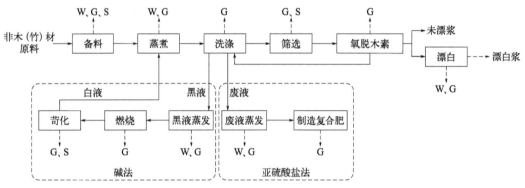

图7-5 典型碱法或亚硫酸盐法非木（竹）材制浆工艺污染物产生节点

W—废水；G—废气；S—固体废物

废水主要由备料、蒸煮、漂白、蒸发等工段产生，污染物主要为化学需氧量（COD_{Cr}）、五日生化需氧量（BOD_5）、悬浮物（SS）等。

废气主要为备料产生的粉尘，蒸煮、洗涤、筛选、黑液（废液）蒸发、污水处理厂等工段产生的臭气，碱回收炉、石灰窑产生的颗粒物、二氧化硫及氮氧化物等。硫酸盐法制浆臭气主要为硫化氢、甲硫醇、甲硫醚及二甲基二硫醚等，碱法制浆臭气主要为甲醇等，亚硫酸铵法制浆臭气主要为氨等，污水处理厂臭气主要为氨、硫化氢。

固体废物主要为备料工段产生的树皮和木（竹）屑、麦糠、苇叶、蔗髓及沙尘等废渣，筛选工段产生的节子和浆渣，碱回收工段产生的绿泥、白泥、石灰渣等。

（2）化学机械法制浆

化学机械法制浆生产工艺过程为：木材原料经备料工段处理后，在化学药液作用下预浸渍，而后送磨浆工序对原料进行磨解，再经漂白处理后进行洗涤、筛选生产纸浆。其污染物产生节点见图7-6。

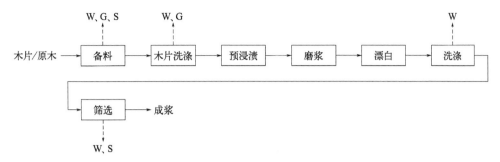

图7-6 典型化学机械法制浆工艺污染物产生节点

W—废水；G—废气；S—固体废物

废水主要由备料、木片洗涤、浸渍、筛选等工段产生，污染物主要为化学需氧量、五日生化需氧量、悬浮物等。

废气主要为备料产生的粉尘；污水处理厂产生的臭气，主要为氨、硫化氢；废液采用碱回收系统处理时，碱回收炉产生的颗粒物、二氧化硫及氮氧化物等。

固体废物主要为备料工段产生的树皮和木屑等废渣；筛选工段产生的浆渣等。

（3）废纸制浆

根据原料、生产工艺和产品特性的不同，废纸制浆生产工艺主要分为脱墨废纸制浆和非脱墨废纸制浆，其污染物产生节点分别见图7-7和图7-8。废纸制浆生产工艺过程主要为：废纸原料经分选后进入碎浆工段碎解，解离成纤维后，通过除渣、筛选工段净化，再根据需要进行脱墨和漂白生产纸浆。

废水主要由洗涤、筛选、脱墨及漂白等工段产生，主要污染物为化学需氧量、五日生化需氧量、悬浮物等。

废气为污水处理厂产生的臭气，主要为氨、硫化氢。

固体废物主要为碎浆工段产生的砂石、金属及塑料等废渣，筛选工段产生的油墨微粒、胶黏剂、塑料碎片及填料等，浮选产生的脱墨渣等。

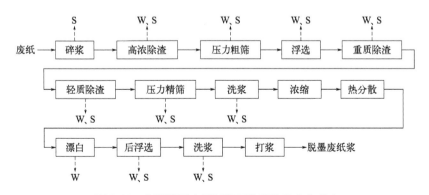

图7-7 典型脱墨废纸制浆工艺污染物产生节点

W—废水；S—固体废物

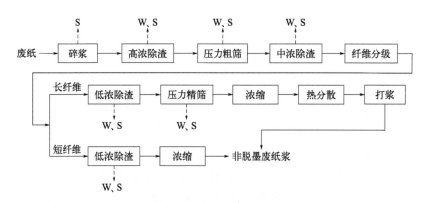

图7-8 典型非脱墨废纸制浆工艺污染物产生节点

W—废水；S—固体废物

（4）机制纸及纸板

机制纸及纸板生产工艺过程主要为：外购商品纸浆或自产纸浆经备浆工段进行碎浆或磨浆，由流送工段配浆并去除杂质后，上网成型，经压榨脱水、干燥烘干，并根据产品要求选择施胶或涂布，再经后干燥、压光、卷纸、复卷生产纸或纸板。其污染物产生节点见图7-9。

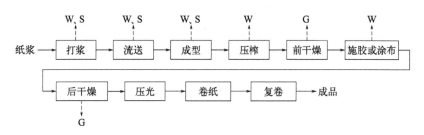

图7-9 典型机制纸及纸板制造工艺污染物产生节点

W—废水；G—废气；S—固体废物

废水主要由打浆、流送、成型、压榨、施胶或涂布等工段产生，主要污染物为化学需氧量、五日生化需氧量、悬浮物等。

废气为干燥产生的废气，主要为挥发性有机气体（与有机类溶剂使用有关）。

固体废物主要为打浆、流送工段产生的浆渣等。

（5）加工纸

涂布加工纸生产工艺过程主要为：外购纸张和涂料经过备料及涂布工序涂布后，进入干燥工序进行干燥，干燥后进行压光、分切。

复合加工纸生产工艺过程主要为：外购纸张和复合纸张经过备料后，根据产品要求选择涂胶，经复合工序复合后，进行加热固化，固化后进行收卷、分切。

典型加工纸制造工艺污染物产生节点见图7-10。

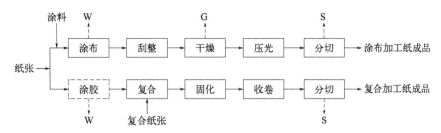

图7-10 典型加工纸制造工艺污染物产生节点
W—废水；G—废气；S—固体废物

废水主要为涂胶或涂布等工序产生的清洗废水等，主要污染物为化学需氧量、悬浮物。

废气为干燥工序产生的废气，主要为挥发性有机气体（与有机类溶剂使用有关）。

固体废物主要为生产过程产生的边角余料等。

（6）纸制品

纸和纸板制容器生产工艺过程主要为：外购纸张经过备料，按需求进行裁纸后，进入印刷工序进行印刷，印刷完成后进行模切，按设计组装成纸和纸板制容器。其污染物产生节点见图7-11。

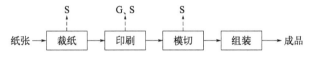

图7-11 典型纸和纸板容器制造工艺污染物产生节点
G—废气；S—固体废物

废气主要为印刷工序产生的废气，主要为挥发性有机气体（与有机类溶剂使用有关）。

固体废物主要为裁纸、印刷、模切产生废纸和废油墨等。

7.3 污染减排技术

7.3.1 废水污染治理

制浆过程产生的废水包括备料废水、洗涤废水、蒸煮及黑液蒸发产生的污冷凝水和漂白废水（漂白浆）等，碱法化学制浆黑液或废液进入碱回收车间处理，亚硫酸盐法制浆废液浓缩后综合利用；造纸过程产生的废水包括打浆、流送、成型、压榨、施胶或涂布等工段产生的生产废水。当前国内采取的废水处理技术情况如下。

（1）化学法制浆

化学木（竹）浆生产企业废水一级处理一般采用混凝沉淀，化学需氧量去除率在30%～75%；二级处理采用活性污泥法，化学需氧量去除率在60%～90%；三级处理采用Fenton氧化，化学需氧量去除率在30%～90%，或采用混凝沉淀、气浮，化学需氧量去除率在30%～75%。

化学蔗渣浆生产企业备料工段废水经过预处理后进入厌氧处理单元，化学需氧量去除率在10%～60%；制浆废水经一级混凝沉淀处理后，与处理后的备料工段废水混合进入二级活性污泥法处理单元，通常选择氧化沟处理工艺，化学需氧量去除率在70%～90%；三级处理一般采用Fenton氧化，化学需氧量去除率在30%～90%。

化学麦草、芦苇浆生产企业废水一级处理一般采用混凝沉淀，化学需氧量去除率在30%～75%；二级处理采用厌氧+好氧处理流程，厌氧处理化学需氧量去除率在10%～60%，好氧处理化学需氧量去除率在60%～90%；三级处理一般采用混凝沉淀或Fenton氧化，化学需氧量去除率在30%～90%。

（2）化学机械法制浆

化学机械法制浆生产企业废水一级处理一般采用混凝沉淀，化学需氧量去除率在30%～75%；制浆废液采用碱回收技术的企业，废水二级处理采用单独的好氧处理单元，制浆废液进入污水处理系统处理，二级处理采用厌氧与好氧处理相结合的方式，厌氧处理化学需氧量去除率在10%～60%，好氧处理化学需氧量去除率在60%～90%；三级处理采用Fenton氧化，化学需氧量去除率在30%～90%，或采用混凝沉淀、气浮，化学需氧量去除率在30%～75%。

（3）废纸浆

废纸浆生产企业废水回收纤维后，一级处理一般采用混凝沉淀或气浮，化学需氧量去除率在30%～75%；二级处理采用厌氧与好氧处理相结合的方式，好氧处理单元通常可选择完全混合活性污泥法或A/O处理工艺，厌氧处理化学需氧量去除率在10%～60%，好氧处理化学需氧量去除率在60%～90%；三级处理采用Fenton氧化，化学需氧量去除率在30%～90%，或采用混凝沉淀、气浮，化学需氧量去除率在30%～75%。

（4）造纸

造纸主要是机制纸及纸板生产，造纸生产过程产生的废水经回收纤维后，一级处理一般采用混凝沉淀或气浮，化学需氧量去除率在30%～75%；二级处理采用单独的活性污泥法好氧处理单元，通常可选择完全混合活性污泥法或A/O处理工艺，化学需氧量去除率在60%～90%；企业根据需要选择三级处理工艺，一般采用混凝沉淀或气浮，化学需氧量去除率在30%～75%。

7.3.2 废气污染治理

造纸和纸制品业的生产过程使用的碱回收炉、石灰窑、热风炉及其他生产设施，向大气排放的废气中有害物质包括二氧化硫（SO_2）、氮氧化物（NO_x）、颗粒物，以及生产过程产生的挥发性有机物（VOCs）等。

烟（粉）尘主要是备料时的粉尘和碱回收炉、石灰窑的颗粒物。备料时的粉尘主要使用机械法进行去除，用得较多的是旋风除尘器，除尘效率为90%左右。碱回收炉和石灰窑一般使用电除尘器进行除尘，除尘效率在99%以上。

恶臭物质主要分为无机类恶臭物质和有机类恶臭物质，其中有机类恶臭物质产生于硫酸盐法制浆企业，主要成分是甲硫醇、甲硫醚等恶臭类挥发性有机物，产生环节包括蒸煮放气、多效蒸发器不凝气和碱回收炉排气。一般的处理措施是将高浓臭气和低浓臭气分别收集，送碱回收炉处理。

纸制品制造过程产生的含挥发性有机物工艺废气，一般的处理措施是将废气收集，采用吸收（吸附）等净化方式进行废气处理。

7.3.3 固体废物污染治理

固体废物主要包括造纸和纸制品业加热装置产生的灰渣，备料工序产生的树皮、木屑、蔗髓和草末，制浆和造纸工序产生的浆渣，废纸脱墨过程产生的脱墨渣，碱回收产生的绿泥、白泥，纸和纸板容器制造印刷环节产生的废油墨，污水处理厂产生的污泥，等等。

生产过程中产生的固体废物除脱墨渣外均为一般固体废物，采用定点焚烧、锅炉燃烧、填埋或综合利用等处理方式。脱墨渣属于危险废物，收集干化后交由危险废物处置单位处置。

参考文献

[1] 中国造纸工业协会. 中国造纸工业 2022 年度报告 [R]. 北京：中国造纸工业协会，2022.

[2] 国家统计局，生态环境部. 中国环境统计年鉴 [M]. 北京：中国统计出版社，2019—2022.

第 **8** 章
纺织印染工业污染与减排

□ 工业发展现状及主要环境问题

□ 主要工艺过程及产排污特征

□ 污染减排技术

8.1　工业发展现状及主要环境问题

8.1.1　工业发展现状

　　广义的纺织业产业链如图8-1所示。纺织是一门工程技术，其主要任务是以纺织纤维为原料，经过纺织加工，制成各类纺织最终产品，因此在加工过程中呈现流程型加工的特点。纺织加工包括纺纱、织布和印染三个重要的工艺加工环节。纺织服装、服饰业包括机织服装制造、针织或钩针编织服装制造以及服饰制造。纺织服装制造业是以纺织面料为主要原料，经裁剪后缝制各种男、女服装以及儿童成衣的行业。相比于纺织业，纺织服装、服饰业的生产环节污染相对较少，污染物的产排量也较低。

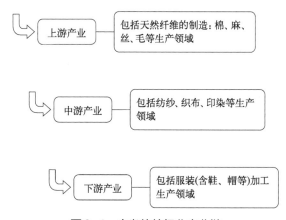

图8-1　广义的纺织业产业链

　　如果从原材料方面区分，主要可以分为棉纺、麻纺、毛纺、丝绢纺、化纤织造精加工5大类。其中，在上游产业中麻纺、毛纺、丝绢纺分别在麻脱胶、洗毛、缫丝等工段产生较多的废水；中游的织造（仅喷水织机工艺）、印染工段产生大量的废水，印染工段中部分工序，如印花、涂层和定型等会产生废气；下游的服装加工行业，成衣水洗工艺的生产工段会产生较多的废水。在废水处理过程中有恶臭等污染因子产生。

　　通过梳理行业分类和生产、产排污的关系，结合《排污许可证申请与核发规范纺织印染工业》（HJ 861—2017），将纺织印染行业所涉及产排污的小行业按生产工艺分成纺织织造行业（1712、1721、1731、1741、1751、1781）、印染行业（1713、1723、1733、1743、1752、1762）及服装服饰业（1819）3大类，包含涉及废水、废气排放的13个小行业，比HJ 861—2017中多两个行业——棉纱织造与非织造布行业，如图8-2所示（书后另见彩图）。除以上行业外，其他几乎不涉及废水、废气的产排污环节。

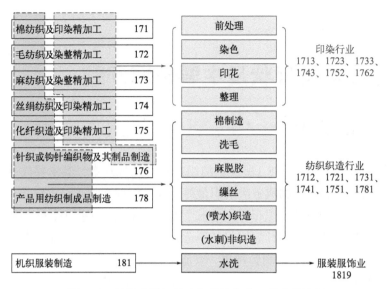

图8-2 涉及产排污的小行业按生产工艺分类情况

（1）纺织织造行业发展现状

纺织工业是我国传统支柱产业、重要民生产业和创造国际化新优势的产业。我国是世界纺织产业规模最大的国家，也是产业链最完整、门类最齐全、产业规模最大的国家。2022年，我国纤维加工量达到6154.9万吨，与2017年相比增长13.35%，并连续14年占全球纤维加工总量的50%以上。

据国家统计局数据，化学纤维、纱和布产量均有所减少，2022年产量分别同比下降0.2%、5.4%和6.9%，增速较2021年分别放缓9.3个百分点、13.8个百分点和14.4个百分点；规模以上企业服装产量也有所下降，2022年同比减少1.4%，增速较2021年下降6.6个百分点。具体见表8-1。

表8-1 2022年纺织行业主要大类产品产量情况

产品名称	产量	同比增长/%	产品名称	产量	同比增长/%
化学纤维	6697.8万吨	-0.2	苎麻布	0.62亿米	-1.18
纱	2719.1万吨	-5.4	亚麻布	5.8亿米	14.17
布	467.5亿米	-6.9	蚕丝	4.99万吨	2.23
印染布	556.2亿米	-7.52	无纺布	850万吨	3.6
毛机织物	4.5亿米	4.3	服装	232亿件	-1.4

资料来源：国家统计局。

注：化学纤维、纱、布产量为全社会数据，其他产品产量为规模以上企业数据。

2022年，在"高成本、弱需求"的供需环境下，纺织行业销售及盈利压力持续加大。全行业3.6万户规模以上企业累计实现主营业务收入52564亿元，同比增长0.9%，增速较2021年放缓3.5个百分点；实现利润总额2067亿元，同比减少24.8%，增速较

2021 年放缓 50 个百分点。规模以上企业销售利润率为 3.9%,低于 2021 年同期 1.1 个百分点;产成品周转率为 6.6 次/年,较 2021 年同期下调 12%;总资产周转率为 1.48 次/年,较 2021 年同期略有下降;2021 年"三废"比例为 6.6%,比上年下降 0.4 个百分点。

　　从空间分布格局来看,我国纺织企业主要分布浙江、江苏、山东、广东、福建东部沿海五个省份,企业集中度较高。长期以来,这些地区充分运用市场化机制,凭借地域优势、专业化市场以及完备配套设施等有利条件,形成了从原料到最终产品的完整产业链模式。表 8-2 ~ 表 8-4 分别反映了 2022 年我国纺织工业主要产品产量全国分布情况、纺织工业主要产品产量全国区域分布情况,以及 2018 年与 2022 年我国纺织工业品生产的区域分布变化。

表 8-2　2022 年纺织工业主要产品产量全国分布情况　　　　　　单位:%

地区	化学纤维	布	印染布	非织造布	服装
河北	1.40	2.16	0.55	3.21	1.77
江苏	24.37	13.25	15.28	10.23	15.64
浙江	48.09	18.43	56.58	17.44	12.83
福建	15.40	19.06	8.61	7.09	12.79
山东	1.20	0.90	5.97	19.87	9.90
河南	1.19	3.93	0.35	4.09	5.11
湖北	0.59	13.97	0.78	9.46	3.60
广东	1.13	5.49	7.03	5.98	21.36
四川	1.04	3.28	1.05	1.78	0.61
新疆	0.94	2.30	0.01	0.03	0.04
其他	4.65	17.23	3.79	20.82	16.35

数据来源:国家统计局、中国印染行业协会。

表 8-3　2022 年纺织工业主要产品产量全国区域分布情况　　　　　　单位:%

地区	化学纤维	布	印染布	非织造布	服装
东部地区	91.59	76.07	94.02	66.24	76.68
中部地区	3.56	17.91	3.63	26.29	17.75
西部地区	3.73	5.59	2.12	2.54	3.17
东北地区	1.12	0.43	0.23	4.93	2.40

数据来源:国家统计局、中国印染行业协会。

表 8-4　2018 年与 2022 年我国纺织工业品生产区域分布变化　　　　　　单位:%

时间	东部	中部	西部	东北
2018 年	75.2	19.8	4.4	0.6
2022 年	74.6	21.1	3.9	0.4

我国纺织产业地区，如珠江三角洲、长江三角洲和环渤海产区的形成主要是由于具有面向国际市场的地缘优势，加之在改革开放初期相对于内地的优惠政策优势。这两大优势促进了沿海地区大量纺织企业的诞生和成长，并成为国际纺织产业转移的承接地。纺织产业逐渐形成了生产规模较为集中且相对稳定的珠江三角洲产区、长江三角洲产区和环渤海产区三个主要产区。

中国纺织工业联合会发布了《建设纺织强国纲要（2011—2020年）》，其中可持续发展篇中列举了35项节能减排技术，涉及节能、环保、资源循环利用三大领域，具有典型的节能减排效果。一批节能减排和资源循环利用新技术在行业得到广泛应用。差别化直纺和新型纺丝冷却技术在化纤行业得到推广，高效短流程印染前处理技术在棉及棉混纺织物上得到普遍应用，废水余热回收、中水回用、丝光淡碱回收等资源综合利用技术在行业中推广应用比例已达到80%，纺织纤维再利用开发技术不断升级，以可再生、可降解的竹浆粕、麻秆浆粕为原料的黏胶纤维实现产业化生产。

除了35项技术外，行业每年都会涌现一批新技术、新装备，技术的不断进步一定程度上减轻了企业节能减排的负担和压力。从管理层面讲，智能化管控系统是未来企业发展的趋势，能够解决企业生产管理中的工艺技术、质量控制和能效管理等实际问题，也可以显著减少水、电、气等综合成本。从技术装备层面讲，小浴比设备、前处理平幅水洗、膜法废水处理技术等在逐步推广。从研发角度讲，环保浆料和助剂的研发和试验、有机废气的回收和治理等技术也在不断深入研究。

我国产业用纺织品行业很好地承载了纺织工业新的增长重任，不仅成为纺织工业转型升级和结构调整的重要方向和主要途径之一。近十年，以针刺、纺黏、水刺工艺为代表的非织造布工业茁壮成长，与其关联的上下游相关产业迅速成型。根据截至2022年12月的统计数据，目前国内共有纺黏法非织造布卷材生产企业300家，比2021年减少10家，降幅为3.2%；共有连续式熔喷法非织造布生产企业61家，与上年基本持平。国内共有纺黏法非织造布生产线1616条，比上年增加72条，增幅达到4.6%。其中，PP纺黏法非织造布生产线1374条，增幅为3.38%；PET纺黏法非织造布生产线122条，增幅为9.32%；在线复合SMS非织造布生产线116条，增幅为13.0%；连续式熔喷法非织造布生产线146条，增幅为7.3%。目前我国水刺生产线已超过318条，年产量约74万吨，生产企业约180家。

（2）印染行业发展现状

截至2022年年底，全国纳入固定污染源排污许可系统的印染行业企业有5734家，占全国纳入固定污染源排污许可系统企业总量的12.77%。5734家印染企业分布在27个省（自治区、直辖市），其中江苏省、浙江省、广东省、山东省、福建省、河北省以及河南省印染企业数量均超过100家，江苏省数量最多，为1769家；浙江省次之，为1227家；江苏省和浙江省印染企业数量之和占到全国总数量的52.25%。纳入排污许可系统的印染企业分布情况如表8-5所列。

表8-5　排污许可系统中各省份印染企业分布情况

省、自治区、直辖市	企业数量/家	百分比/%
江苏省	1769	30.85
浙江省	1227	21.40
广东省	951	16.59
山东省	496	8.65
福建省	315	5.49
河北省	246	4.29
河南省	129	2.25
湖北省	99	1.73
吉林省	72	1.26
安徽省	67	1.17
辽宁省	57	0.99
上海市	55	0.96
江西省	47	0.82
四川省	39	0.68
天津市	36	0.63
内蒙古自治区	32	0.56
湖南省	21	0.37
山西省	20	0.35
广西壮族自治区	14	0.24
重庆市	11	0.19
青海省	7	0.12
宁夏回族自治区	7	0.12
陕西省	5	0.09
云南省	4	0.07
新疆生产建设兵团	4	0.07
海南省	2	0.03
贵州省	2	0.03
合计	5734	100

（3）服装行业发展现状

2022年，我国服装产量前五名省份浙江、广东、江苏、山东和福建服装总产量达164.79亿件，五省服装产量占全国总产量的70.9%，2012年以来，五省服装产量占全国总产量的比重保持在70%～75%，传统服装生产大省对全国服装生产的稳定作用十分明显。2022年，服装行业规模以上企业累计完成服装产量232.42亿件，其中梭织服装88.02亿件，同比下降5.15%，针织服装144.4亿件，同比下降2.24%，具体见表8-6。

表8-6 2022年服装行业规模以上企业服装产量情况

服装类型	产量/万件	同比/%
服装	2324200	−3.36
1. 梭织服装	880200	−5.15
羽绒服	156800	−3.50
西装套装	236000	−6.90
衬衫	487400	−7.15
2. 针织服装	1444000	−2.24

2022年，服装行业基建投资大幅度放缓，但是技术改造投资持续升温，企业纷纷对生产制造体系、供应链管理系统和仓储物流配送系统进行数字化、网络化和智能化升级，扩大核心技术优势，以降低成本、提升效率和快速反应能力。面对劳动力成本的节节攀升，服装行业企业大量引进自动缝制单元、模板缝制系统以及吊挂柔性制造系统等自动化生产装备，特别是服装全流程数字化生产模式的大量采用和智能工厂的不断涌现，在节约用工的同时，还可以进行生产线调度，采集当前各工序的产量情况，监控瓶颈工序，提升劳动生产率。此外，大数据、物联网、移动支付等信息技术日益成熟，服装企业改变了直接将产品推送给消费者的传统零售模式，引进先进的企业管理系统，充分利用大数据体系对终端消费者的各项数据进行全面抓取，分析消费者行为、偏好、年龄阶段等用户信息，打造快速供应体系，从而实现个性化研发和柔性化制造。值得注意的是，射频识别（RFID）技术也开始在服装行业逐步应用，除了库存和供应链管理之外，还可以提供智能导购、智能试衣等服务，提升消费者的购物体验。

8.1.2 主要环境问题

2017年和2022年纺织工业废水及水污染物排放量如表8-7及图8-3所示。2022年纺织工业废水排放量占工业行业废水总排放量的12.10%，COD排放量占工业行业排放总量的9%左右，氨氮排放量占工业行业排放总量的8.38%。

表8-7 2017年和2022年纺织工业废水及水污染物排放情况

污染物种类	2017年		2022年	
	工业行业	纺织工业	工业行业	纺织工业
废水/亿吨	190.0	25.85	170.91	20.68
化学需氧量/万吨	90.97	10.98	49.7	4.47
氨氮/万吨	4.47	0.34	3.46	0.29

注：数据来源于历年《中国环境统计年报》，该数据为纺织全行业（不包括纺织服装、服饰业）废水和污染物排放量，该数据包含印染行业废水和水污染物排放量。

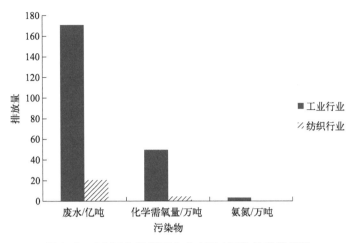

图8-3　2022年纺织工业废水及水污染物排放情况

综上所述，纺织行业及服装服饰业的环境问题主要有以下几点。

① 产业体量大，产业布局集中。规模以上印染企业每年印染布产量556.22亿米，印染布产量约占全球60%；我国印染企业分布集中，东部沿海五省份占全国总产量的90%以上。

② 产业排污量大。印染行业的废水排放量位于工业行业第三，2022年印染污水排放量16.5亿吨。从目前的数据看，废水排放量和COD排放量呈逐年递减趋势，与2017年相比，分别削减近20%和近60%。废气方面目前暂无全面完整的排污统计数据。

③ 产业链较长，企业之间差别大，水平参差不齐。企业在产业链上的跨度差别大，一个企业可能生产多种产品，也可能只涵盖某一个工段；同一种产品，各个企业的生产工艺和环境管理水平差别较大，导致排放数据波动幅度大。

8.2　主要工艺过程及产排污特征

8.2.1　纺织织造行业

纺织织造行业包括的小行业有毛条和毛纱线加工、麻纤维纺前加工和纺纱、缫丝加工、化纤织造加工和非织造布制造，其生产过程中产排污环节如下所述。

（1）毛条和毛纱线加工（1721）

指以毛及毛型化学纤维为原料进行梳条的加工，按毛纺工艺（精梳、粗梳、半精梳）进行纺纱的加工。毛纺初步加工是水污染物产排污的主要环节，主要为洗毛废水。洗毛废水通常含有乳化脂、羊汗、植物性草杂、泥土、羊粪等杂物，外观呈褐黄色、浑浊，气味腥臭，有机污染物含量很高，每升废水COD$_{Cr}$达上万毫克，是较难处理的高浓度有机废水。影响产排污量核算的因素有洗毛工艺、洗毛设备和规模等。

典型洗毛工艺及产排污节点见图8-4。

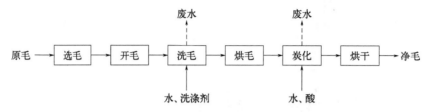

图8-4　典型洗毛工艺及产排污节点

炭化工序的目的是用化学方法在梳毛工序前尽可能地将植物性杂质去除，利用羊毛较耐酸而植物性杂质不耐酸的特点，将含草净毛在硫酸、盐酸、三氯化铝等酸液中通过，然后经烘干和烘焙，草杂变为易碎的炭质，再经机械搓压打击，利用风力与羊毛分离。通常酸液中会加入拉开粉、平平加等表面活性剂保护羊毛纤维免受酸损。炭化废水主要是稀硫酸，pH值在2～3之间，硫酸浓度在2～3g/L之间，需中和及过滤后回用。

羊毛的丝光防缩整理通常采用去除羊毛鳞片与深度柔软相结合的方法，以达到降低羊毛细度、改善其表面光泽的目的，目前常用的化学助剂氯气和树脂氯气可去除羊毛鳞片，使羊毛与羊毛之间不能相互咬合从而达到防缩的效果。树脂是为了保证羊毛防缩效果更佳而加在羊毛表面的，由于树脂所带的电荷与羊毛表面处理后的电荷正好相反，树脂会自动吸附在羊毛表面，使羊毛纤维摩擦时鳞片之间不能咬合，从而达到防缩的目的。

（2）麻纤维纺前加工和纺纱（1731）

指以苎麻、亚麻、大麻、黄麻、剑麻、罗布麻等为原料的纺前纤维加工和纺纱加工。脱胶是苎麻纺织中水污染物产排的主要环节，一般有化学法、生物法、联合脱胶法。其中，化学脱胶是目前应用最为广泛的脱胶方法，也是污染物产生量最大的脱胶工艺。典型麻脱胶工艺及产排污节点见图8-5。化学脱胶中浸酸、水洗、煮练、漂白、酸

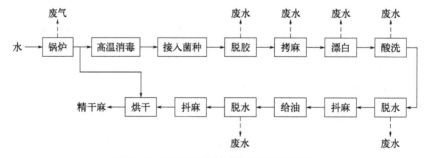

图8-5　典型麻脱胶工艺及产排污节点

洗等环节均有废水产生，废水中含有大量有机物，包括游离果胶、表面活性剂、皂化后的脂蜡质、木质素、半纤维素、纤维素等。若使用次氯酸钠漂白，还易产生二氧化氯及可吸附有机卤素等污染物。特别是碱液煮练后的废水，色度大、臭气浓度高，所含的木质素和纤维素难生物降解，达标处理非常困难。

影响产排污量核算的因素有脱胶工艺（化学法、生物法、联合脱胶法）、原料和生产规模等。一般来说，目前绝大部分企业采用的是化学+生物的联合脱胶法。

（3）缫丝加工（1741）

指由蚕茧经过加工缫制成丝的活动。制丝主要是以水作为介质来进行的，是丝绸纺织中污水产生的主要环节，包括煮茧废水、缫丝废水、复摇废水以及副产品加工（滞头）废水几部分。其中煮茧、复摇废水为连续排放，滞头废水为间歇性排放。每生产1t生丝，需用水700～2000m³，所产生的废水排放量为550～950m³，其中煮茧废水占7%～10%，缫丝废水占60%～65%，复摇废水占1%～2%，副产品加工废水占7%～15%，还有9%～10%为锅炉用水。这类废水虽然无毒，但含有大量蛋白质、氮、磷等营养物质。

缫丝生产影响产排污量核算的因素是工艺与原料。典型缫丝工艺及产排污节点见图8-6。

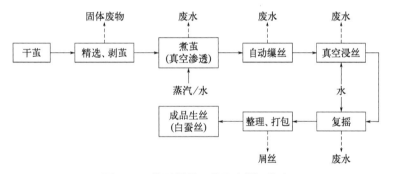

图8-6　典型缫丝工艺及产排污节点

（4）化纤织造加工（1751）

指以化纤长丝（含有色长丝）为主要原料生产的机织坯布、色织布。其典型工艺为喷水织造。喷水织机利用水作为引纬介质，用水流对纬纱产生摩擦力，将固定在纬子上的纬纱引入梭口，由于水的集束性远高于空气，所以喷水织机上不需要安装防止水流扩散的装置，幅宽能达到2m多。喷水织造废水的来源主要有引纬过程产生的废水，污染物主要由纺纱油剂、浆料、油脂、细小纤维及其他杂物构成。用喷水织机织造（丝绸、涤纶、尼龙等）时，需要选用合适的浆料。在织造过程中，纱线之间、水的摩擦力导致浆料与纤维的脱落，因此喷水织机废水的主要污染物为细小纤维、浆料、润滑油等，每台喷水织机日排废水量约2m³，属中度污染水质。

喷水织造生产工艺单一，原料也以化学纤维为主，影响产排污量核算的因素是生产规模。

（5）非织造布制造（1781）

指定向或随机排列的纤维，通过摩擦、抱合或黏合，或者这些方法的组合而相互结合制成的片状物、纤网或絮垫的生产活动；所用纤维可以是天然纤维、化学纤维和无机纤维，也可以是短纤、长丝或直接形成的纤维状。简单讲就是：非织造布不是由一根一根的纱线交织、编结在一起的，而是将纤维直接通过物理的方法黏合在一起的。非织造布按照工艺的不同分为熔喷非织造布、针刺非织造布、水刺非织造布、纺粘非织造布，以及熔喷-纺粘、复合非织造布。

8.2.2 印染行业

据统计，2022年印染行业废水排放量16.5亿立方米，占全国工业废水排放总量的9.7%，排位第二；化学需氧量3.58万吨，占全国工业化学需氧量排放总量的7.2%；氨氮0.23万吨，占全国工业氨氮排放总量的6.6%。印染工业已成为我国污染防治的重点行业之一。

2018～2022年印染工业废水及水污染物排放量如表8-8所列。

表8-8　2018～2022年印染工业废水及水污染物排放量

年份	印染布产量/亿米	印染废水排放量/亿吨	化学需氧量排放量/万吨	氨氮排放量/万吨
2018年	490.69	17.23	8.78	0.29
2019年	537.63	16.42	7.03	0.27
2020年	525.03	15.68	5.62	0.25
2021年	605.81	14.96	4.50	0.24
2022年	556.22	16.50	3.58	0.23

数据来源：中国印染行业协会。

印染行业在部分生产环节，例如毛纺印染工段会排放含铬废水和污泥。铬是我国重点防控和排放量控制的重金属之一，印染废水排放量在前的浙江、江苏和广东等省份属于我国重金属污染重点防控区域。纺织工业在定型、涂层等工序以及污水处理环节会产生颗粒物、挥发性有机物（VOCs）以及恶臭等污染物。据统计，2021年我国纺织工业VOCs排放量约47.1万吨，约占工业源VOCs总排放量的3.5%。

图8-7～图8-13分别为棉麻纤维织物、涤纶纤维织物、毛纤维织物、丝纤维织物和针织物典型印染工艺流程与各个工艺段废水、废气、固体废物（简称固废）的产生情况。

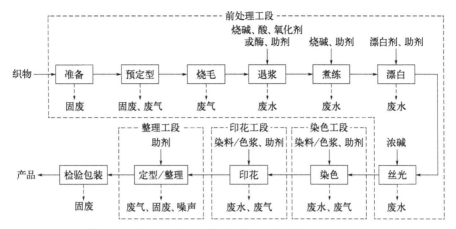

图8-7　棉麻纤维织物典型印染工艺流程及其产污节点

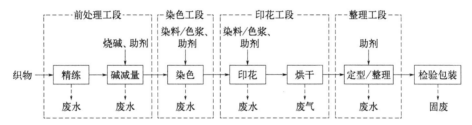

图8-8　涤纶纤维织物典型印染工艺流程及其产污节点

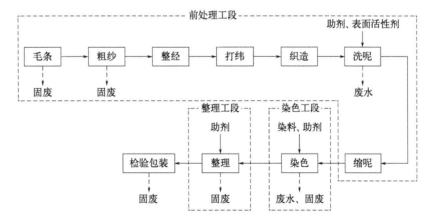

图8-9　毛纤维织物典型染色工艺流程及其产污节点

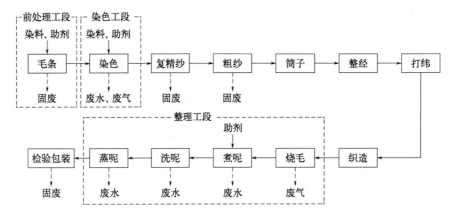

图8-10 毛精纺条典型染色工艺流程及其产污节点

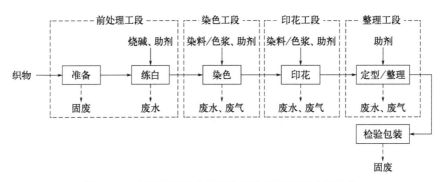

图8-11 丝纤维织物典型印染工艺流程及其产污节点

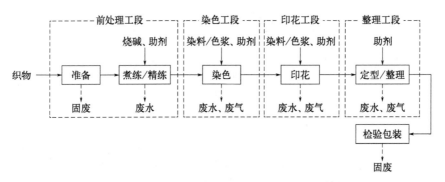

图8-12 针织物典型印染工艺流程及其产污节点

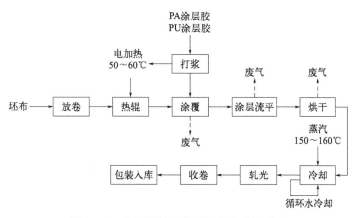

图8-13 典型的涂层整理流程及产污节点

PA—聚丙烯酸酯；PU—聚氨酯

8.2.3 服装行业

目前，随着我国整体时尚消费水平不断提升，时尚文化的不断发展，以及品牌发展环境的不断优化，再加上国家对于制造业的日益重视，国内衣着消费不断扩大，中国仍是全球最具发展潜力的市场。2022年全国服装产量主要集中在华东和华南地区（图8-14）。

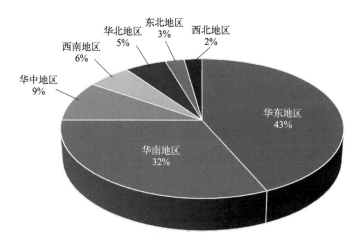

图8-14 2022年全国服装产量集中度分析

服装行业的污染大多出现在水洗牛仔、成衣定型过程中。成衣水洗加工是在一定的设备内将服装与一定比例辅料一起翻动，依靠物理和化学作用使服装达到特定的内在和外在效果，从而获得柔软的新图案。其废水主要来自脱浆、漂洗和脱水等工序（图8-15）。废水中主要污染物为浮石渣、短纤，以及从牛仔服饰上洗下的染料、辅料和助剂等。与印染厂的废水相比，水洗废水中含有大量的悬浮物，有机污染物浓度和色度相对较低，废水的水质和水量变化大，可生化性相对较好。牛仔布的浆料主要有淀粉浆、

PVA（聚乙烯醇）或CMC（羧甲基纤维素），而牛仔布的染色过程中广泛使用的染料是靛蓝染料、硫化染料。在牛仔布水洗工艺排放的废水中，含有少量的硫化染料、靛蓝染料，COD为300 ~ 500mg/L。

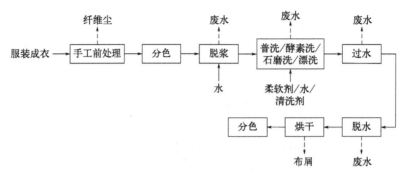

图8-15 典型的成衣水洗流程及产污节点

中国三大牛仔生产基地分布在广东东莞市的珠江三角洲地区、江苏常州地区和山东淄博地区。其中珠江三角洲地区是最大的牛仔产业基地，量大面广，已成为全球闻名的"牛仔布产业"大基地。广东省具有牛仔产业集群优势的地区主要集中在广州新塘、中山大涌、顺德均安等地，这些地区涌现出了一批牛仔服装生产优势企业。

8.3 污染减排技术

8.3.1 废水污染治理

依据《排污许可证申请与核发技术规范 纺织印染工业》（HJ 861—2017），纺织印染工业排污单位废水类别、污染物项目及污染治理设施见表8-9。

（1）毛条和毛纱线加工（1721）

毛条和毛纱线加工行业废水处理的主要技术路线为：经适当预处理后，采用以生物处理技术为主，物理化学处理技术为辅的综合处理技术。一级处理技术主要有格栅、中和、混凝、气浮、沉淀；二级处理技术主要有水解酸化、厌氧生物法、好氧生物法；深度处理技术主要有滤池及曝气生物滤池。调研企业废水治理效果均较为理想，COD、氨氮、总磷、总氮的去除率平均可达95.42%、82.86%、67.88%、96.07%。

（2）麻纤维纺前加工和纺纱（1731）

麻纺行业废水处理的主要技术路线为：经适当预处理后，采用以生物处理技术为主，物理化学处理技术为辅的综合处理技术。一级处理技术主要有格栅、中和、混凝、

表8-9 纺织印染工业排污单位废水类别、污染物项目及污染治理设施一览表

废水类别	产污环节	污染物项目	污染治理设施名称及工艺	是否为可行技术	排放口类型
缫丝废水	煮茧、缫丝、打棉	化学需氧量、悬浮物、五日生化需氧量、氨氮、总氮、总磷、pH值、动植物油	一级处理设施:捞毛机、格栅、中和调节、气浮、混凝、沉淀及其他;二级处理设施:水解酸化、厌氧生物法、好氧生物法、曝气生物滤池、高级氧化、臭氧、臭氧氧化、芬顿氧化、离子交换、滤池/滤布、树脂过滤、膜分离、人工湿地及其他;深度处理设施:活性炭吸附、	□是 □否 如采用不属于"6 污染防治可行技术②"中的技术,应提供使用证明、监测数据等证明相关材料	□直接排放口/□间接排放口(□总排放口/□生产设施或车间废水排放口)
洗毛废水	洗毛、剥鳞、炭化、水洗、漂白	化学需氧量、悬浮物、五日生化需氧量、氨氮、总氮、总磷、pH值、可吸附有机卤素、色度			
麻脱胶废水	浸渍、碱处理、酸洗、漂白、煮练、脱水	化学需氧量、悬浮物、五日生化需氧量、氨氮、总氮、总磷、pH值、可吸附有机卤素、色度			
印染废水	退浆、煮练、精练、漂白、丝光、碱减量、染色、印花、漂洗、定型整理	化学需氧量、悬浮物、五日生化需氧量、氨氮、总氮、总磷、pH值、六价铬、色度、可吸附有机卤素、苯胺类、硫化物、二氧化氯、总锑			
成衣水洗废水	水洗	化学需氧量、悬浮物、五日生化需氧量、氨氮、总氮、总磷、pH值、色度			
织造废水	喷水织造	化学需氧量、悬浮物、五日生化需氧量、氨氮、总氮、总磷、pH值			
初期雨水、生活污水①、循环冷却水排污水	—				

① 单独排入城镇集中污水处理设施的生活污水仅说明去向。
② 详见HJ 861—2017。

气浮、沉淀；二级处理技术主要有水解酸化、厌氧生物法、好氧生物法；深度处理技术主要有滤池及曝气生物滤池。调研企业废水治理效果均较为理想，COD、氨氮、总磷、总氮的去除率平均可达88.19%、97.58%、90.43%、90.75%。

（3）缫丝加工（1741）

缫丝加工行业废水处理的主要技术路线为：经适当预处理后，采用以生物处理技术为主，物理化学处理技术为辅的综合处理技术，主要通过厌氧/好氧生物法等进行处理，后续增加滤池等。在调研的企业中，废水治理设施对COD、氨氮等污染物指标治理效果较为理想，去除率能达到80%以上，对总氮、总磷等污染物指标治理效果较差。

（4）化纤织造加工（1751）

喷水织造废水的来源主要有引纬过程产生的废水，污染物主要由纺纱油剂、浆料、油脂、细小纤维及其他杂物构成，该类废水有以下特征。

① 石油类物质含量较高，且所用油剂具有良好的稳定性和乳化性，破乳是物化处理的关键。碱式氯化铝（PAC）在一定的作用时间下，对该含乳化油废水具有较好的破乳作用，PAC既作为破乳剂又作为混凝剂，且投加量很小，是处理该类废水经济有效的药剂。

② 经破乳絮凝后，气浮、沉淀是必要的工艺。

（5）非织造布制造（1781）

水刺工艺通过高压水流对纤网进行连续喷射，对纤网进行加固，主要产污是废水，水刺用水量较大，但是使用过的水90%可回用，剩余少量的废水中主要污染物是纤维网喷射过程中产生的细小纤维。一般企业没有末端处理设施，通过简单的物理过滤后纳管排放。

（6）印染行业（1713、1723、1733、1743、1752、1762）

由于不同的纺织染整产品生产过程产生的废水水质变化较大，因此企业应根据现行的国家和地方相关排放标准、污染物的来源及性质、排水去向及处理效率等因素确定纺织染整废水处理系统的处理程度，选择相应的处理级别和处理工艺，经技术经济比较后确定、细化。目前我国纺织印染废水处理的主要技术路线为：经适当预处理后，采用以生物处理技术为主，物理化学处理技术为辅的综合处理技术。印染废水的常规处理包括收集调节、预处理、物化处理、生化处理、污泥处理等。印染废水处理可行技术工艺流程见图8-16。

印染废水经一级、二级处理后，为了达到一定的回用水标准使污水作为水资源回用于生产或生活的进一步水处理过程，主要分为物理法和化学法。

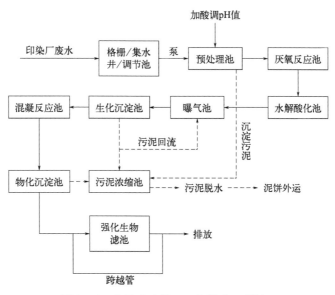

图8-16 印染废水处理可行技术工艺流程

（7）成衣水洗

成衣水洗行业废水处理的主要技术路线为：经适当预处理后，采用以生物处理技术为主，物理化学处理技术为辅的综合处理技术。一级处理技术主要有格栅、中和、混凝、气浮、沉淀；二级处理技术主要有水解酸化、厌氧生物法、好氧生物法；深度处理技术主要有滤池及曝气生物滤池。调研企业废水治理效果均较为理想，COD、氨氮、总磷和总氮的去除率平均可达77.64%、68.42%、63.34%和89.16%。

在综合考虑纺织印染工业的技术与经济发展水平，结合历史数据调研结果的基础上，纺织印染行业废水末端治理技术组合如下。

① 印染行业、洗毛、麻脱胶、成衣水洗等大部分行业选择三种处理方式：化学混凝法+厌氧生物处理法+好氧生物处理法、混凝法+厌氧生物处理法+好氧生物处理法+化学处理法、混凝法+厌氧生物处理法+好氧生物处理法+物理化学法。

② 缫丝行业选择两种处理方式：厌氧生物处理法+好氧生物处理法；厌氧生物处理法+好氧生物处理法+化学混凝法。

③ 对非织造行业中水刺工艺，有物理处理法和化学混凝法两种处理方式。

8.3.2 废气污染治理

根据产排污环节的分析，印染工业企业的有组织废气主要产生在印花、定型和涂层整理工段，以及废水处理系统产生的、有组织收集和排放的废气。企业有组织废气污染末端治理可行技术根据表8-10进行选择，大气排放口排放限值应满足GB 14554—93及GB 16297—1996的相关要求，有地方排放标准的，从严执行。

表8-10　纺织印染废气污染末端治理技术

产污环节	污染物项目	可行技术
印花①	甲醇、乙酸乙酯等VOCs	喷淋洗涤、吸附、生物净化、吸附-冷凝回收、吸附-催化燃烧
定型	印染油烟、颗粒物	喷淋洗涤、吸附、喷淋洗涤-静电、生物净化
涂层整理	丁酮、N,N-二甲基甲酰胺、甲苯、二甲苯等	喷淋洗涤、吸附、吸附-冷凝回收、吸附-催化燃烧、蓄热式燃烧、蓄热式催化燃烧

① 指转移印花等产生废气的重点工段。

典型印染废气处理工艺主要单元技术参数及污染物削减见表8-11。

表8-11　典型印染废气处理工艺主要单元技术参数及污染物削减

废气类型	可行技术		污染物削减	备注
	处理单元	技术参数		
印花废气	喷淋洗涤	液气比（1:3）～（1:5），停留时间5~8s	颗粒物去除率＞99%，对非极性有机废气去除效果不明显	具有冷却、冷凝和吸收的作用，对非极性有机废气去除效果不明显
	吸附	空塔气速0.4~1.0 m/s	废气中有机物去除率＞85%	吸附剂饱和后需及时更换或再生
定型废气	喷淋洗涤	液气比（1:3）～（1:5），停留时间5~8s	纤维尘去除率＞90%，定型油烟去除率＞50%	具有冷却、冷凝和吸收的作用，对非极性有机废气去除效果不明显
	静电	电场风速0.5~1.5m/s，有效停留时间4～6s	定型油烟去除率＞95%	成本适中，用于定型废气油烟处理
涂层废气	喷淋洗涤	液气比（1:3）～（1:5），停留时间5~8s	颗粒物去除率＞99%，对VOCs中非极性污染物处理效果不明显	同时具有冷却、冷凝和吸收的作用
	吸附	空塔气速0.4~1.0 m/s	废气中有机物去除率＞85%	吸附剂饱和后需及时更换或再生
	燃烧	燃烧温度（RTO＞760℃，RCO＞250~400℃）	废气中有机物去除率＞98%	成本相对较高，适用于高浓度、大排气量的企业
废水处理系统废气	喷淋洗涤	液气比（1:3）～（1:5），停留时间5~8s	臭气去除率＞70%	喷淋洗涤废水回流至废水处理系统调节池
	生物净化	生物滤池、生物滴滤池或者生物洗涤池，停留时间20~60s	氨气、硫化氢、有机酸和甲硫醇等去除率＞80%	注意循环喷淋液中营养物的补充和pH值的调节

注：RTO—蓄热式热力焚化炉；RCO—蓄热式催化燃烧炉。

针对纺织印染废气的控制方法，主要废气治理技术如下。

（1）静电处理技术

该技术适用于热定型工序油烟废气处理。静电处理技术利用静电场使油烟颗粒带电，在电场力作用下向收尘极板移动而从气流中分离，从而达到净化烟气的目的。静电除尘器的净化效率高，集油极上收集的油可收集后作为燃烧油使用。热定型机排放油烟宜采用三四电场静电除尘器。对于温度达180～230℃的油烟需经冷却处理后，再进入静电除尘器。

（2）喷淋洗涤+静电处理技术

此处理技术适用于定型机工序废气处理。喷淋洗涤处理工艺和静电处理工艺是定型机常用的废气治理工艺。但喷淋洗涤技术处理过后并不能满足相应排放要求。而静电处理工艺中，控制不好的情况下，可能存在纤维、油污容易着火问题，必须先过滤后净化。定型机废气中含有大量纤维、油污，也增加了清理维护的工作量。定型机废气温度有时高达180～210℃，即使稍低也容易着火。静电除尘器通常会因一次火灾而报废，这对净化设备的工艺、结构都会有较高的要求。喷淋洗涤技术与静电处理技术的结合应用，即先进行喷淋洗涤预处理再进行高压静电净化处理，一次性解决了静电处理的相关问题，具备了废气降温、除毛屑、除蜡、除油、防火、易维护清理等特点或功能，又充分利用了喷淋洗涤处理工艺的优势。

（3）挥发性有机物净化技术

目前，挥发性有机物处理方法有回收技术、销毁技术和两者的联合技术等。

① 回收技术，主要包括吸附技术、吸收技术、冷凝技术及膜分离技术，一般是通过物理方法，改变温度、压力或采用选择性吸附剂和选择性渗透膜等方法来富集分离挥发性有机物。

② 销毁技术有直接燃烧技术、热力燃烧技术、催化燃烧技术、等离子体技术、生物技术及其集成复合技术等，主要是通过化学或生化反应，用热、催化剂和微生物等将挥发性有机物转变为二氧化碳、水或其他无毒害的无机小分子化合物，等离子体技术适用于蜡染污染防治。

③ 联合技术根据不同治理技术的优势，采用组合工艺在满足排放要求的同时，还可降低设备运行费用，用于处理废气成分多、性质复杂的挥发性有机物。吸附-蒸汽脱附-冷凝回收组合工艺可回收有再利用价值的溶剂，主要用于低浓度、大风量、回收价值较高的有机物的净化；固定床吸附-催化燃烧法适合大风量、低浓度或浓度不稳定的废气治理。

参考文献

[1] 万震，高嵩，王靖天.羊毛的丝光防缩柔软整理[J].染整技术，2001 (1): 12-15, 1.

第 **9** 章
日化工业污染
与减排

9.1　工业发展现状及主要环境问题

9.1.1　工业发展现状

2022年我国的日用化学产品制造行业增速较快，发展良好。据国家统计局统计，我国本行业规模以上企业约1430家（指年销售额2000万元及以上），主营业务收入约6347.25亿元，同比增长6.33%；利润总额520.97亿元，同比降低8.24%。

其中肥皂及洗涤剂制造行业从产品产量上讲规模最大。2022年累计主营业务收入2069.2亿元，占日化行业的32.6%。我国该行业规模以上企业2022年合成洗涤剂产量累计为1029.47万吨，同比减少0.77%；其中合成洗衣粉产量为302.77万吨，同比减少4.47%；液体洗涤剂产量为726.7万吨，同比增长0.86%。据行业统计，2022年肥（香）皂产量为121.4万吨，同比增长1.2%。近五年来洗涤用品的年平均增长率在9%以上，2022年我国洗涤剂制造业规模以上企业（即年主营业务收入达到20万元及以上）共有1142家，国内总产量已跃居世界第二位。

化妆品行业根据政府管理部门的网上公开数据，目前国内化妆品生产企业取得生产许可证的有5714家。2022年化妆品行业主营业务收入增至3936亿元，同比下降2.2%。另据中华人民共和国海关总署统计，2022年我国化妆品累计进口数量41.80万吨，同比下降11.8%；累计进口金额1493.59亿元，同比下降7.3%；累计出口数量103.02万吨，同比增加6.4%；累计出口金额376.52亿元，同比增加20.1%。从出口企业的构成来看，分为内资企业和在华外资企业，产品出口销往212个国家和地区。近些年来，我国化妆品工业在新理论、新原料、新配方以及与化妆品生产有关的技术方面发生了较大的变化，化妆品行业各项法规的逐步完善，化妆品企业的生产环境、设备水平、产品质量、花色品种有了快速的提高和增长，一些大型化妆品企业的设备及生产线实现了与国际水平接轨。产品品种已超过33000种，满足了不同消费层次的需求。目前，我国已成为仅次于美国的全球第二大化妆品市场。

香料香精是国民经济中一个配套性很强的行业，对推动和促进日化、食品、烟草、饮料、药品、饲料等各类加香产品行业的发展起着巨大的作用。自2009年起我国香兰素和乙基香兰素的出口量已占全球供应量的50%以上，麦芽酚和乙基麦芽酚也占据了大部分的国际市场，我国已成为全球重要的香料供应地。据行业协会统计，我国现有香料香精企业1000家左右，从业人员约10万人。2022年香精香料产量约53.5万吨，年主营业务收入约511.3亿元，同比增长2.5%。

口腔清洁用品和其他日用化学产品相对来讲规模较小，其中口腔清洁用品行业虽然经济总量小，其主营业务收入仅占日化行业的3%左右，但是增速最快，主营业务增长、利润增长、利润率数据都是日化行业最高的。随着消费者口腔健康意识的不断增长，以及对不同功效的口腔清洁护理用品的差异化需求，牙线、牙签、牙贴、漱口水、假牙清洁片、牙粉、口腔喷雾等产品的消费市场规模也将逐步扩大。

几大类产品的区域分布，其中：洗涤剂以广东、四川、河南、山东、安徽、浙江、天津、湖南、上海、吉林地区为多；国内化妆品企业主要分布在经济较发达的大城市和东南部沿海地区，以珠江三角洲最密集，有近50%的企业分布在广东省，其次是浙江、江苏、上海等地，这些地区的合计产量占全国总产量的70%以上；香料香精企业主要分布于广东、江苏、上海、浙江、天津、河南、山东等地；口腔清洁用品以上海、江苏、浙江、安徽、江西、广东、广西、重庆等地为多；室内散香及除臭制品以广东、福建、江西、河北等地居多。

规模以上日用化学产品制造业子行业企业的生产规模划分见表9-1。

表9-1 规模以上日用化学产品制造业子行业企业的生产规模划分

编号/行业	大型企业数量/家	中型企业数量/家	小型及微型企业数量/家	合计/家	大中型企业比例/%	小型及微型企业比例/%
2681 肥皂及洗涤剂制造	17	425	700	1142	39	61
2682 化妆品制造	24	496	3898	4418	12	88
2683 口腔清洁用品制造	6	52	72	130	45	55
2684 香精、香料制造	5	358	600	963	38	62
2689 其他日用化学产品制造	—	20	280	300	7	93

注：大中型企业数据，依据国家统计局发布的规模以上企业数量的统计，小企业数量及企业总数2681、2684、2689为行业估计，2682、2683来自国家市场监督管理总局公开的生产企业许可信息。

9.1.2 主要环境问题

日用化学产品制造行业与基础化工行业比较相对分散，且工业规模小，污染物总量排放少，基本没有固体废物排放，有一定量的废水产生，部分产品（主要是采用高塔喷粉工艺的洗衣粉）制造中会有一定的废气产生，并伴随着粉尘颗粒物、氮氧化物和SO_2排放。从产品制造工艺上看，本行业各主要产品多数是以各种化学原料混合复配，产品的制造以物理过程为主伴有少量的化学反应。废水的来源主要是生产前或更换产品品种时清洗反应釜、管道等设备时的洗涤废水，以及某些产品制造中用于设备冷却的循环水，这些废水中因掺杂了生产中遗漏的化学原料，形成COD、氨氮、石油类污染，含磷洗衣粉的生产还会产生一定的磷污染，但民用洗涤产品已无含磷洗涤剂，仅部分工业洗涤剂仍含磷。以化妆品行业为例，其生产工艺是一个由多种原料混合复配的物理过程，产品质量和效果主要取决于配方技术，生产工艺相对比较简单，制造环节基本没有化学反应，生产过程中基本不产生废水和废气，企业的废水主要是生产过程中设备和容器的清洗水。

相对于皮革、造纸等行业污染大户，日用化学产品制造行业污染物对环境的影响相对较轻，由此也造成了一个时期以来，行业生产活动中对污染物排放的治理关注程度低、投入少。随着近年来国家把生态文明建设放在了突出的战略位置，相关政府部门对环境管理的加强，使得企业感到压力越来越大。在政府行政部门的环保监督检查下，部分企业生产受到影响，一些产品和原辅材料企业因此停产，同时行业中仍有不少企业对自身生产中污染物的排放情况知之甚少，没有形成定期、制度性的监测。

9.2　主要工艺过程及产排污特征

从产品的生产工艺来看，日化产品各门类生产方式存在较多的相似之处，主要的加工工艺是采用各种化学原料按确定的配方混合调配制得，表现在粉状洗涤剂、液体洗涤剂、肥（香）皂、多种形式的化妆品、口腔清洁用品（主要为牙膏）、香精、散香与光洁用品等的生产中。其中非拌和型的洗衣粉制造，因经过颗粒造型，需要将料浆经高温蒸汽处理，设备投资和技术复杂程度相对高些，伴有废气及气体污染物排放。另外，由动植物油脂皂化工艺制备肥（香）皂，相对皂粒加工方式，技术路线及副产物均有所增加。本属于专项化学品的表面活性剂制造、香料类别中合成香料的生产则涉及较为复杂的化学合成，不同于一般混合加工，是典型的化工生产。前者属一般的大宗化学原料生产，后者则与药物合成类似（有些香料产品也具有药物的属性），具有产量小、工艺变化多、产品种类多的特点，其废水及污染物的排放量与产品品种、原料及生产过程中反应步骤有较大关系。图9-1～图9-8为日化行业重点产品的典型工艺流程及主要产污节点。

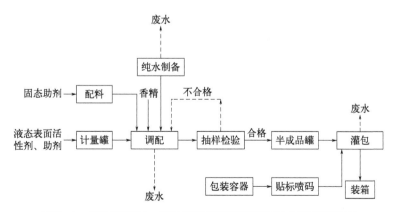

图9-1　液体洗涤剂、化妆品等复配工艺流程及主要产污节点

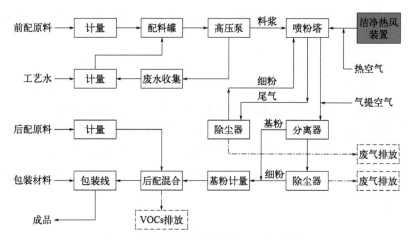

图9-2　高塔洗衣粉工艺流程及主要产污节点

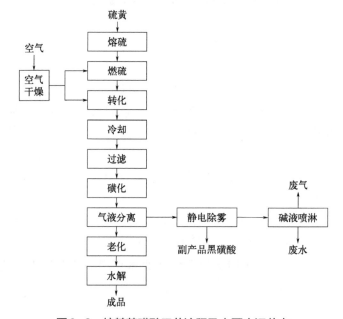

图9-3　烷基苯磺酸工艺流程及主要产污节点

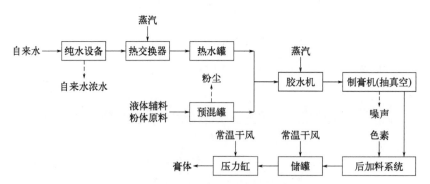

图9-4　牙膏产品主要工艺流程及产污节点

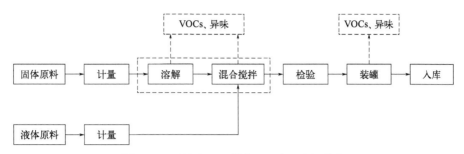

图9-5　香精产品工艺流程及主要产污节点

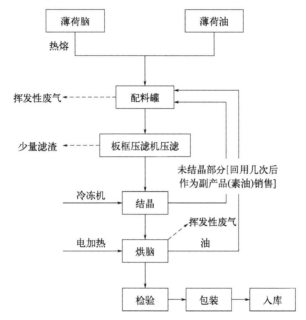

图9-6　天然香料（薄荷脑产品）工艺流程及主要产污节点

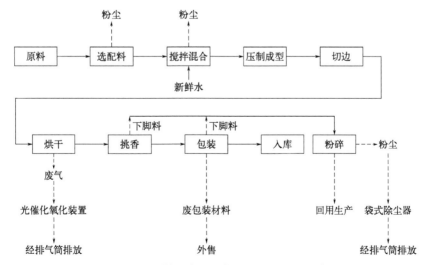

图9-7　室内散香产品工艺流程及主要产污节点

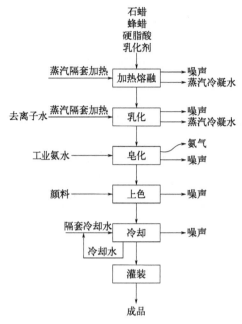

图9-8　皮革上光油产品工艺流程及主要产污节点

9.3　污染减排技术

（1）工业废水治理

对于工业废水的治理，行业中部分有条件的大中型企业采取化学处理结合多种生物处理、活性污泥法的治理技术。对于小规模企业，其废水治理方式会有所简化，如仅采用厌氧或好氧的一级生化处理，或仅有化学中和结合物理沉降过滤处理，也有增加曝气装置的，但省略了真正的生物处理，因此处理效果有所下降。图9-9为工业废水处理典型流程。工艺过程简述如下：调节池汇集各类原始废水，并在此进行预处理，中和水质使pH值达到细菌可以耐受的范围，当COD指标过大时稀释至细菌能够降解的范围；然后将调节池的废水泵送至初沉池，经溢流先后通过厌氧池和好氧池进行生物处理，通过实时监控生化池内水质的溶解氧、pH值，掌握COD、氨氮、石油类等指标的降解情况，处理完成的废水通过溢流孔进入二沉池，在此加入高聚物沉淀剂，经絮凝沉降后，清水通过清水池溢流排放。固体沉淀物及各生化池内淤积物吸入污泥池，通过机械压缩挤出水分返回至厌氧池，剩余的固体废物外运填埋。图9-10为另一种处理技术，与图9-9流程大体相同。

调研过程中发现某些大型企业产生的生产废水可以实现不外排，其处理装置采用的是物理化学和生物化学相结合的处理方式（物理化学处理法/好氧生物处理法/膜分离/离心分离/活性污泥法），废水处理达到回用标准后回用于绿化和道路洒水、冲厕生活用

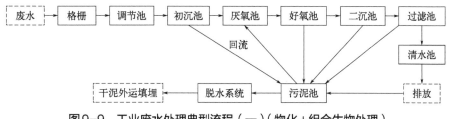

图9-9 工业废水处理典型流程（一）（物化＋组合生物处理）

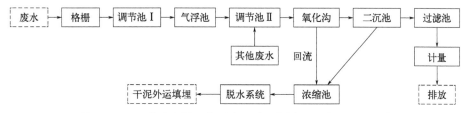

图9-10 工业废水处理典型流程（二）（物化＋氧化沟处理）

水以及循环冷却系统补充水。这种处理工艺流程如图9-11所示。

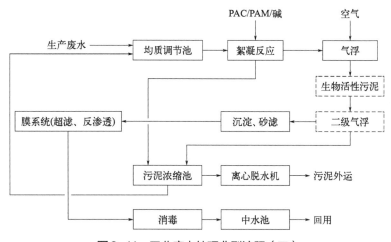

图9-11 工业废水处理典型流程（三）

PAC—聚合氯化铝；PAM—聚丙烯酰胺

　　均质调节池主要作用为调节水质水量，同时防止污水水质水量波动对后续处理单元的冲击；絮凝中和池通过调整废水pH值，投加絮凝剂对废水分解，经过气浮进行分离，去除废水中的COD、SS和锌离子，有利于后续的生化处理工艺。生物活性污泥主要作用为在有氧状态下，通过好氧生物作用去除废水中COD、氨氮等。通过二级气浮进一步去除废水的COD、SS和锌离子等，有利于后续的处理工艺。通过物化过滤进一步去除废水中的锌离子、COD以及表面活性剂。膜系统包括超滤（UF）和反渗透（RO）两大部分。反渗透的前处理采用超滤，主要去除废水中大部分微粒及有机物等，反渗透主要用于脱除废水中的可溶性盐、胶体、有机物及微生物。经二级接触氧化处理后的废水经过消毒用于中水回用。消毒方式用紫外光消毒。

通过该废水处理技术的生产废水出水均能满足《城市污水再生利用　景观环境用水水质标准》（GB/T 18921—2019）、《城市污水再生利用　城市杂用水水质》（GB/T 18920—2020）及《城市污水再生利用　地下水回灌水质》（GB/T 19772—2005）中的较严格标准限值，生产废水经处理后可以达到回用标准的要求。这种先进的污水处理技术，可以确保污水处理后达到回用标准，实现生产废水不排放。

（2）工业废气治理

工业废气方面，主要来自洗衣粉加工时的喷粉工艺，污染物指标主要是颗粒物，通常采用袋式过滤器除尘或旋风+静电除尘方式。表面活性剂生产中产生的废气一般采用湿式除雾+碱吸收的治理技术。

目前，部分企业在当地环境管理要求下，安装了有机废气处理装置，主要工艺是活性炭处理，去除效率设计值可达到90%。活性炭是一种由含碳材料制成的外观呈黑色、内部孔隙结构发达、比表面积大、吸附能力强的一类微晶质碳素材料。活性炭材料中有大量肉眼看不见的微孔，正是这些微孔使得活性炭能"捕捉"各种有毒有害气体和杂质。活性炭吸附装置主要是利用多微孔及巨大的表面张力等特性将废气中的有机溶剂吸附，使所排废气得到净化。活性炭具有良好的吸附性能，但活性炭吸附装置使用一段时间后，由于污染物质在活性炭上的不断浓集，会使活性炭的吸附能力下降，此时需要对活性炭进行再生或更换，以恢复活性炭吸附处理设备的吸附能力。

行业内也有部分企业处理有机废气是采用的紫外光催化氧化治理技术，工艺流程简述如下：各个生产工序产生的有机废气通过负压收集，在末端引风机的作用下，废气统一经过紫外光催化氧化设施，废气中有机污染物被分解，洁净空气由烟囱排放。光催化氧化反应是以半导体及空气为催化剂，以特定波长的紫外光为能量，将废气中的有机物降解为 CO_2 和 H_2O。该技术能够把各种废臭气体如醛类、苯类、氨类、氮氧化物、硫化物，以及其他 VOCs 类有机物、无机物在光催化氧化的作用下还原成 CO_2、H_2O 以及其他无毒无害物质，同时具有除臭、消毒、杀菌的功效。生产香精、化妆品、香料以及光洁用品的企业大多采用这种废气处理技术。

通过实地调研企业污染物治理情况，收集其治理工艺如表9-2所列。

表9-2　污染物治理工艺列表

序号	小类	细分小类产品类别	废水污染物治理工艺	废气污染物治理工艺
1	肥皂及洗涤剂制造	粉状洗涤剂	好氧生物处理法	袋式除尘+活性炭吸附
			物理化学处理法+活性污泥法	旋风除尘+袋式除尘+水喷淋
			物理化学处理法+厌氧生物处理法+氧化沟	单管旋风除尘+多管旋风除尘+旋转喷雾干燥法
			活性污泥法+接触氧化法	活性炭吸附+水喷淋
			物理化学处理法+好氧生物处理法	袋式除尘+湿式除尘+旋风除尘

序号	小类	细分小类产品类别	废水污染物治理工艺	废气污染物治理工艺
1	肥皂及洗涤剂制造	液体洗涤剂	物理化学处理法+活性污泥法	—
			物理化学处理法+活性污泥法+生物膜法	
			物理化学处理法+好氧生物处理法	
			物理处理法+好氧生物处理法	
			化学混凝法+厌氧生物处理法+生物接触氧化法	
			活性污泥法+生物接触氧化法	
			化学处理法+好氧生物处理法	
		肥（香）皂	物理化学处理法+好氧生物处理法	袋式除尘+炉内低氮技术光催化氧化+活性炭吸附
			生物接触氧化法	钠碱法+袋式除尘+湿式除尘+旋风除尘
		阴离子表面活性剂	活性污泥法	湿式除雾+碱吸收
			化学混凝法+厌氧生物处理法+活性污泥法	旋风除尘+水力除尘
			混凝沉淀法+活性污泥法	
			厌氧生物处理法	
		阳离子与两性表面活性剂	上浮分离+厌氧生物处理法+生物接触氧化法+MBR类	喷淋塔+活性炭吸附
		非离子表面活性剂	活性污泥法+芬顿+厌氧生物处理法	碱喷淋+活性炭吸附
			活性污泥法+吸附生物氧化法	悬浮洗涤法
2	化妆品制造	清洁类化妆品	生物膜法	吸附+分流+光解
			上浮处理+化学混凝法+A/O^2	活性炭吸附
			物理处理法+好氧生化处理法	活性炭吸附+光解
			厌氧生物处理法+好氧生化处理法	光催化氧化
		化妆品	好氧生物处理法	悬浮洗涤法+活性炭吸附
			上浮分离+厌氧生物处理法+活性污泥法+MBR类	
3	口腔清洁用品制造	口腔清洁用品	生物膜法	袋式除尘
			活性污泥法	活性炭吸附
			沉淀+SBR类	
			厌氧生物处理法+好氧生化处理法	

续表

序号	小类	细分小类产品类别	废水污染物治理工艺	废气污染物治理工艺
4	香精、香料制造	香精	—	光催化氧化+活性炭吸附
				喷淋塔+活性炭吸附
		香料	化学处理法	吸附+蒸汽解吸
5	其他日用化学产品制造	室内散香及除臭制品	生化处理	光催化氧化
		蜡烛、光洁用品及类似制品	—	低温等离子体+吸附
				光催化氧化

参考文献

[1] 王焕松，张亮，顾琦玮，等.日用化学产品制造工业排污许可管理技术要点解析[J].日用化学品科学，2021,44(9): 10-14.

第 **10** 章

医药工业污染与减排

- □ 工业发展现状及主要环境问题
- □ 主要工艺过程及产排污特征
- □ 污染减排技术

10.1 工业发展现状及主要环境问题

10.1.1 工业发展现状

（1）医药行业主要产品的产能产量

我国医药工业包括化学原料药制造业、化学药品制剂制造业、中药饮片制造业、中成药制造业、生物药品制造业、卫生材料及医药用品制造业、医疗仪器设备及器械制造业、制药机械制造业8个子行业。

据《中国化学制药工业年度发展报告2017》统计，2017年医药工业企业数量合计8793家，化学药品工业（化学原料药加制剂）2454家，中成药和中药饮片工业2919家，生物、生化制品工业983家，卫生材料及医药用品工业834家，制药机械工业130家，医疗器械工业1473家。

2017年1～9月，医药工业规模以上企业实现主营业务收入22936.45亿元，同比增长11.70%，增速较上年同期提高1.61个百分点。各子行业中，增长最快的是中药饮片加工，增速为17.20%。同期，医药工业规模以上企业实现利润总额2557.26亿元，同比增长17.54%，增速较上年同期提高1.90个百分点。各子行业中，增长最快的是生物药品制造和化学药品制剂制造。医药行业各子行业的主营业务收入和利润总额见图10-1。

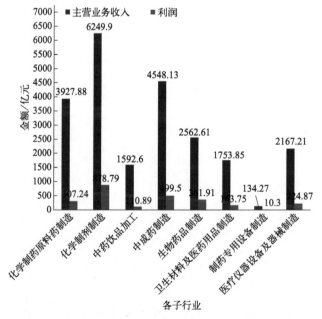

图10-1 医药行业各子行业的主营业务收入和利润总额

2017年，化学原料药大类产量合计1328863t，重点品种24大类合计产量741245t。其中抗感染类药物97360t，解热镇痛药物101914t，维生素类药物214753t，抗寄生虫病药8188t，计划生育及激素类药物7341t，抗肿瘤类药物420t，心血管类药物7623t，呼吸系统类药物2917t，中枢神经系统药物22018t，消化系统药物48624t，泌尿系统类药物14667t，血液系统类药物3355t，调节水、电解质及酸碱平衡类药物39763t，麻醉类及其辅助类药物1207t，抗组织胺及解毒类药物304t，酶及其他生化类药物49700t，消毒防腐及创伤外科类药物35703t，五官科类药物21t，皮肤科类药物113t，诊断类药物5324t，滋补营养类药物53570t，制剂用辅料及附加剂类26277t，其他化学原料药类83t，单列品种合计587618t，另化学原料药中间体78105.829t。化学制剂重点剂型分类，粉针（冻干粉针）剂1653675万支、注射液2900014瓶、片剂39530303片，其中缓释、控释片1835808片，输液1941739瓶，胶囊剂13658225粒，滴剂389079瓶，颗粒剂2024243袋。

根据国内医药制造行业的实际生产情况，按照产能对企业的规模进行大型、中型、小型的界定。划分标准如表10-1所列。

表10-1　行业规模划分标准

行业		大型企业	中型企业	小型企业
2710化学药品原料药制造		产量≥1000t/a	200t/a≤产量<1000t/a	产量<200t/a
2720化学药品制剂制造	固体制剂	产量≥1000t/a	200t/a≤产量<1000t/a	产量<200t/a
	液体制剂	产量≥5000t/a	500t/a≤产量<5000t/a	产量<500t/a
2750兽用药品制造		参照2710、2720、2730、2740、2761、2762行业		
2761生物药品制造	生物药品-生物发酵	产量≥10000kg/a	1000kg/a≤产量<10000kg/a	产量<1000kg/a
	生物药品（不含血液制品）-生化提取	产量≥1000kg/a	产量<1000kg/a	
	血液制品	所有规模		
2762基因工程药物和疫苗制造		产量≥10000kg/a	200kg/a≤产量<1000kg/a	产量<200kg/a
2770卫生材料及医药用品制造		产量≥1000t/a	200t/a≤产量<1000t/a	产量<200t/a

中药产业包括中草药材、中药饮片和中成药三大支柱产业。中草药材指中医指导下应用的原生药材，部分药材具有"药食同源"的特点，可直接用于食品和保健品；中草药材经过按中医药理论、中药炮制方法加工炮制后制成中药饮片；单味或多味的中药饮片精制（如提取、浓缩、精制、赋型等工序）后即为中成药，包括采用中药传统制作方法制成的丸、散、膏、丹等剂型和用现代药物制剂技术制作的中药片剂、针剂、胶囊、口服液等专科用药。

截至2017年，我国中药饮片加工行业规模以上企业数量达到1006家，中成药生产行业规模以上企业数量达到1599家。

　　智研咨询发布的《2016—2022年中国中药饮片市场供需态势及投资前景评估报告》显示，2015年我国中药饮片加工行业产量约335万吨，产能约482万吨。中药饮片加工行业2010～2015年发展趋势见图10-2。

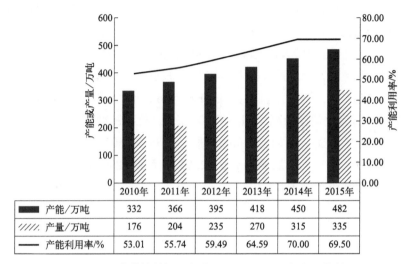

	2010年	2011年	2012年	2013年	2014年	2015年
产能/万吨	332	366	395	418	450	482
产量/万吨	176	204	235	270	315	335
产能利用率/%	53.01	55.74	59.49	64.59	70.00	69.50

图10-2　中药饮片加工行业2010～2015年发展趋势

（2）企业数量与地区分布

　　2009～2017年，我国医药制造行业整体处于持续快速发展阶段。根据《基于可及性视角的我国医药卫生资源区域分布差异研究》，2009年我国有药品生产企业7158家，其中化学制药企业3700多家，生物制药企业388家。2015年，规模以上企业实现主营业务收入26885亿元，实现利润总额2768亿元，"十二五"期间年均增速分别为17.4%和14.5%，始终居工业各行业前列。据《中国化学制药工业年度发展报告》统计，2016年医药工业中，化学药品工业（原料药加制剂）2415家，中成药和中药饮片加工2777家，生物、生化制品工业969家，卫生材料及医药用品制造775家。目前我国能生产的化学原料药品种约1600种，化学制剂品种约4000种。在规模快速增长的同时，产品品种日益丰富，产量大幅提高。截至2017年年底，全国共有兽药生产企业1874家（香港、澳门、台湾未纳入统计范围）。

　　目前我国医药制造企业主要分布在以广东省为代表的珠江三角洲地区，以上海市、浙江省、江苏省为代表的长江三角洲地区，以北京市、天津市、河北省、山东省为代表的环渤海地区等三大区域。

　　我国化学药品原料药生产企业（包括发酵类、提取类和化学合成类）主要分布在山东、江苏、浙江、四川、河北、湖北、广东等地（图10-3）；化学药品制剂生产企业主要分布在江苏、山东、广东、北京等地；兽药制造企业排名前十的省市为山东、河南、河北、江苏、四川、山西、广东、江西、浙江、北京；生物制药行业的发展存在严重的地区间不平衡，生物制药企业超过70%集中在13个东部省（自治区、直辖市），上海市

的生物制药总产值独占鳌头。根据生物制药产业产值、国家发展改革委和科学技术部确
定的生物医药产业基地分布和上市公司的区域分布,长江三角洲、环渤海地区和东北地
区占总产业基地的70%。长江三角洲、环渤海地区、珠江三角洲三地上市公司数量占总
数量的44.5%。生物制药企业区域分布情况见图10-4。

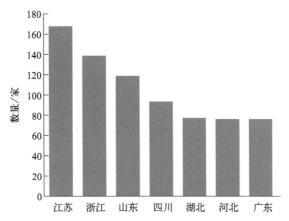

图10-3　原料药制造生产企业区域分布情况

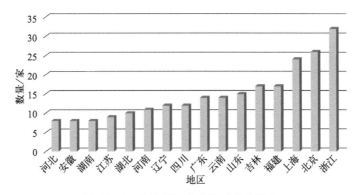

图10-4　生物制药企业区域分布情况

中药饮片加工、中成药生产行业企业区域分布情况分别见表10-2、表10-3。

表10-2　中药饮片加工行业企业区域分布情况

地区		企业数量/家
华东	上海、江苏、浙江、安徽、福建、江西、山东	1505
华南	河南、湖北、湖南、广东、广西、海南	910
华北	北京、天津、河北、山西、内蒙古	334
东北	辽宁、吉林、黑龙江	661
西北	陕西、甘肃、宁夏、新疆	499
西南	重庆、四川、贵州、云南、西藏	575
港澳台地区	香港、澳门、台湾	未统计

表10-3　中成药生产行业企业区域分布情况

地区		企业数量/家
华东	上海、江苏、浙江、安徽、福建、江西、山东	973
华南	河南、湖北、湖南、广东、广西、海南	1099
华北	北京、天津、河北、山西、内蒙古	371
东北	辽宁、吉林、黑龙江	493
西北	陕西、甘肃、宁夏、新疆	343
西南	重庆、四川、贵州、云南、西藏	563
港澳台地区	香港、澳门、台湾	未统计

这两个子行业在全国各省、自治区、直辖市的发展数据分别见表10-4、表10-5。

表10-4　中药饮片加工行业区域发展数据

省、自治区、直辖市	企业数量/家	规模以上企业数/家	资产合计/千元	主营业务收入/千元	利润总额/千元
全国	4484	1006	112953338	134289486	9501384
北京	59	35	9101620	5067054	678962
天津	23	5	1497398	549474	25645
河北	160	35	2234582	3248364	159111
山西	44	3	156607	203543	1496
内蒙古	48	10	498904	795171	45447
辽宁	168	56	6979686	10155967	554010
吉林	441	70	8515187	13247482	454189
黑龙江	52	5	572586	464480	24800
上海	77	16	1859829	1974406	130216
江苏	193	32	7866967	9672685	1122103
浙江	139	39	3599893	2241022	217702
安徽	637	113	9461752	12523345	774375
福建	58	14	1853618	2096696	202338
江西	201	26	5091037	5817411	427697
山东	200	50	5367805	10260311	815133
河南	212	48	5297388	9424825	745630
湖北	209	56	4236120	4219463	263163
湖南	139	57	2656064	7119470	311003
广东	253	68	10496707	9045542	560024
广西	87	22	1062327	3071734	181777

续表

省、自治区、直辖市	企业数量/家	规模以上企业数/家	资产合计/千元	主营业务收入/千元	利润总额/千元
海南	10	0	—	—	—
重庆	81	18	1881399	2272601	142011
四川	246	97	11694297	12751413	880791
贵州	133	16	626759	730003	42175
云南	109	28	3571102	2151332	256214
西藏	6	2	291200	76087	1914
陕西	103	25	1259927	1999275	207447
甘肃	314	53	4573652	2533494	238263
青海	16	0	—	—	—
宁夏	18	2	196300	130285	10778
新疆	48	5	452625	446551	26970

注：港澳台地区不在统计范围。

表10-5　中成药生产行业区域发展概况

省、自治区、直辖市	企业数量/家	规模以上企业数/家	资产合计/千元	主营业务收入/千元	利润总额/千元
全国	3842	1599	581618057	486696184	50600905
北京	81	29	14999209	7762830	1300706
天津	53	19	26262185	15498996	1837888
河北	115	50	22520438	14358382	1626141
山西	67	28	6566000	2378857	8994
内蒙古	55	18	4013067	2764022	220038
辽宁	131	42	6144202	5792242	298211
吉林	256	155	85914939	97404876	9528942
黑龙江	106	48	14957736	7301713	1453318
上海	38	18	10698997	6842528	724220
江苏	118	37	18040016	21819783	1858730
浙江	94	40	19703675	9594855	1534417
安徽	211	93	11571100	12863896	801824
福建	86	32	7445704	5057673	922378
江西	202	89	19018008	32249167	2402346
山东	224	105	37852554	36458777	5696192
河南	291	81	30582286	29082330	2700839

续表

省、自治区、直辖市	企业数量/家	规模以上企业数/家	资产合计/千元	主营业务收入/千元	利润总额/千元
湖北	259	88	22181745	24996274	1462470
湖南	141	64	15642234	13661766	1153395
广东	226	91	41904194	23678961	2705891
广西	164	87	18882582	15413157	1860632
海南	18	4	766870	455017	61513
重庆	58	21	16952429	13386781	712106
四川	170	89	27581152	30225254	2958525
贵州	190	82	32650721	21530681	2211547
云南	118	60	29331099	12206223	1547957
西藏	27	7	2788591	660246	277741
陕西	156	61	17236702	18340812	2109371
甘肃	76	23	10316388	2183052	255820
青海	49	24	6246593	1935445	327818
宁夏	9	4	915258	134540	841
新疆	53	10	1931383	657048	40094

注：港澳台地区不在统计范围。

（3）产品分类

根据国家统计局《统计用产品分类目录》，医药制造5个小类行业产品如下。

① 化学药品原料药制造——化学药品原药：抗生素（抗感染药）、消化系统用药、解热镇痛药、维生素类、抗寄生虫病药、中枢神经系统用药、计划生育用药、激素类药、抗肿瘤药、心血管系统用药、呼吸系统用药、泌尿系统用药、血液系统用药、诊断用原药、调节水/电解质/酸碱平衡药、麻醉用药、抗组织胺类药及解毒药、生化药（酶及辅酶）、消毒防腐及创伤外科用药、制剂用辅料及添加剂。

② 化学药品制剂制造——化学药品制剂：冻干粉针剂、粉针剂、注射液、输液、片剂、胶囊剂、颗粒剂、缓释控释片、滴剂、膏霜剂、栓剂、气雾剂、口服液体制剂、外用液体制剂、避孕药物用具。

③ 生物药品制造——生物化学药品：酶类生化制剂、氨基酸及蛋白质类药、脂肪类药制剂、核酸类药制剂、血液制品、其他生物化学药品。

④ 基因工程药物和疫苗制造——生物化学制品：菌苗、菌苗制剂、人用疫苗、类毒素、抗毒素类、抗血清类、细胞因子、诊断用生物制品、生物制剂。

⑤ 卫生材料及医药用品制造——医用材料：卫生材料及敷料、牙科黏固剂/牙科填料、牙科用造型膏及类似制品、病人医用试剂、非病人用诊断检验/实验用试剂。

10.1.2　主要环境问题

近年来随着世界制药生产、销售格局的变化和我国一系列相关产业政策的出台，我国制药行业呈现多元化、多尺度、复杂化和废水污染聚集的发展趋势。其中，水污染问题成为严重制约我国制药行业发展的重要因素。

化学制药其实是化工行业的一个精细分支行业，生产过程中的废水、废热等污染源对环境的影响较大，同时对能源的消耗也是巨大的。医药制造过程中，不同种类的医药制造采用的原料种类和数量各不相同，一般生产一种药品往往要经过几步甚至十几步反应，采用原材料数种甚至十余种，投入的物料产成品转化率低，造成污染物种类多、生物毒性大。尤其是化学原料药的生产属于污染大户，产生污染的原因是化学合成工艺比较长，反应步骤多，在原料的组成中，组成化学结构的原料只占原料消耗的5%～15%，而辅助性原料等却占原料消耗的绝大部分，而这些原料大部分转化为"三废"。此外，不同药物的生产工艺及合成路线区别较大。因此，制药行业产生的废水及废气数量巨大、污染成分复杂、治理困难、环境影响严重。中药饮片与中成药的生产同样都涉及环境保护问题。例如：中药饮片生产中的浸泡水和漂洗水，含有大量有机污染物，能大量消耗受纳水体中的溶解氧（DO），形成变黑发臭水体；中药饮片加工、中成药生产过程中会产生大量的废水、废气和废渣，这些都对环境造成了不利影响。中药制药工业药物品种及生产工艺的不同，使得中药排污水平有较大差异，如若直接排放将对周围生态环境造成污染。

制药废水具有污染物浓度高、水质复杂、难生物降解等特点。根据对全国百余家制药企业的调研结果，化学合成类、发酵类、制剂类制药企业废水达标率分别为9%、10%、24%，大部分是依托园区或市政污水处理厂进行再处理。另外，目前国内大部分城镇污水处理厂对制药工业废水的纳水要求为COD≤300mg/L，即便如此，仍有部分化学合成类、发酵类制药企业达不到要求，比例分别高达44%、14%。因此，制药行业面临的环保形势极为严峻。

10.2　主要工艺过程及产排污特征

10.2.1　主要工艺过程

医药制造行业污染物产生的关键节点参考《排污许可证申请与核发技术规范　制药工业——原料药制造》（HJ 858.1—2017）和《制药工业污染防治可行技术指南（征求意见稿）》的相关内容。医药制造行业的生产工艺主要包括化学合成、酶法、发酵、制剂、提取、生物工程工艺。

（1）化学、生物制药主要工艺

1）化学合成

化学合成类制药生产过程主要以化学原料为起始反应物，化学合成类制药的生产工艺主要包括反应和药品纯化两个阶段。

① 反应阶段包括合成、药物结构改造、脱保护基等过程。具体的化学反应类型包括酰化反应、裂解反应、硝基化反应、缩合反应和取代反应等。

② 化学合成类制药的纯化过程包括分离、提取、精制和产品定型等。分离主要包括沉降、离心、过滤和膜分离技术；提取主要包括沉淀、吸附、萃取、超滤技术；精制主要包括离子交换、结晶、色谱分离和膜分离等技术；产品定型步骤主要包括浓缩、干燥、无菌过滤和成型等技术。

2）酶法

酶法制药主要应用于化学原料药（抗生素药物）的生产制备，是指利用酶的催化作用（酶偶合反应）制备药物的一种新型绿色生产工艺。与合成和发酵相比，绿色酶法工艺更符合清洁生产的要求，废水和废气的产生都相对减少，因此逐渐受到重视。

3）发酵

发酵类制药生产工艺流程一般包括种子培养、微生物发酵、发酵液预处理和固液分离、提炼纯化、精制、干燥、包装等步骤。

4）制剂

制剂类药物生产工艺过程是通过混合、加工和配制，将具有生物活性的药品制备成成品。根据制剂的形态可分为固体制剂类、注射剂类及其他制剂类三大类型，主要包括冻干粉针、粉针、水针输液、固体制剂。

5）提取

提取是指运用生物化学或物理的方法，从生物体通过生化提取、分离、纯化等制备药品（包括多肽类药物、糖类药物、酶类药物、核酸药物、脂类药物、血液制品等）的生产过程。提取类药物来源主要有人体、动物、植物、海洋生物等，不包括微生物。生化提取的原料大多采用树木的根、叶、动物腺体及寄生菌类，以动物提取为主。其中，用化学合成、半合成等方法制得的生化基本物质的衍生物或类似物列入化学合成类。菌体及其提取物列入发酵类。动物器官或组织及小动物制剂类药物，如动物眼制剂、动物骨制剂等，列入中药类。

提取类制药工艺相对简单，大体可分为原料的选择和预处理、原料的粉碎、提取、分离纯化、干燥及保存、制剂六个阶段。其中提取过程可分为酸解、碱解、酶解、盐解及有机溶剂提取等；提取过程常用的溶剂包括水、稀盐、稀碱、稀酸、有机溶剂（如乙醇、丙酮、三氯甲烷、三氯乙酸、乙酸乙酯、草酸、乙酸等）。

6）生物工程

生物工程类制药的生产涉及DNA重组技术的产业化和应用，不同的基因工程药物的生产工艺又有所不同。

（2）中药加工工艺过程

① 中药饮片是将中药材加工炮制成一定长短、厚薄的片、段丝、块等形状供汤剂使用，其传统工艺通称为中药炮制。中药炮制工艺实际上包括净制、切制和炮炙三大工序，不同规格的饮片要求不同的炮炙工艺，有的饮片要经过蒸、炒、煅等高温处理，有的饮片还需要加入特殊的辅料如酒、醋、盐、姜、蜜、药汁等后再经高温处理，最终使各种规格饮片达到规定的纯净度、厚薄度和全有效性的质量标准。

中药饮片是中药材按中医药理论、中药炮制方法，经过加工炮制后的，可直接用于中医临床的中药。而管理意义上的饮片概念应理解为"根据调配或制剂的需要，对经产地加工的净药材进一步切制、炮炙而成的成品称为中药饮片"。药材炮制系指将药材通过净制、切制或炮炙操作，制成一定规格的饮片，以适应医疗要求及调配、制剂的需要，保证用药安全和有效。过程应符合《中华人民共和国药典》中"药材炮制通则"规定。

酒制包括酒炙、酒炖、酒蒸等。酒制时，除另有规定外一般用黄酒。酒炙，取净药材，加酒拌匀，闷透，置锅内，用文火炒至规定的程度时，取出，放凉。除另有规定外，每净药材100kg用黄酒10kg。

中药配方颗粒是由单味中药饮片经提取浓缩制成的、供中医临床配方用的颗粒。国内以前称单味中药浓缩颗粒剂，商品名及民间称呼还有免煎中药饮片、新饮片、精制饮片、饮料型饮片、科学中药等，是以传统中药饮片为原料，经过提取、分离、浓缩、干燥、制粒、包装等生产工艺，加工制成的一种统一规格、统一剂量、统一质量标准的新型配方用药。中药配方颗粒的生产按照国民经济分类虽属于中药饮片加工行业，但生产及排污特点却与中成药生产行业特征一致。

② 中成药生产是间歇投料，成批流转。中药饮片加工的炮制工段是以天然动植物为主要原料，采用的主要工艺有清理与洗涤、浸泡、煮练或熬制、漂洗等。中药材进行炮制（前处理）后所得的中药饮片，经提取（不使用有机溶剂类的）或提取（使用有机溶剂类的）等浓缩精制后，再进入固体制剂工段或液体制剂工段。制剂产品赋型如制成片剂、丸剂、胶囊、膏剂、糖浆剂、口服液等。中成药生产工艺大致包括以下主要工段（见图10-5）。

图10-5　中成药生产工艺流程

其中，核心工艺是有效成分的提取、分离和浓缩。提取溶剂一般以水、乙醇较为常见。因此不使用有机溶剂类的提取主要是水提工艺，使用有机溶剂类的提取主要是醇提、醇沉工艺。

图10-6和图10-7分别为煮提工段典型的水提、醇提生产工艺流程。

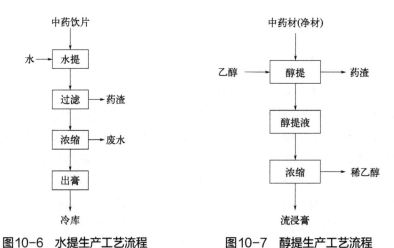

图10-6 水提生产工艺流程 图10-7 醇提生产工艺流程

图10-8和图10-9分别为制剂工段典型的液体制剂、固体制剂工艺流程。

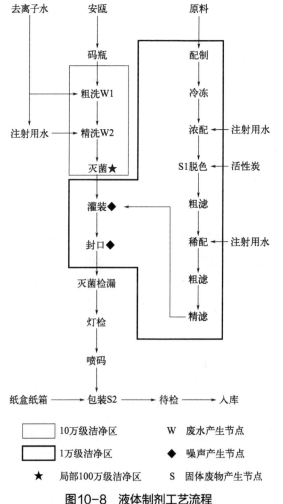

图10-8 液体制剂工艺流程

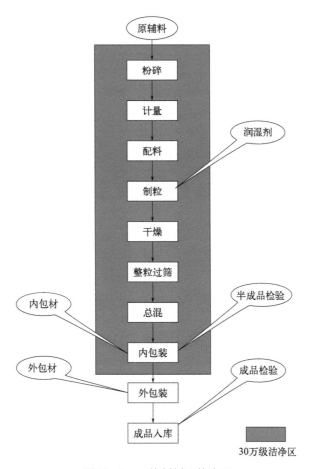

图10-9　固体制剂工艺流程

10.2.2　产排污特征

（1）影响因素

主要包括"原料""产品""工艺""生产规模"四个方面的影响因素。

（2）产污环节

1）化学合成

化学合成类制药生产工艺流程及排污节点如图10-10所示。

根据生产工艺过程中排水节点，化学合成类制药废水的产生节点主要在合成、提取和精制阶段，废水类型包括主生产过程排水（母液类废水）、辅助过程排水（工艺废水或废液、循环水）、冲洗废水，水质特点见表10-6。主要污染源为反应阶段合成产生的废母液、合成过程中使用的大量冷却水和去离子水、化学药品残余物和中间产污、纯化阶段提取和精制过程中残留的各种有机溶剂和无机盐类等。

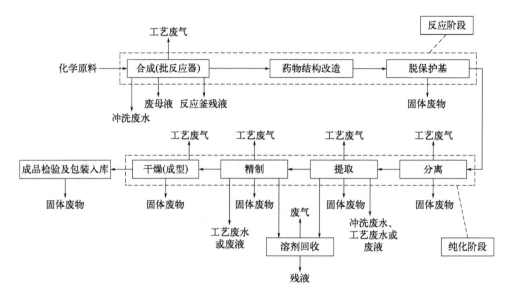

图10-10 化学合成类制药生产工艺流程及排污节点

表10-6 化学合成类制药废水来源及水质特点

废水来源	水质特点
主生产过程排水	包括各种结晶母液、转相母液、吸附残液等，污染物浓度高，含盐量高，废水中残余的反应物、生成物等浓度高，有一定生物毒性，难降解
辅助过程排水	包括循环冷却水系统排污、水环真空设备排水、去离子水制备过程排水、蒸馏（加热）设备冷凝水等
冲洗废水	包括过滤机械、反应容器、催化剂载体、树脂、吸附剂等设备及材料的洗涤水，其污染物浓度高、酸碱性变化大

根据化学合成类制药生产工艺及排污节点，化学合成类制药企业废气产污节点较多，以工艺废气为主。主要废气污染源包括六部分：蒸馏、蒸发浓缩工段产生的有机不凝气；合成反应、分离提取过程产生的有机溶剂废气；使用盐酸、氨水调节pH值产生的酸碱废气；粉碎、干燥排放的粉尘；溶剂回收产生的有机溶剂废气；污水处理厂产生的恶臭气体。化学合成工序主要大气污染物包括颗粒物和氨等无机物，以及化学合成使用的有机原料和有机溶剂（主要为VOCs）。

固体废物的产生主要与化学合成制药各个工段可能采用的工艺技术有关，大部分为危险废物。生产中产生的危险废物主要有废催化剂、废活性炭、废溶剂、废酸、废碱、废盐、精馏釜残、废滤芯（废滤膜）、粉尘、药尘、废药品等，产生的一般固体废物主要为废包装材料等。

2）酶法

酶法制药主要应用于化学原料药（抗生素药物）的生产制备，是指利用酶的催化作用（酶偶合反应）制备药物的一种新型绿色生产工艺。相比较合成和发酵，绿色酶法工艺更符合清洁生产的要求，废水和废气的产生都相对减少，因此逐渐受到重视。酶法制药的一般工艺流程及排污节点见图10-11。

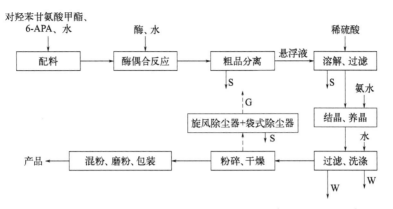

图10-11　酶法制药的一般工艺流程及排污节点（阿莫西林为例）

W—废水；G—废气；S—固体废物

根据酶法工艺及排污节点图，酶法制药废水产生节点主要在过滤和洗涤阶段，其他工艺过程基本无废水的排放。此外，废水污染物具有成分简单、浓度低、水量少的特点，主要是高盐分废水等。

同样，酶法制药废气的产生节点也较为简单，主要是原料药生产废气，主要为丙酮，以及生产过程中粉碎、干燥产生的颗粒性粉尘废气。

固体废物的产生环节主要有粗品分离和溶剂过滤阶段，固体废物包括粗品分离、滤渣、废提取剂、废活性炭、废过滤材料等，以危险废物为主，一般固体废物主要为包装材料。

3）发酵类

发酵类制药生产工艺流程主要包括种子培养、微生物发酵、发酵液预处理和固液分离、提炼纯化、精制、干燥、包装等步骤。发酵类制药生产工艺流程及排污节点如图10-12所示。

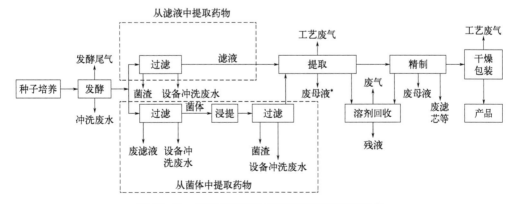

图10-12　发酵类制药生产工艺流程及排污节点

*仅在从滤液中提取药物工艺过程中产生

由图10-12可知，发酵类制药废水的产生主要在发酵、过滤、提取、精制过程，按照来源将废水划分为主生产过程排水（废母液）、辅助过程排水（废滤液）、冲洗废水。其中，冷却水排污和制水过程排水占总排水量的30%以上。发酵类制药废水来源及水质特点见表10-7。主要污染源为发酵过程中使用的大量冷却水和去离子水、发酵残余物和中间产污、提取和精制过程中残留的各种有机溶剂和无机盐类等。发酵工艺中的提取分为树脂提取与非树脂提取两类。树脂提取一般指利用离子交换树脂对产物进行提取精制。非树脂提取指在生产过程中利用有机溶剂对产物进行萃取精制。树脂提取工艺需要对树脂进行回收利用，需要大量水进行反复洗涤，从而造成废水排放量大于非树脂提取工艺。

表10-7 发酵类制药废水来源及水质特点

废水来源	水质特点
主生产过程排水	包括废滤液（从菌体中提取药物）、废发酵母液（从过滤液中提取药物）、树脂柱（罐）冲洗水、其他废母液等。此类废水浓度高、硫酸盐及氨氮含量高，酸碱性和温度变化大，一般含药物残留，水量相对较小
辅助过程排水	包括工艺冷却水（如发酵罐、消毒设备冷却水等）、动力设备冷却水（如空压机冷却水、制冷剂冷却水等）、循环冷却水系统排污、水环真空设备排水、去离子水制备过程排水、蒸馏（加热）设备冷凝水等。此类废水污染物浓度低，但水量大、季节性强、企业间差异大
冲洗废水	包括容器设备冲洗水（如发酵罐冲洗水等）、过滤设备冲洗水（如板框压滤机、转鼓过滤机等过滤设备冲洗水）、地面冲洗水等。其污染物浓度高、酸碱性变化大。水环真空设备排水与此类水浓度相近

根据典型的发酵类制药生产工艺流程及排污节点，发酵类药物生产过程产生的废气主要包括发酵尾气、含溶剂废气、含尘废气、酸碱废气及废水处理装置产生的恶臭气体。发酵尾气气量大，主要成分为空气和二氧化碳，同时含有少量培养基物质以及发酵后期细菌开始产生抗生素时菌丝的气味，如果不经污染治理设施处理即排放到环境中，对厂区周边大气环境质量影响较大。有机溶剂废气主要产生于分离提取等生产工序。

发酵类药物生产过程产生的固体废物主要为：发酵工序产生的工艺废渣（菌丝体和残余培养基）；脱色、过滤、分离等工序产生的废活性炭、废树脂等吸附过滤介质；粉碎、筛分、总混、包装、过滤过程产生的粉尘；溶剂回收残液；污水处理站产生的废物（格栅截留物、污泥等）等。

4）制剂类

制剂类药物生产工艺过程是通过混合、加工和配制，将具有生物活性的药品制备成成品。根据制剂的形态可分为固体制剂类、注射剂类及其他制剂类三大类型，主要包括冻干粉针、粉针、水针输液、固体制剂。

四种类型制剂的生产工艺流程及排污节点如图10-13所示。

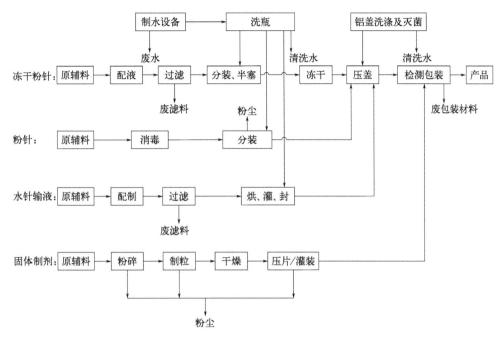

图10-13　制剂类制药生产工艺流程及排污节点

由图10-13可知，制剂工艺产生废水和废气节点较少。冻干粉针、粉针、水针输液、固体制剂工艺过程中基本不产生工艺废水，废水主要产生来源为制水设备产生废水（纯化水、注射用水制水、设备排水）、包装容器清洗废水、工艺设备清洗废水、地面清洗废水，水质特点见表10-8。因此，制药类废水具有浓度低、水量大的特点，属中低浓度有机废水，污染物主要是COD。

表10-8　制剂类制药废水来源水质特点

废水来源	水质特点
纯化水、注射用水制水、设备排水	主要为酸碱废水
包装容器清洗废水	此部分清洗废水污染物浓度很低，但水量较大
工艺设备清洗废水	该类废水COD较高，但水量较小
地面清洗废水	污染物浓度低

从工艺过程上看，液体制剂生产过程废气污染物的产生量极低，粉针和固体制剂的生产工艺中会产生少量的粉尘。主要在粉针的分装过程产生细颗粒粉尘以及固体制剂的粉碎、制粒、压片/灌装过程产生颗粒性粉尘。

制剂类制药工业的危险废物主要为废制剂原料、废药品、废活性炭、废过滤材料等，涉及的一般废物主要为废包装材料等。

5）提取

提取是指运用生物化学或物理的方法，从生物体通过生化提取、分离、纯化等制备药品（包括多肽类药物、糖类药物、酶类药物、核酸药物、脂类药物、血液制品等）的生产过程。提取类药物按来源分主要有人体、动物、植物、海洋生物等，不包括微生物。生化提取的原料大多采用树木的根、叶、动物腺体及寄生菌类，以动物提取为主。其中，用化学合成、半合成等方法制得的生化基本物质的衍生物或类似物列入化学合成类。菌体及其提取物列入发酵类。动物器官或组织及小动物制剂类药物，如动物眼制剂、动物骨制剂等，列入中药类。

提取类制药工艺相对简单，大体可分为原料的选择和预处理、原料的粉碎、提取、分离纯化、干燥及保存、制剂六个阶段。其中提取过程可分为酸解、碱解、酶解、盐解及有机溶剂提取等；提取过程常用的溶剂包括水、稀盐、稀碱、稀酸、有机溶剂（如乙醇、丙酮、三氯甲烷、三氯乙酸、乙酸乙酯、草酸、乙酸等）。其生产工艺流程及排污节点见图10-14。图10-14中，精制过程为盐析法、有机溶剂分级沉淀法、等电点沉淀法、膜分离法、层析法、凝胶过滤法、离子交换法、结晶和再结晶等几种工艺的组合。

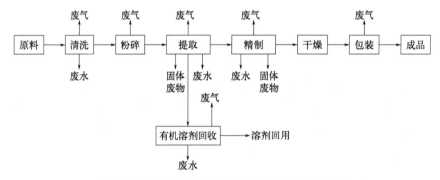

图10-14 提取类制药生产工艺流程及排污节点

由图10-14可知，提取类制药废水来源主要为原料清洗废水、提取废水、精制废水、设备清洗水、地面清洗水等。废水中含有有机溶剂和天然物质的残存物，属高浓度有机废水。根据提取方法的不同，提取废水类型也不相同，水质特点见表10-9。水污染物主要为COD和氨氮。

表10-9 提取类制药废水来源水质特点

废水来源	水质特点
原料清洗废水	主要污染物为SS、动植物油等
提取废水	通过提取装置或有机溶剂回收装置排放。废水中的主要污染物为提取后的产品、中间产品以及溶解的溶剂等，主要污染指标为COD、氨氮、动植物油等，是提取类制药的主要废水污染源
精制废水	提取后的粗品精制过程中会有少量废水产生，水质与提取废水基本相同
设备清洗水	每个工序完成一次批处理后，需要对本工序的设备进行一次清洗工作，清洗水的水质与提取废水类似，一般浓度较高，为间歇排放
地面清洗水	地面定期清洗排放的废水，主要污染指标为COD等

根据生产工艺及污染物排放节点，提取类生产过程中的大气污染物主要来自提取、干燥、有机溶剂回收产生的有机废气；粉碎、包装排放的粉尘；废水处理设施产生的恶臭气体；清洗过程中产生的大气污染物因提取对象不同有所差异，对植物提取主要污染物是粉尘排放，对动物提取主要污染物是恶臭气体。在酸解、碱解、等电点沉淀、pH 值调节等过程中还会涉及酸碱废气的挥发。提取类制药工业危险废物主要为废原料（动植物体）、废药品（提取剂）、废活性炭、废过滤材料等，涉及的一般废物主要为废包装材料等。

6）生物工程

生物工程类制药的生产涉及 DNA 重组技术的产业化和应用，不同的基因工程药物的生产工艺又有所不同。生物工程类药物生产工艺流程及排污节点见图 10-15。

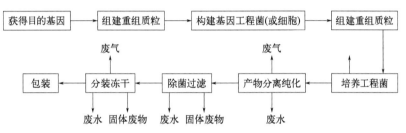

图 10-15　生物工程类药物生产工艺流程及排污节点

根据生物工程制药生产工艺及排污节点，按照废水主要来源分为生产工艺废水、实验室废水、实验动物废水，水质特点见表 10-10。生产工艺废水主要存在于产物分离纯化、除菌过滤、分装冻干过程。除以上工艺流程外，生物工程制药还可能涉及发酵工艺，但相比抗生素发酵，生物工程发酵规模比较小，废水产生量小，但废水浓度高，通常来说，该部分废水通常作为废液委托有资质单位处理。生物工程类制药废水中的水污染物主要有 COD 等。

表 10-10　生物工程类制药废水来源及水质特点

废水来源	水质特点
生产工艺废水	包括微生物发酵的废液、提取纯化工序产生的废液或残余液、发酵罐排放的洗涤废水、发酵排气的冷凝水、设备泄漏物的冷却水、瓶塞/瓶子洗涤水、冷冻干燥的冷冻排放水等
实验室废水	包括一般微生物实验室废弃的含有致病菌的培养物、料液和洗涤水，生物医学实验室的各种传染性材料的废水、血液样品以及其他诊断检测样品，重组 DNA 实验室废弃的含有生物危害的废水，实验室废弃的诸如疫苗等的生物制品，其他废弃的病理样品、食品残渣以及洗涤废水
实验动物废水	包括动物的尿、粪以及笼具、垫料等的洗涤废水及消毒水等

生物工程类生产工艺废气主要来自有机溶剂的使用，包括甲苯、乙醇、丙醇、丙酮、甲醛和乙腈等，主要产污点为瓶子洗涤、溶剂提取、多肽合成仪等的排风以及实验室的排气，制剂过程中的药尘等。

生物工程制药的固体废物通常为危险废物，包括动物尸体、废弃菌毒株、废培养液、废提取剂、废活性炭、废过滤材料等。涉及的一般废物主要为废包装材料等。

7）中成药

中药饮片废水主要来自药材的清洗和浸泡水、机械的清洗水以及炮制工段的其他废水，一般为轻度污染废水，COD浓度大约在200mg/L。但是如果在炮制工段需要加入特殊辅料如酒、醋、蜜等的中药饮片，其废水的COD浓度一般较高，可达到1000mg/L以上。

中成药类制药废水主要特征如下：

① 中药生产的原材料主要是中药材，在生产中有时需使用一些媒质、溶剂或辅料，水质成分较复杂；

② 废水中COD浓度高，一般为1400～10000mg/L，有些浓渣水甚至更高；

③ 废水一般易于生物降解，BOD/COD值一般在0.5以上，适宜进行生物处理；

④ 废水中SS浓度高，主要是动植物的碎片、微细颗粒及胶体；

⑤ 水量间歇排放，水质波动较大；

⑥ 在生产过程中要用酸或碱处理，废水pH值波动较大；

⑦ 由于常常采用煮炼或熬制工艺，排放废水温度较高，带有颜色和中药气味。

10.3 污染减排技术

2008年，我国环境保护部发布实施了《制药工业水污染物排放标准》，涵盖了化学合成类、发酵类、提取类、生物工程类、中药类、混装制剂类六大类标准，分别发布了《发酵类制药工业水污染物排放标准》（GB 21903—2008）、《化学合成制药工业水污染物排放标准》（GB 21904—2008）、《提取类制药工业水污染物排放标准》（GB 21905—2008）、《中药类制药工业水污染物排放标准》（GB 21906—2008）、《生物工程类制药工业水污染物排放标准》（GB 21907—2008）和《混装制剂类制药工业水污染物排放标准》（GB 21908—2008）。2011年，环境保护部发布了《环境影响评价技术导则 制药建设项目》（HJ 611—2011）。2012年环境保护部发布了《制药工业污染防治技术政策》。国家于2017年发布了《制药工业大气污染物排放标准（征求意见稿）》。标准中对发酵尾气、污水处理站废气、燃烧类废气处理尾气、工艺废气（特殊原料药生产废气和其他药品生产废气）分别规定了二氧化硫、氮氧化物、颗粒物、VOCs等大气污染物的排放限值。

废水处理一般包括预处理单元、生化处理单元、深度处理单元、回用处理单元。预处理单元工艺主要有隔油、气浮、混凝、沉淀、调节、中和、氧化还原等；生化处理单元工艺主要有厌氧（水解酸化）/好氧（活性污泥法、生物接触氧化法）、缺氧/好氧（A/O）、厌氧/缺氧/好氧（A²/O）工艺等；深度处理单元工艺主要有混凝、过滤、高级氧化、膜生物反应器（MBR）、曝气生物滤池（BAF）；回用处理单元主要工艺有过滤、沉淀、超滤（UF）、反渗透（RO）、脱盐、消毒。上述工艺串联组合处理后，回用或经总排口达标外排。治污过程涉及工艺有物理处理法、化学处理法、物理化学处理法、好氧生物处理法、厌氧生物处理法。单元/工艺联用的方式能够提高污染物去除效率，实际企业常用多种技术/工艺相结合的技术，主要为物化+生物处理联用、水解酸化+好氧生物处理、厌氧+好氧生物处理。

我国制药企业的大气污染控制工作总体处于起步阶段，相关基础比较薄弱。目前制药企业对废气的末端治理主要以氧化分解法为主的蓄热式热力氧化、蓄热式催化氧化、低温等离子体技术、光催化氧化等，以及吸附、吸收、冷凝、膜分离等物化方法和生物洗涤器、生物过滤池、生物滴滤塔等生物方法。针对医药制造行业产生的主要气体采用不同的处理技术。对于颗粒物一般采用简单的除尘方法，包括袋式除尘、静电除尘、组合式除尘；脱硫通常采用湿法脱硫（石灰石/石灰+石膏、氨法）、烟气循环流化床法、旋转喷雾干燥法；脱硝则选用低氮燃烧法（低氮燃烧器、空气分级燃烧、燃料分级燃烧）、选择性催化还原法（SCR）和选择性非催化还原法（SNCR）；在大多数情况下，对于含尘VOCs，还需要进行一定的预处理，常见的预处理方法有冷凝法、吸收法、吸附法、热氧化法、生物降解法、光催化法、低温等离子体法。医药制造行业各工艺类型对应的常用末端技术见表10-11、表10-12。

表10-11　医药制造行业废水污染物治理工艺

工艺类型	废水污染物治理工艺
化学合成	好氧生物处理、水解酸化+好氧生物处理、厌氧+好氧处理生物组合
发酵	好氧生物处理、水解酸化+好氧生物处理、厌氧+好氧处理生物组合
提取	水解酸化+好氧生物处理、厌氧+好氧处理生物组合
生物工程	物化处理、生物处理、物化+生物处理
制剂	物化处理、好氧生物处理、水解酸化+好氧生物处理

表10-12　医药制造行业废气污染物治理工艺

废气指标	废气污染物治理工艺
颗粒物	静电除尘、袋式除尘、组合式除尘
二氧化硫	湿法脱硫（石灰石/石灰+石膏、氨法）、旋转喷雾干燥法、烟气循环流化床法
氮氧化物	低氮燃烧技术（低氮燃烧器、空气分级燃烧、燃料分级燃烧）、选择性催化还原法（SCR）、选择性非催化还原法（SNCR）
VOCs	燃烧法、光催化法、等离子体法、吸收法、吸附法、冷凝法、生物法

制药行业的工业废水通常具有组成复杂，有机污染物种类多、浓度高，COD和BOD_5值高，NH_3-N浓度高，色度深、毒性大，固体悬浮物（SS）浓度高等特征。因此，制药行业在废水处理的过程中，一般采用多种水处理工艺进行处理，以提高污染物的去除率。

生物药品类制药企业的废水处理工序一般分为预处理、二级处理（一般为生化处理）、三级处理（深度处理）。一般采用物理处理+生物好氧处理、物理处理+厌氧生物处理+好氧生物处理、物理处理+厌氧水解+好氧生物处理等水处理工艺组合。物理处理主要采用沉淀分离等工艺，好氧生物处理主要采用活性污泥、A/O、MBR、SBR、生物膜法等工艺，厌氧处理主要采用厌氧水解酸化、升流式厌氧污泥床（UASB）等工艺。

参考文献

[1] 杨鑫，宁立波. 某制药厂废水排放对地下水污染的数值模拟预测研究[J]. 安全与环境工程，2019, 26(3): 115-120.

[2] 孟宪政，庄瑞杰，于庆君，等. 制药行业有机废气催化燃烧研究进展[J]. 化工进展，2021, 40(2): 789-799.

[3] 张岩松，纪政，刘剑桥，等. 几种典型的制药废水处理研究进展[J]. 水处理技术，2022, 48(8): 29-34.

第 **11** 章

制革工业污染与减排

□ 工业发展现状及主要环境问题

□ 主要工艺过程及产排污特征

□ 污染减排技术

11.1　工业发展现状及主要环境问题

11.1.1　工业发展现状

制革行业是我国轻工行业的支柱产业之一，在我国国民经济建设和出口创汇中发挥着重要作用。制革工业包括皮革鞣制加工、皮革制品制造、毛皮鞣制及制品加工、羽毛（绒）加工及其制品制造、制鞋业。近年来，由于原材料、劳动力和能源成本上升，环保压力不断加大以及国内外市场不振等因素影响，制革工业发展进入了一个深度调整、转型升级的时期。目前制革工业正积极从污染预防、规模工艺与设备、资源与能源消耗、污染治理等多方面进行改造，促使企业走集中生产、集中治理的模式，调整制革工业的产业结构，提高资源利用率，减少能源消耗，减少污染物的排放。

制革行业的上游主要为动物皮毛、化工原料与纤维等。上游的动物皮毛来源中，牛皮约占50%、羊皮约占31%、猪皮约占18%。这些原料的价格很大程度上决定了生产过程中的成本。同时下游行业的产品构成情况分别是：制鞋业的鞋面革，约占35%；家具行业的家具革，约占15%；汽车行业的汽车革，约占5%；皮革服装行业的服装革和包装革，约占20%；包装行业的包装革，约占10%。

2022年，全国规模以上皮革、毛皮、羽毛及其制品和制鞋业企业实现营业收入11339.9亿元，同比下降0.4%；实现利润总额614.4亿元，同比增长3.3%。制革企业数量呈波动变化，2015年企业数量为9252家，到2020年，企业数量降低至8471家。从各小类行业运行情况来看，2019年，规模以上皮革主体行业中，制鞋企业销售收入总共为6818.32亿元，占比达到64.68%；箱包企业销售收入总共为1419.05亿元，约占13.46%；制革企业销售收入总共为1182.63亿元，占比约为11.22%；皮革服装企业销售收入约为585.11亿元，占比为5.55%；毛皮及制品企业销售收入约为536.01亿元，占比为5.08%。

近几年，我国轻革产区日趋集中，以河北、浙江、河南、广东等十大省（自治区）为主，轻革产量占全国总产量的95%以上，见图11-1。

11.1.2　主要环境问题

（1）皮革鞣制加工

皮革鞣制加工过程会产生污染，也是整个皮革产业链中污染的主要来源。近年来，虽然采取了各种技术和工艺措施以提高资源和能源的利用率，减少污染物的排放，但仍存在危险废物处理处置难等问题。第一，有些企业由于危险废物产生量少等

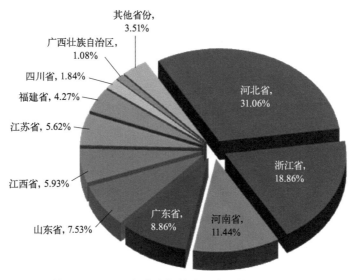

图 11-1　2016 年十大轻革产区产量地区占比情况

原因存在处理处置不合理的现象。第二，局限于当前危险废物的处理处置技术，及时采取处理措施，取得的效果也不尽如人意。第三，制革企业危险废物处理处置难。地方具备资质的危险废物处置单位数量少，经常出现由危废处置单位环境管理问题导致危废处置单位停产现象，企业产生的危险废物无处处置。第四，制革固体废物减量化、资源化利用程度低，制革固体废物，特别是含铬固体废物，大部分制革企业都没有资源化利用；北方地区处理制革企业排放废水中的含盐成分成本高。传统制革废水中的氯离子浓度较高，一般超过 3000mg/L。制革厂一般采用末端治理的方式处理综合废水，由于氯离子极易溶于水，目前的末端处理技术几乎不能降低废水中的氯离子含量。个别地方特别排放限值中氯离子排放浓度降低为 1000mg/L，依靠现有污水处理技术，除蒸发处理外，很难达到该要求；小散企业仍然存在，环境管理成本高。尽管制革行业发布了行业规范和准入条件，但是总体上行业门槛仍然较低，规上企业数量较少，小型企业普遍管理形式粗放，尤其是部分建成时间较长的老旧企业，仍以粗加工和初级产品为主。

（2）皮革制品制造

皮革制品制造行业产生的主要环境污染物为 VOCs，另外还有少量固体废物，两者的来源主要是皮革制品制造使用的原辅材料。在皮革服装、皮箱、包（袋）及皮带等皮革制品的生产过程中需要用到胶黏剂，在皮包（袋）及皮带生产过程中还需要用到含溶剂的刷边油，会在相应工序产生 VOCs 废气。皮革制品制造行业在裁剪等工序会产生固体废物。

皮革、毛皮、羽毛（绒）制造行业整体排放的 VOCs 占重点行业排放 VOCs 的比重为 2.8%。皮革制品制造行业的污染物主要为 VOCs，其主要来源是皮革制品制造过程中使用的各种胶黏剂和刷边油、清洁剂等有机化学品，属于溶剂使用带来的VOCs污染。因此皮革制品制造行业的清洁生产技术水平主要与所使用的各种胶黏剂和刷边油、清洁剂等有机化学品有关。

（3）毛皮鞣制及制品加工

行业门槛较低，因此，行业内企业普遍管理形式粗放，规模以上企业数量较少，尤其是部分建成时间较长的老旧企业，仍以粗加工和初级产品为主，导致毛皮鞣制行业存在小、散、乱的问题。行业内存在存量企业少、缺乏上规模上档次的知名产品的问题。由此导致企业在污水治理、粉尘治理方面的环境问题相对突出。毛皮服装加工及其他毛皮制品加工由于不涉及废水和废气的排放，污染物排放主要为固体废物。固体废物主要包括裁剪下脚料、尾巴、头脚、其他等，都具有再利用价值，以销售方式卖给其他企业回收再利用。

（4）羽毛（绒）加工及其制品制造

羽毛（绒）加工及其制品制造工艺流程简单，羽毛（绒）加工主要是将鸭、鹅宰杀后的带血、灰尘和泥沙的"水毛"清洗干净的过程；涉及的污染物排放主要有清洗过程中产生的废水、恶臭以及分选和填充过程产生的粉尘。

（5）制鞋业

制鞋业VOCs主要来源于胶黏工艺中胶黏剂和处理剂的使用，以及少数成型后需要对其表面进行处理，一般鞋企称为喷光（漆）工序。制鞋过程中产生的固体废物主要包括纺织品、皮革（不含铬）、人造革、合成革、泡棉等裁剪中产生的碎料、边角料等一般工业固体废物以及胶桶等危险废物。

11.2 主要工艺过程及产排污特征

11.2.1 主要工艺过程

（1）皮革鞣制加工

制革的原材料主要是牛皮、羊皮和猪皮等，通过多个物理和化学工序可将原料皮转化为适用于不同用途的皮革。工艺过程中使用的主要化学原料包括浸水助剂、脱毛剂、石灰、脱脂剂、蛋白酶、酸、氯化钠、鞣剂（主要为铬鞣剂）、碱、复鞣填充剂、加脂剂、染料、涂饰剂等。

目前我国 95% 以上制革企业均采用轻革生产工艺。其工艺依据原料皮的种类、状态和最终产品要求的不同而有所变化，但一般而言，目前制革企业所采用的生产类型通常根据生产工艺划分为四类，即从生皮加工至成品革（坯革）、生皮加工至蓝湿革、蓝湿革加工至成品革（坯革）和从坯革加工至成品革。其中，从生皮加工至成品革的生产工艺，包括准备工段、鞣制工段和整饰工段，包含全部流程；从生皮加工至蓝湿革的生产工艺包括准备工段和鞣制工段；从蓝湿革加工至成品革的生产工艺包括整饰工段；从坯革至成品革的生产工艺为整饰工段的干整饰加工。由于皮革鞣制行业以上各具体工作可独立实现，现有企业除了全流程工艺外，也大量存在根据实际需求只单独具备其中部分工段，产生了生皮-蓝湿革、生皮-坯革、蓝湿革-坯革、蓝湿革-成品革的生产工艺方式。

（2）皮革制品制造

皮革服装制造的工艺一般是以皮革为原料，通过版式设计、制样、裁剪，将面料和里料及其他材料按照排料和划样要求剪切成衣片，把各衣片缝制组合，并经熨烫处理、检验合格后包装入库。根据设计风格不同，部分企业的生产工艺上需要对皮衣的一些部位进行粘贴处理。皮箱、包（袋）制造箱包生产工艺主要是以皮革、合成革等为主要原料，依次进行裁剪、缝制、配件安装、检验合格后包装入库。皮手套制造工艺是以皮革或合成革为主要原料，经过拉皮机和皮料抛光机拉伸抛光后，经裁剪、缝合、整烫后检验合格包装入库。

（3）毛皮鞣制及制品加工

毛皮鞣制加工工艺可被划分为准备工段、鞣制工段、染整工段和整饰工段（又分为湿整饰和干整饰），每个工段都包括多个工序。毛皮服装及其他毛皮制品加工工艺主要为钉板—裁剪（小刀）—缝制—整理—包装，主要原材料为毛皮、辅料、衬料。

（4）羽毛（绒）加工及其制品制造

羽毛（绒）加工及其制品制造工艺流程简单。羽毛（绒）加工工序主要包括初洗、复洗；羽毛（绒）制品的加工工艺以面料、辅料、衬料分别制版、下料、整理、缝制，填充羽绒（毛）等物理过程为主。

11.2.2 产排污特征

制革工业中，皮革鞣制加工涉及的产排污工序相对复杂，污染物产排量也相对较大，典型生产工艺流程及产排污节点见图 11-2。

皮革制品是以动物皮为原料，经化学处理和机械加工而完成。在这一过程中，大量蛋白质、脂肪会被转移到废水、废渣中。在加工过程中采用大量化工原料，如酸、碱、

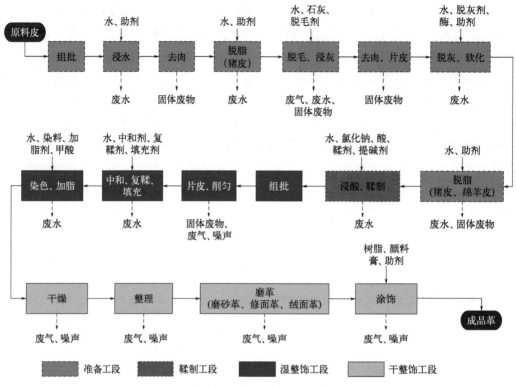

图11-2 制革典型生产工艺流程及产排污节点

盐、硫化钠、石灰、铬鞣剂、加脂剂、染料等,其中大部分物质进入废水之中。制革主要污染物,包括废水、废气、固体废物等,主要来自准备、鞣制和整理加工工段,且以水污染物为主,其中加工过程废液多为间歇性排放,是制革工业废水污染的主要来源,占制革污水排放总量的96%。

制革各工段污染物来源和污染物有关情况如表11-1所列。

表11-1 制革各工段污染物来源和污染物有关情况

生产工艺	主要生产设施	污染物特征
生皮至成品革(坯革)	转鼓(准备工段、鞣制工段和湿整饰工段),车间废液循环设施,干整饰工段喷浆机、滚涂机、磨革机等,还包括去肉机、片皮机、削匀机等	(1)废水:从准备工段至染整工段所有工序产生的废水,成分复杂,悬浮物多,耗氧量高,色度深,可生化性好; (2)固体废物:无铬皮固体废物(废毛、肉渣、灰皮边角料等)和染整工段产生的鞣制后皮革固体废物(主要为铬鞣后的削匀革屑、修边边角料等); (3)废气:脱毛车间硫化物、磨革车间颗粒物、涂饰车间VOCs和综合废水处理产生的臭气等; (4)噪声:转鼓、去肉机、磨革机、片皮机、削匀机、干燥设备、空压机、喷浆机、辊涂机等产生的噪声
生皮至蓝湿革	转鼓(准备工段和鞣制工段),车间废液循环设施,还包括去肉机、片皮机、削匀机等	(1)废水:准备工段和鞣制工段产生的废水,可生化性好; (2)固体废物:无铬皮固体废物(废毛、肉渣、灰皮边角料等)和染整工段产生的鞣制后皮革固体废物(主要为铬鞣后的削匀革屑、修边边角料等); (3)废气:脱毛车间硫化物、综合废水处理产生的臭气等; (4)噪声:转鼓、去肉机、片皮机、削匀机、空压机等产生的噪声

续表

生产工艺	主要生产设施	污染物特征
蓝湿革至成品革（坯革）	转鼓（湿整饰工段）、喷浆机、滚涂机、磨革机等，还包括片皮机、削匀机等	（1）废水：湿整饰工段产生的废水，废水可生化性一般； （2）固体废物：染整工段产生的皮革固体废物（主要为含铬修边边角料等）； （3）废气：磨革车间颗粒物、涂饰车间VOCs和综合废水处理产生的臭气等； （4）噪声：干燥设备、空压机、喷浆机、辊涂机等产生的噪声
坯革至成品革	喷浆机、滚涂机等	（1）固体废物：染整工段产生的皮革固体废物（主要为含铬修边边角料等）； （2）废气：磨革车间颗粒物、涂饰车间VOCs和综合废水处理产生的臭气等； （3）噪声：干燥设备、空压机、喷浆机、辊涂机等产生的噪声

（1）废水产排情况

制革工艺产生的废水污染物种类多，水量和水质波动较大。制革各工段的废水来源、污染物特征指标和水质范围以及污染负荷比例如表11-2所列。

制革生产中的污染物按所产生的工序分主要包括以下几种。

1）浸水工序

原料皮（盐湿皮）上的氯化钠和其在运输过程中发生腐烂的蛋白质，会在浸水工序进入废水中，使废水中的氨氮、COD_{Cr}和BOD_5浓度升高。

2）脱毛浸灰工序

原料皮上的毛、表皮、油脂和纤维间质被降解，进入废水中，造成废水COD_{Cr}、BOD_5和氨氮浓度升高；脱毛浸灰过程中使用的硫化钠和石灰也进入废水中，使脱毛浸灰废液中的硫化物含量和pH值升高。该工序产生的废水为含硫废水。

3）脱灰工序

脱灰过程中大量使用的铵盐进入水中使氨氮含量升高。

4）软化工序

软化工序使用的含氨氮材料使废水中氨氮含量升高，同时由于酶的降解作用，纤维间质发生降解进入废水中，增加了废水中COD_{Cr}和BOD_5含量。

5）浸酸鞣制工序

目前所用鞣剂主要为含铬鞣剂，铬盐吸收率为75%左右，25%左右的铬盐残留在铬鞣废液中。另外，浸酸过程中使用的氯化钠和铬鞣工序产生的中性盐使废水中的中性盐含量升高。

6）复鞣、中和、染色、加脂工序

该工序需要使用多种化工材料，未吸收的化工材料进入废水中提高了废水中的色度和COD_{Cr}含量。另外，部分复鞣填充剂中氨氮含量较高，残留在废液中的化工材料提高了废水中的氨氮含量。

7）脱脂工序

对猪皮、羊皮等油脂含量较大的皮革需要单独增加脱脂工序，该工序产生的废水中动植物油含量较高。

表11-2 制革工艺各工段的废水来源和污染物特征

单位：mg/L（pH值和污染负荷比例除外）

工段	工序	pH值	CODCr	BOD5	悬浮物	硫化物	总铬	氨氮	总氮	动植物油	氯化物	污染负荷比例/%
准备工段	浸水	6～10	5000～11800	2000～5000	2300～6700	—	—	100～1000	150～1200	1700～8400	17000～50000	60～70
	脱脂	11～13	10000～30000	3000～8000	3000～5000	—	—	—	—	4000～10000	—	
	脱毛浸灰	12～14	15000～40000	5000～10000	6000～20000	2000～5000	—	200～1000	300～1500	300～800	3300～25000	
	脱灰软化	6～11	2500～7000	1000～4000	2500～10000	25～250	—	2000～4000	2000～4000	—	2500～15000	
鞣制工段	浸酸鞣制	3.5～5	3000～6500	600～1200	600～2000	—	600～2500	150～400	200～500	400～800	2000～8000	6～8
染整工段	复鞣中和染色加脂	4～6	15000～75000	6000～15000	1000～2000	—	50～500	100～500	200～1000	20000～50000	5000～10000	20～30
	综合废水	8～10	3000～4000	2000～4000	2000～4000	40～100	0.1～1.5	200～600	250～800	250～2000	3000～5000	—

注：表中数据均为采用传统制革技术产生综合废水的污染物浓度，综合废水为含铬废水单独收集预处理后的水质，总铬为车间或生产设施排放口测定。

从排放情况来看，根据数据统计，2017年我国制革行业废水产生量为1.31亿吨，经治理后排放量为1.01亿吨，比2014年分别降低7.8%和12.4%；主要污染物COD产排量分别为3.94万吨和9966t，比2014年分别降低7.8%和33.3%；NH_3-N产排量分别为2.63万吨和2114t，比2014年分别减少7.8%和38.7%；总铬排放量为34.8t，比2014年下降18.3%。根据排污许可申报数据，制革企业废水排放去向和使用处理技术情况如表11-3所列。

表11-3　制革企业废水排放去向和使用处理技术情况

排放去向	企业数量/家			
	无处理	预处理+一级处理	预处理+一级处理+二级处理	预处理+一级处理+二级处理+深度处理
进入其他单位	1	0	1	0
排至厂内综合污水处理站	0	0	5	0
进入城市污水处理厂	0	2	116	12
直接进入江、河、湖、库等水环境	0	2	99	24
工业废水集中处理厂	18	4	61	5
进入城市下水道（再入沿海海域）	0	0	4	2
进入城市下水道（再入江、河、湖、库）	0	0	9	5
其他（包括回喷、回填、回灌、回用等）	0	0	0	1

（2）固体废物产排情况

皮革鞣制加工是以动物皮的高投入、低产出为特征的传统工业。制革固体废物来源于制革和废水治理过程。制革过程中产生的固体废物主要包括准备工段产生的无铬皮固体废物（废毛、肉渣、灰皮边角料等）和染整工段产生的鞣制后皮革固体废物（主要为铬鞣后的削匀革屑、修边边角料等）。废水治理过程中产生的固体废物主要包括铬鞣及铬复鞣废水单独收集处理产生的含铬污泥及在综合废水治理过程中产生的综合污泥。制革工业固体废物产生情况如表11-4所列。

表11-4　制革工业固体废物产生情况

来源			固体废物种类	是否属于危险废物[①]	年产生量/万吨
生产过程	准备工段	去肉	肉渣	否	80～100
		脱毛、浸灰	废毛、回收蛋白质	否	
		脱脂	回收油脂	否	
		去肉、片皮、修边	肉渣、片皮及修边下脚料	否	
	染整工段[②]（以铬为鞣剂）	片皮、削匀、修边（鞣制后染色前）	削匀革屑、片皮及修边边角料	是	
		摔软、磨革	革屑	是	
		修边（染色后、涂饰后）	修边边角料	是	

来源		固体废物种类	是否属于危险废物①	年产生量/万吨
废水治理过程	含铬废水 碱沉淀	含铬污泥（高浓度、低浓度）	是	8～12
	综合废水 物化及生化处理	综合污泥	否	35～45

① 表中危险废物是指以铬为鞣剂的制革工艺产生的固体废物，染整工段产生的固体废物被用于生产皮件、再生革或静电植绒时，其利用过程不按危险废物管理。

② 采用无铬鞣剂鞣制时，在染整工段产生的固体废物不属于危险废物。

（3）废气产排情况

制革企业产生的废气主要包括有组织排放废气和无组织排放废气。其中有组织排放废气包括涂饰工序喷浆设施产生的VOCs（有机废气，包括苯、甲苯、二甲苯、非甲烷总烃等）和废水处理设施产生的臭气、氨、硫化氢等；无组织排放废气来自生皮库、使用硫化物的脱毛车间、磨革车间、涂饰车间产生的臭气、氨、硫化氢、颗粒物及有机废气等，见表11-5。

有关资料显示，皮革、毛皮、羽毛（绒）制造行业整体的VOCs排放量占全国重点行业VOCs排放总量的比例不足3%，且主要集中在皮革制品行业中。

表11-5 制革VOCs产生环节、排放类型及主要污染物

工序	废气产生环节	主要污染物	排放类型
涂饰	喷浆设施	非甲烷总烃	有组织排放
	涂饰车间①	非甲烷总烃	无组织排放

①指涂饰车间在滚涂、补伤、刷涂等工序可能造成的废气无组织排放。

11.3 污染减排技术

11.3.1 废水污染治理

目前，我国制革行业主要采用末端处理的方法防治制革污染，主要是高浓度有机废水及其特征污染物，即含铬、含硫化物及氨氮等废水。在处理过程中，为减轻综合污水处理负荷，并回收有用物质，目前制革行业多采用对含铬废水、含硫废水和脱脂废水进行分质分流预处理，然后进行废水综合处理，部分企业还会对综合处理后的废水进行深度处理。

11.3.1.1 含铬废水处理

加碱沉淀，经压滤成为铬饼，循环利用或单独存放。该方法铬回收率在99%以上，

上清液中的总铬含量＞1mg/L。含铬废水处理工艺见图11-3。

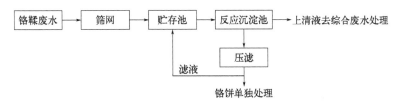

图11-3　含铬废水处理工艺

11.3.1.2　综合污水处理

目前，大量制革企业在采用预处理的基础上，将处理后上清液排入综合污水处理系统，通过物理化学法、厌氧消化、好氧生物处理等结合的方式进一步对废水进行处理后排入水体或者综合污水处理设施。企业采用的二级及深度处理方式主要包括氧化沟工艺、序批式活性污泥法（SBR工艺）、A/O工艺类、MBR法、生物接触氧化、芬顿氧化等。

（1）厌氧生物处理技术

1）水解酸化处理技术

水解酸化工艺的COD_{Cr}去除率也较低（30%～40%），出水应该进入好氧段进行进一步处理。水解酸化工艺可大幅度去除废水中的悬浮物或有机物，其后续好氧处理工艺的污泥量可得到有效减少。还可以对进水负荷的变化起缓冲作用，从而为后续好氧处理创造较为稳定的进水条件，同时提高废水的可生化性，进而提高好氧处理的能力。该工艺具有停留时间短、占地面积小、工程投资少等特点，运行费用较低，且其对废水中有机物的去除亦可节省好氧段的需氧量，从而节省整体工艺的运行费用。

2）上流式厌氧污泥床（UASB）工艺处理技术

UASB工艺由污泥反应区、气液固三相分离器（包括沉淀区）和气室三部分组成。进水COD_{Cr}负荷一般为6～15kg/(m³·d)，当为颗粒污泥时，允许上升流速为0.25～0.30 m/h（日均流量），当为絮状污泥时允许上升流速为0.75～1.0 m/h（日均流量）。

用于制革企业废水处理时需结合好氧处理。采用UASB可以降低好氧处理的污染负荷，减少运行成本和污泥的产生量。

（2）好氧生物处理技术

1）氧化沟工艺

氧化沟工艺处理制革废水的特征如下：对废水水质水量的较大变化无要求，处理效果稳定，产泥量少；对氧化沟内水温要求不高，即使水温降至5℃，也能保持BOD_5的去除率；由于制革废水氨氮含量高，有机负荷低，在处理过程中易发生硝化反应，未硝化的含氮化合物会使处理废水COD_{Cr}偏高；氧化沟内溶解氧沿水流方向存在浓度梯度，因此可脱去废水中部分氮；活性污泥在二沉池中沉降速度较慢，但絮凝性良好，处理水透明度好，出水略带黄色，控制一定处理条件，COD_{Cr}可稳定达到100 mg/L以下。

氧化沟工艺COD_{Cr}去除率可达90%以上，硫化物去除率达95%以上，动植物油去除率达99%，色度去除率达85%。整个工艺的结构简单，运行管理方便，且处理效果稳定，出水水质好，并可以实现脱氮。氧化沟工艺是制革企业目前最广泛采用的废水生物处理方法。

2）序批式活性污泥法（SBR）

SBR法与传统的活性污泥法不同，SBR工艺装置简单，占地少，易于实现自动控制。其在一个反应池内基本完成所有反应操作，在不同时间使用可实现有机物的氧化、硝化、脱氮、磷的吸收与释放等过程；SBR工艺对水质变化适应性好，耐负荷冲击性强，反应推动力大，效率高，可有效防止污泥膨胀，可通过调节处理时间实现达标排放。废水中COD_{Cr}、BOD_5和硫化物的去除率都很高。但是，它也存在着处理周期长的缺点，而且在进水流量较大时，其投资会相应增加。SBR工艺对COD_{Cr}去除率可达90%以上，对SS的去除率达95%，对氨氮的去除率达80%。

3）厌氧-缺氧-好氧活性污泥（A^2/O）法

该技术耐负荷冲击能力强，对废水中的有机物、氨氮等去除效率高，对总氮也有良好的去除效果。该技术流程简单，投资小，操作费用低。对于高浓度制革废水，前段需要配套生化处理大幅度削减COD_{Cr}和BOD_5后再采用该工艺才能保障脱氮的长效稳定。制革及毛皮加工企业综合废水适宜采用厌氧-缺氧-好氧组合工艺处理。A^2/O工艺污染物去除率如表11-6所列。

表11-6 A^2/O工艺污染物去除率

主体工艺	污染物去除率/%					
	化学耗氧量（COD_{Cr}）	五日生化需氧量（BOD_5）	悬浮物（SS）	氨氮（NH_3-N）	总氮（TN）	总磷（TP）
预处理+A^2/O反应池+二沉池	70～90	70～90	70～90	80～90	60～80	60～90

4）生物技术+A/O工艺

通过定向筛选和诱发突变对氨氮降解专属菌群进行定向选育、驯化和培养，构建出高效处理制革废水的复合菌群，将该菌群应用于A/O工艺，可以大幅提高微生物的处理能力。该菌群内含多种微生物。通过把生物技术植入A/O脱氮工艺，并在专有的生物调试技术控制下，实现A/O工艺同步去除NH_3-N、TN，降低能耗和碱耗的基础上，提高生化处理效率和处理深度。生化停留时间较常规A/O工艺减少60%以上，COD_{Cr}去除率提高30%以上，NH_3-N去除率接近100%，TN去除率在85%以上（表11-7）。

表11-7 生物技术+A/O工艺污染物去除率

主体工艺	污染物去除率/%					
	COD_{Cr}	BOD_5	SS	NH_3-N	TN	TP
预处理+生物技术+A/O工艺	90～97	70～90	70～90	99	85	—

5）膜生物反应器强化废水生化处理技术

膜生物反应器（MBR）是高效膜分离技术与活性污泥法相结合的新型污水处理技术。经 MBR 处理后，制革废水中 COD_{Cr} 去除率大于 95%，BOD_5 去除率大于 98%，SS 去除率大于 98%，NH_3-N 去除率大于 98%，TN 去除率大于 85%，其出水可满足间接排放标准，同时还能去除一些其他物质，例如铬或残留杀菌剂。

MBR 与传统废水处理工艺相比，对废水的选择性降低，但可以使活性污泥具有很高的混合液悬浮固体浓度（MLSS）值，可通过延长废水在反应器中的停留时间来提高氮的去除率和有机物的降解率，同时减少废水处理过程中的产泥量。该技术运行成本相对较低，可用于制革废水二级生物处理。

6）芬顿氧化技术

利用亚铁离子作为过氧化氢分解的催化剂，反应过程中产生具有极强氧化能力的羟基自由基（·OH），它进攻有机质分子，从而破坏有机质分子并使其矿化直至转化为 CO_2 等无机质。在酸性条件下，H_2O_2 被 Fe^{2+} 催化分解从而产生反应活性很高的强氧化性物质——羟基自由基，引发和传播自由基链反应，强氧化性物质进攻有机物分子，加快有机物和还原性物质的氧化和分解。当氧化作用完成后调节 pH 值，使整个溶液呈中性或微碱性，铁离子在中性或微碱性的溶液中形成铁盐絮状沉淀，可将溶液中剩余有机物和重金属吸附沉淀下来。因此，芬顿（Fenton）试剂实际上具有氧化和吸附混凝的共同作用。

该技术仅需简单的药品添加及 pH 值控制，药剂易得，价格便宜，无需复杂设备且对环境友好，投资及运行成本相对较低。但是，芬顿氧化技术也存在污泥产生量大、操作控制要求严格等缺点。COD_{Cr} 去除率达 60% ～ 90%（表 11-8），适用于制革及毛皮加工企业排放中段废水的预处理以及二级处理后的深度处理。

表 11-8　综合废水典型处理可行性技术及去除率

处理方式	可行技术	去除率/%					
		悬浮物	COD_{Cr}	BOD_5	NH_3-N	TN	氯化物
物化处理	预沉	45 ～ 65	—	—			
	混凝沉淀	70 ～ 90	50 ～ 70	45 ～ 65	—	—	—
	混凝气浮	80 ～ 90	60 ～ 70	55 ～ 65	—	—	—
生化处理	氧化沟工艺	70 ～ 90	70 ～ 90	70 ～ 90	70 ～ 95	45 ～ 85	
	SBR 工艺	70 ～ 90	70 ～ 90	70 ～ 90	85 ～ 95	55 ～ 85	
	生物接触氧化工艺	70 ～ 90	60 ～ 90	70 ～ 95	50 ～ 80	40 ～ 80	
	生物技术+A/O工艺	70 ～ 90	90 ～ 97	70 ～ 90	＞99	＞85	—
	膜生物法	＞90	＞90	＞95	＞90	＞85	—
深度处理	芬顿氧化	50 ～ 70	＞60	＞50	—	—	—

11.3.2　废气污染治理

目前制革企业对废气收集治理关注较少，仅有少量企业对制革生产过程中产生的废气进行了处理。

制革企业挥发性有机物类污染物主要分为非甲烷总烃，主要产生于喷浆、涂浆和涂饰环节。为减少制革企业VOCs排放，源头预防主要是采用水性涂饰材料，治理技术主要是喷淋、水幕过滤和吸附等技术。根据排污许可申报的相关无组织排放数据，在喷涂/浆和涂饰环节，仅有约半数企业采取相应措施进行VOCs治理。

参考文献

[1] 刘婷. 皮革行业防治污染现状分析及法律规制建议 [J]. 中国皮革，2023, 52(8): 98-101.

[2] 范荣桂，柳岩. 制革废水处理新技术 [J]. 水处理技术，2022, 48(11): 21-25.

第12章
电力工业污染与减排

12.1 工业发展现状及主要环境问题

12.1.1 火电行业

作为国家重要能源支撑的火电行业，自2007年以来在我国发展迅速，在发电量、火电能源消费结构、装机工艺、装机容量以及污染防治措施等方面呈现出新的特点。

（1）火电装机占比持续下降，结构规模不断优化

2016～2021年，我国火电行业发电总量表现出逐年增加的趋势，已由2016年的约$4.33 \times 10^{12} kW \cdot h$增至2021年的$5.67 \times 10^{12} kW \cdot h$；同时随着我国电力能源结构的逐步优化，火电装机占比由64.28%下降至54.56%，火电行业发电量占比表现出逐年下降的趋势，已由2016年的71.60%降至2021年的67.48%。2016～2021年我国火电行业发电总量及其占比变化情况见图12-1。

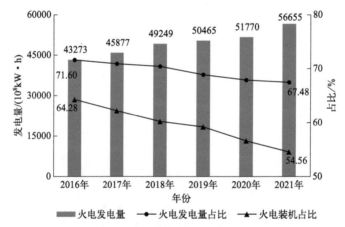

图12-1　2016～2021年我国火电行业发电总量及其占比变化情况

数据来源：《中国电力统计年鉴2022》

（2）发电煤耗逐渐降低，节能水平有所提高

2017～2021年我国6000kW及以上电厂发电煤耗变化情况见图12-2。

由图12-2可知，随着我国能源消费政策的调整及结构的不断优化，火电行业6000kW及以上电厂发电煤耗呈现降低趋势，从2017年的291.3g/(kW·h)降至2021年的284.8g/(kW·h)。根据《中国电力统计年鉴2022》数据，2021年煤耗较低的有北京市［209.8g/(kW·h)］、海南省［272.0g/(kW·h)］、山东省［273.8g/(kW·h)］、天津市［274.8g/(kW·h)］。

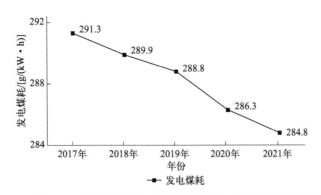

图12-2　2017～2021年我国6000kW及以上电厂发电煤耗变化情况

数据来源：《中国电力统计年鉴2022》

（3）我国火电装机技术水平不断提高

① 随着世界首台66万千瓦超超临界二次再热燃煤机组——中国华能集团江西安源电厂1号机组和世界首台100万千瓦超超临界二次再热燃煤发电机组——中国国电集团泰州电厂二期工程3号机组相继投运，我国二次再热发电技术在国内得到推广应用。

② 世界首台最大容量等级的四川省白马60万千瓦超临界循环流化床示范电站体现了我国已经完全掌握循环流化床锅炉的核心技术，并在循环流化床燃烧大型化、高参数等方面达到了世界领先水平。随着2015年世界首台35万千瓦超临界循环流化床机组——山西国金电力公司1号机组投运，全国共有5台35万千瓦超临界循环流化床机组投入商业运行。

③ 我国超超临界大型机组技术逐渐成熟，2017年百万千瓦等级机组已超过140套。此外，随着我国"上大压小"和淘汰小机组工作的逐渐深入，10万千瓦等级以下的纯凝机组逐渐关停，火电行业平均单机规模整体呈上升趋势。

（4）装机规模总量逐年增加，但火电装机占比逐年降低

2016～2021年我国火电装机容量及其占比变化情况见图12-3。

我国火电行业装机总量呈现稳步增加的趋势，2021年全国总发电装机容量为237777万千瓦，比上年同期增长7.98%。由图12-3可知，火电装机容量129739万千瓦，同比增长4.10%，火电装机占比从2016年的64.3%进一步降至2021年的54.6%。

（5）标准、政策趋严，治理设施技术不断升级

近十年来，我国针对火电行业污染物排放的政策、标准等发生了较大变化，《火电厂大气污染物排放标准》（GB 13223—2011）大幅加严烟尘、二氧化硫、氮氧化物等排放限值，首次增加了汞及其化合物污染物指标；《关于印发〈煤电节能减排升级与改造行动计划（2014—2020年）〉的通知》（发改能源［2014］2093号）、《关于印发〈全面实施燃煤电厂超低排放和节能改造工作方案〉的通知》（环发［2015］164号）、《重点

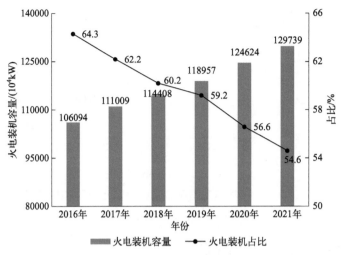

图12-3　2016～2021年我国火电装机容量及其占比变化情况

数据来源：《中国电力统计年鉴2022》

区域大气污染防治"十二五"规划》《关于印发大气污染防治行动计划的通知》（国发〔2013〕37号）等文件的出台，进一步将火电行业主要污染物排放要求提高至世界先进水平。标准要求的提高促进了污染防治技术的发展，推动了火电行业污染防治措施不断升级，污染防治措施的投运占比不断提高。

火电行业污染防治技术不断升级，例如石灰石/石膏法工艺出现了传统空塔提效、pH分区技术和复合塔技术；低氮燃烧技术进一步升级，控制锅炉出口NO_x浓度大幅降低，各脱硝技术的脱硝效率也有较大提高；低低温电除尘、电袋复合除尘、湿式静电除尘等除尘技术不断涌现。

以脱硫和脱硝为例，烟气脱硫、脱硝机组容量占全国煤电机组容量的比重逐年增加。以2017年数据为例，我国脱硫机组容量占全国煤电机组容量的比重为95.8%，脱硝机组容量占比达到98.4%。

（6）超低排放推动行业主要废气污染物排放强度进一步降低

以中国电力企业联合会统计的2017年数据为例，2017年全国电力烟尘排放量约为26万吨，同比下降约25.7%，烟尘平均排放绩效约为0.06g/(kW·h)，同比下降0.02g/(kW·h)；全国电力二氧化硫排放约120万吨，同比下降约29.4%，二氧化硫平均排放绩效约为0.26g/(kW·h)，同比下降0.13g/(kW·h)；全国电力氮氧化物排放约114万吨，同比下降26.5%，氮氧化物平均排放绩效约0.25g/(kW·h)，比上年下降0.11g/(kW·h)。

（7）部分机组在线监测数据可用性尚待提高

根据《火电厂大气污染物排放标准》（GB 13223—2011）等要求，火电厂均需安装烟气在线监测系统，对烟尘、二氧化硫、氮氧化物排放情况进行实时监测，但部分小型机组（尤其是65t/h以下的燃油、燃气、燃用煤矸石、燃用石油焦的发电锅炉）在线监测系统运行不完善甚至尚未安装在线监测系统。安装了在线监测系统的火电机组中，设施运行也存在一定的问题，如机组在启动或停炉过程中，由于氧含量上升可能造成折算污染物浓度超标问题。此外，环保部门和行业管理机构仅掌握国家级污染源在线监测数据，还有大量数据未能接入国家平台，依托在线数据核算大区域火电污染物排放量仍存掣肘。

12.1.2　水力、风力、太阳能、生物质能发电行业

12.1.2.1　水力发电行业

（1）装机容量及发电量

水力发电是中国的第二大发电方式。截至2021年年底，全国水电总装机容量达到39094万千瓦，其中抽水蓄能3639万千瓦，水电装机约占全国发电总装机容量的16.4%。其中新增发电装机容量主要体现在四川、云南、新疆、吉林和浙江，这五个省（自治区）2021年度新增水电发电容量达到全国的79.22%。

2021年，水力发电量13399亿千瓦时，比上年略有下降（-1.14%）；与2016年相比，水力发电量增加1651亿千瓦时，年均增长2.81%。2021年水电发电量减少主要是由于各地采取更为适合本地气候条件的发电方式，例如广东、广西、青海等地大量采用风电，贵州、广东、广西等地大量采用太阳能发电替代水电能源，因此水电发电量减少。分地区看，四川省、云南省、湖北省水力发电量分列前三位，其中四川省、云南省均超过3000亿千瓦时，湖北省达到1599亿千瓦时。

2016～2021年水电装机容量变化情况见图12-4。

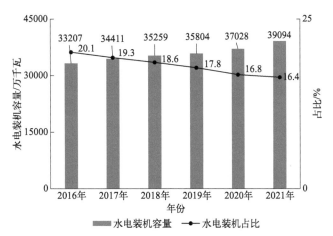

图12-4　2016～2021年水电装机容量变化情况

数据来源：《中国电力统计年鉴2022》

（2）装机分布

2021年，全国十大水电大省（自治区）是：四川省8887万千瓦、云南省7823万千瓦、湖北省3771万千瓦、贵州省2283万千瓦、广西壮族自治区1768万千瓦、广东省1736万千瓦、湖南省1578万千瓦、福建省1386万千瓦、浙江省1278万千瓦、青海省1193万千瓦。我国分地区发电装机容量情况以及分地区水力发电量及增速参见图12-5与表12-1。

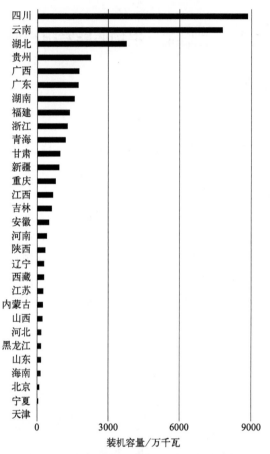

图12-5 2021年分地区发电装机容量情况

数据来源：《中国电力统计年鉴2022》

表12-1 分地区水力发电量及增速

序号	地区	发电量/亿千瓦时		增速/%
		2017年	2021年	
1	全国	11945.1	13398.2	12.2
2	北京	11	14	27.3
3	天津	0.1	0.2	100.0
4	河北	20	24	20.0

序号	地区	发电量/亿千瓦时		增速/%
		2017年	2021年	
5	山西	42	39	−7.1
6	内蒙古	24	62	158.3
7	辽宁	45	78	73.3
8	吉林	77	105	36.4
9	黑龙江	25	27	8.0
10	上海	—	—	—
11	江苏	29	31	6.9
12	浙江	212	238	12.3
13	安徽	57	81	42.1
14	福建	416	274	−34.1
15	江西	157	136	−13.4
16	山东	7	12	71.4
17	河南	100	116	16.0
18	湖北	1494	1599	7.0
19	湖南	498	538	8.0
20	广东	301	223	−25.9
21	广西	614	517	−15.8
22	海南	26	18	−30.8
23	重庆	253	283	11.9
24	四川	3164	3724	17.7
25	贵州	733	734	0.1
26	云南	2502	3027	21.0
27	西藏	51	93	82.4
28	陕西	109	141	29.4
29	甘肃	374	452	20.9
30	青海	332	505	52.1
31	宁夏	16	21	31.3
32	新疆	256	286	11.7

数据来源:《中国电力统计年鉴2022》。

12.1.2.2 风力发电行业

(1)装机容量及发电量

全球风能资源十分丰富,根据世界能源理事会估算,地球陆地面积中有27%的地区年均风速高于5m/s。美国西部、西北欧沿海、乌拉尔山顶部和黑海等地区风能资源禀赋最为丰富。根据世界风能协会统计数据，2022年世界风电总装机增长88.6GW，达到934GW，年均增速10.5%。与2021年相比，2022年装机增幅前五位的有芬兰、波兰、巴西、瑞典、越南，中国、美国、德国等风电大国装机规模仍处于世界前列。世界总装机整体增速放缓，2022年世界主要国家/地区风力发电装机情况参见表12-2。

表12-2　2022年世界主要国家/地区风力发电装机情况

国家/地区	2022年底总装机/MW	2022年新增装机/MW	增幅/%
中国	395630	48960	14.1
美国	144284	8837	6.5
德国	66242	2318	3.6
印度	41983	2183	5.5
西班牙	29813	1670	5.9
英国	28087	2339	9.1
巴西	25631	4064	18.8
法国	20600	1516	7.9
加拿大	15310	1006	7.0
瑞典	14227	2054	16.9
土耳其	11950	850	7.7
意大利	11848	526	4.6
澳大利亚	10134	1411	16.2
波兰	8617	1517	21.4
荷兰	8500	654	8.3
墨西哥	7312	50	0.7
丹麦	7178	0	0
芬兰	5677	2421	74.4
其他	81520	6254	8.3
总计	934543	88630	10.5

数据来源：世界风能协会《2022年全球风能报告》。

　　我国风电起源于1986年并网的山东省荣成马兰风电场，"十一五"以来高速发展，自2012年起取代美国，成为世界第一风电大国。根据中国可再生能源学会风能专业委员会（简称中国风能协会）数据，2021年，全国（除港、澳、台地区外）新增装机容量4706万千瓦，同比下降35.1%；累计装机容量达到32871万千瓦，同比增长16.7%，风电装机容量增速稳步上升。中国风电新增装机容量、累计装机容量及发电装机占比见图12-6。

　　2021年，我国风电全年完成投资2589亿元，新增规模重心向东部沿海地区和华中

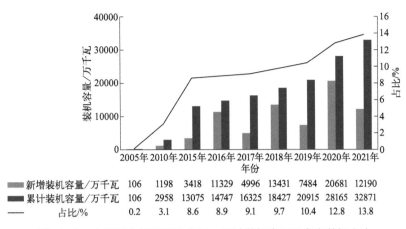

年份	2005年	2010年	2015年	2016年	2017年	2018年	2019年	2020年	2021年
新增装机容量/万千瓦	106	1198	3418	11329	4996	13431	7484	20681	12190
累计装机容量/万千瓦	106	2958	13075	14747	16325	18427	20915	28165	32871
占比/%	0.2	3.1	8.6	8.9	9.1	9.7	10.4	12.8	13.8

图12-6 中国风电新增装机容量、累计装机容量及发电装机占比

数据来源：《中国电力统计年鉴2022》

地区倾斜。风电继续保持快速发展势头，全年发电量6558亿千瓦时，同比增长40.6%，发电量占一次能源消费的比重约为7.8%。根据国家能源局发布的全国电力工业统计数据，2022年全国6000kW及以上电厂发电设备利用时间3687h，比上年同期减少125h。

（2）装机分布

从分布上来看，风电装机主要集中在华北、西北和东部沿海地区。截至2021年年底，华北、西北和东部沿海地区累计风电装机容量22764万千瓦，占全国风电装机容量的69.25%，其中华北地区26.83%、西北地区22.83%、东部沿海地区19.59%。内蒙古、河北、新疆、江苏、山西、山东、河南、甘肃8个省（自治区）装机容量均超过1700万千瓦。其中，内蒙古自治区风电装机容量3996万千瓦，河北省、新疆维吾尔自治区、江苏省、山西省风电装机容量超过2000万千瓦。2021年各省（自治区、直辖市）风电装机容量及发电量见图12-7。

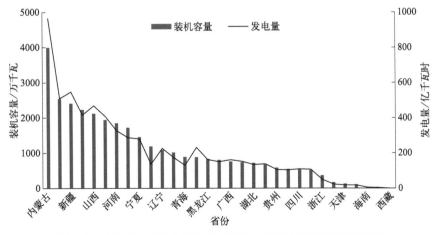

图12-7 2021年各省（自治区、直辖市）风电装机容量及发电量

数据来源：《中国电力统计年鉴2022》

与2020年相比，2021年我国六大区域风电新增装机容量均有显著增长。2021年各区域的风电新增装机容量所占比例分别为东部沿海30.25%、华中30.12%、华北14.49%、西北14.02%、东北7.30%、西南3.83%，见图12-8（书后另见彩图）。"三北"地区新增装机容量占比为35.81%，中东南部地区新增装机容量占比达到64.20%。主要增长的省份有江苏、广东、甘肃、河南、河北、福建，这六个省份的风电新增装机容量占全国风电装机新增容量的53.65%。

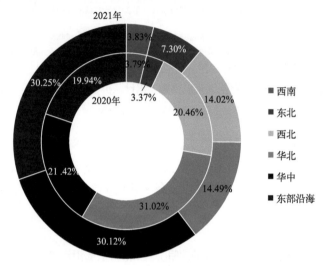

图12-8　2020年和2021年我国各区域风电新增装机容量占比情况

数据来源：中国电力企业联合会

（3）海上风电

根据世界风能协会年度风电统计数据，2021年，全球已建成海上风电累计装机容量57GW，新增装机容量21.1GW，分别是2020年的1.58倍和3.05倍。全球海上风电占风电总装机容量的比重由2020年的4.85%上升至2021年的6.81%。全球累计海上风电装机容量前五位的国家分别是中国、英国、德国、荷兰和丹麦，全球新增海上装机容量前五位国家的分别是中国、英国、越南、丹麦和荷兰，我国已成为全球海上风电累计装机容量和新增装机容量规模最大的国家。

欧洲海上风电起步较早，发展较为成熟。丹麦建成投产的Vineby海上风电项目是首个全球真正意义上的海上风电场，而英国是海上风电的领军国，在海上漂浮式风电方面处于领先地位，欧洲海上风电新增装机容量增长较快的国家还有德国、荷兰、比利时、葡萄牙等；亚洲国家以中国、日本、韩国三国为主，越南、印度、菲律宾等国海上风电投资发展势头强劲；美国海上风电在2016年实现零的突破，现已成为最大的海上风电市场之一。根据全球风能理事会发布的信息，2021年海上风电招标活动表明，未来5年海上风机市场主要分布地区依然是欧洲、北美和东亚。

我国海上风电起始于2007年，第一台海上风电机组在我国渤海湾建成发电。经过前期探索和试验，我国首个大规模海上风电场东海大桥风电场于2010年建成一期工程全部34台3MW风电机组，总装机容量102MW。之后的3年里，江苏省如东30MW和150MW潮间带试验、示范风电场及其扩建工程陆续开工建成，为我国近海风电场建设积累了宝贵经验。"十三五"期间海上风电快速发展，在江苏省、福建省、广东省着重建设项目，三省海上风电累计装机数量和累计装机容量分别占全国的83.8%、84.5%，除此之外，天津市、河北省、辽宁省、山东省、浙江省同样筹划建设了许多海上风电基地项目。2016~2020年间，我国海上风电快速发展，5年间新增装机共2302台、新增装机容量达到9838.7MW；2020年累计装机达到2634台、累计装机容量10870.1MW。《"十四五"可再生能源发展规划》推动海上风电基地进一步有序开发，重点在海上风电基地集群、深远海海上风电平价示范、海上能源岛示范和海上风电与海洋油气田深度融合发展示范等方面推动建设。2016~2020年中国海上风电新增和累计项目情况见表12-3。

表12-3 2016～2020年中国海上风电新增和累计项目情况

年份	海上风电新增项目情况		海上风电累计项目情况	
	新增装机数量/台	新增装机容量/MW	累计装机数量/台	累计装机容量/MW
2020年	787	3844.5	2634	10870.1
2019年	588	2493.1	1847	7025.6
2018年	454	1744.9	1259	4532.5
2017年	319	1164.0	806	2790.7
2016年	154	592.2	487	1626.9

数据来源：《中国海洋经济统计年鉴2021》。

截至2022年年底，在所有吊装的海上风电机组中，单机容量为4～6MW的机组为主要机型，8～10MW风电机组装机目前已完成自主设计研发、样机下线、吊装成功、并网运行。目前16MW海上风电机组已完成样机下线，标志着我国拥有了单机容量大、叶轮直径大、单位兆瓦质量更轻的风电机组，达到了国际领先水平，为我国海上风机进一步降低成本、为深远海挺进提供装备支撑。

12.1.2.3 太阳能发电行业

（1）装机及发电量

世界范围内日照条件最佳的区域包括北非地区、中东地区、美国西南部和墨西哥、南欧、澳大利亚、南非、南美洲东西海岸、中国西部地区等。北非地区是世界上太阳能辐射最强烈的地区之一，其中阿尔及利亚技术开发量每年约169.44万亿千瓦时；南欧太阳能年辐射总量超过7200MJ/m²，其中西班牙技术开发量每年约16460亿千瓦时。

光伏发电在2010年崛起，全球并网的太阳能发电总装机量为1.27GW，当时预计在2020年时全球装机总量为42GW。而仅2016年全球新增太阳能光伏发电装机容量就已约为66.7GW。2016年全球光伏新增装机约73GW,其中中国34.54GW、美国14.1GW、日本8.6GW、欧洲6.9GW、印度4GW。欧洲和日本等传统市场的占比逐步向中国、美国、印度等市场转移。

我国太阳能发电起步远晚于欧美国家,直到2000年才开始有较大的发展。自2015年年底取代德国成为世界第一。太阳能发电方式可分为太阳能光伏发电、太阳能热发电、薄膜发电等,其中光伏发电占比在90%以上,其他太阳能发电方式还未形成较大规模。

2021年,我国光伏发电新增装机5454万千瓦,同比增长13.14%。光伏发电装机总规模达到3.06亿千瓦。2021年,我国太阳能发电3270亿千瓦时,同比增长25.23%,继续保持高速发展。发电量占一次能源消费的比重约为3.89%。全国6000kW及以上太阳能发电设备利用时间1282h,比2020年提高1h。我国太阳能发电装机容量及增速情况参见图12-9。

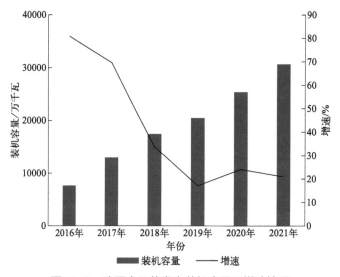

图12-9 我国太阳能发电装机容量及增速情况

其中,我国分布式太阳能发电2021年新增装机2918万千瓦,同比增长37.28%。分布式太阳能发电装机总规模达到1.07亿千瓦。2021年,我国分布式太阳能发电925亿千瓦时,同比增长36.23%。

（2）装机分布

从地理分布来看,东部沿海地区是太阳能发电装机容量最大的地区,参见图12-10。2021年,太阳能发电主要分布在东部沿海地区（33.15%）、西北地区（22.28%）、华北地区（19.73%）。东部沿海地区累计装机容量1.02亿千瓦,山东、河北、江苏、浙江、安徽、青海、河南、山西和内蒙古9个省（自治区）太阳能装机容量合计超过全国太阳能装机容量的58%,这9个省（自治区）均超过1400万千瓦,其中山东太阳能装机容量为3343万千瓦。

分布式太阳能装机主要集中在东部沿海地区,参见图12-11。截至2021年年底,东

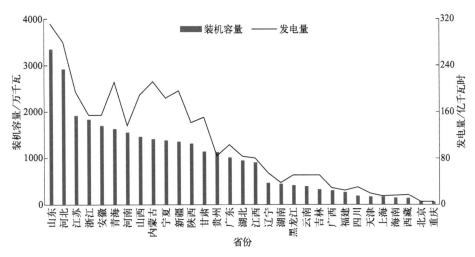

图12-10　2021年各省（自治区、直辖市）太阳能发电装机容量及发电量

数据来源：中国电力企业联合会

部沿海地区、华中地区、华北地区累计风电装机容量9916万千瓦，占全国风电装机容量的92.28%，其中东部沿海地区56.54%、华中地区18.48%、华北地区17.26%。山东、浙江、河北、江苏、河南5个省装机容量均超过900万千瓦。其中，山东分布式太阳能装机容量2334万千瓦，浙江、河北分布式太阳能装机容量超过1200万千瓦。

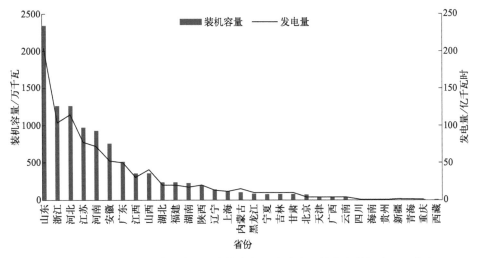

图12-11　2021年各省（自治区、直辖市）分布式太阳能发电装机容量及发电量

12.1.2.4　生物质能发电行业

（1）中国生物质能发电发展历程

生物质能发电起源于20世纪70年代，世界性的石油危机爆发后，丹麦开始积极开发清洁的可再生能源，大力推行秸秆等生物质能发电。自1990年以来，生物质发电在欧

美许多国家和地区发展迅速。我国在生物质能发电方面起步与欧美相比较晚。

2005年以前，以农林废弃物为原料的规模化并网发电项目几乎是空白。2006年《可再生能源法》、生物质能发电优惠上网电价等有关配套政策的实施，促使我国生物质能发电行业快速壮大。2006年以来，我国生物质能发电装机规模以年均30%左右的复合增长率迅速增加。但是，我国的生物质能发电尚停留在示范项目阶段，并未形成大规模合理利用。生物质能发电在我国电力生产结构中占比极小，在我国新能源发电结构中占比仅为2%左右。2017年，绿色电力证书首次在我国能源舞台崭露头角。从产业整体状况分析，生物质能发电行业的标杆企业在技术、成本方面已经具有明显优势，一小部分已投产生物质能发电项目的盈利能力已逐步显现，直燃生物质开发利用已经初步产业化。生物质能发电及生物质燃料目前仍处在政策引导扶持期。

（2）中国生物质能发电装机容量及发电量

在各种政策的支持下，我国在生物质能发电领域取得了重大进展。根据中国产业发展促进会统计，截至2022年年底，生物质能累计装机容量4132万千瓦（见图12-12），年发电量1824亿千瓦时，年上网电量1531亿千瓦时。其中农林生物质能发电累计装机容量1623万千瓦（见图12-13），年发电量516亿千瓦时，年利用时间为3199小时；生活

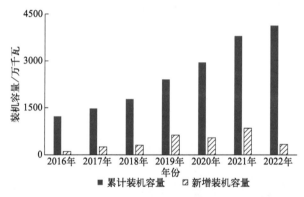

图12-12　2016～2022年全国生物质能发电累计装机容量与新增装机容量

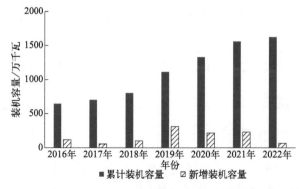

图12-13　2016～2022年农林生物质能发电累计装机容量与新增装机容量

垃圾焚烧发电累计装机容量2386万千瓦（见图12-14），年发电量1268亿千瓦时，年利用时间为5452小时；沼气发电累计装机容量122万千瓦（见图12-15），年发电量39.5亿千瓦时，年利用时间为3233小时。2022年6月国家发展改革委、国家能源局等9部门发布《"十四五"可再生能源发展规划》，将稳步推进生物质能多元化开发、积极发展生物质能清洁供暖、大力发展非粮生物质液体燃料开发、开发乡村可再生能源综合利用等纳入重点任务中，进一步发展生物质能。

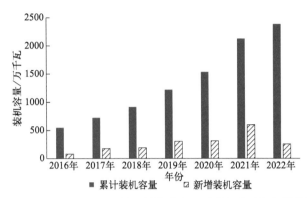

图12-14　2016～2022年垃圾焚烧发电累计装机容量与新增装机容量

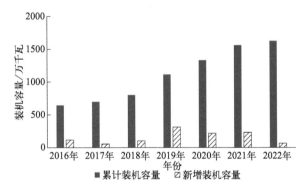

图12-15　2016～2022年沼气发电累计装机容量与新增装机容量

　　2022年，全国生物质能发电累计装机容量中，生活垃圾焚烧发电与农林生物质能发电仍然是主导，占比分别为39%与58%，沼气发电占比不到3%。

12.1.2.5　主要环境问题

　　水力发电、风力发电、太阳能发电三个行业的生态环境影响主要集中在项目建设期，表现为基建、设备安装等项目建设过程造成的地表植被破坏、地形地貌改变等生态影响。运营期内也会产生一定的生态影响，表现为对动物生境和习性的影响、对鸟类迁徙的影响、对地表植被的影响等。三个行业在运行期由生产过程产生和排放的污染物种类较少，产生量也较小，且污染物产生具有一定的周期性或不确定性，主要产生的污染物为固体废物。相对而言，三个行业配备的电厂运行维护人员日常工作和生活产生的生活废水、生活垃圾、食堂油烟等，则成为这三类企业最主要的日常污染物排放环节。由于水力发电、风力发电、太阳能发电三个行业为可再生能源发电行业，并未纳入环保部门的日常排放监管体系，企业也暂未对相关产污环节及产污量进行规范的记录和管理，所以缺乏产排污量的统计数据。目前三个行业的产排污量、污染物处理处置方式等没有相关统一、科学的排放标准和运行管理技术规范。

生物质能发电（不包含垃圾焚烧发电）主要处于示范项目阶段，并未形成大规模合理利用，在我国电力生产结构中占比极小，仍处在政策引导扶持期，因此缺乏较好的统计数据基础，其污染物排放遵循火力发电、锅炉，以及水、气等环境要素的国家相关排放标准。

12.2 主要工艺过程及产排污特征

12.2.1 火电行业

12.2.1.1 主要工艺过程

火电厂的发电过程是能量转换的过程，燃料（煤、煤矸石、油页岩、石油焦、燃油、天然气、高炉煤气、焦炉煤气、混合气等）中的化学能在燃烧时转变成热能，水被加热转变成高压热蒸汽（燃气轮机组无此过程），汽轮机组将高压热蒸汽或燃气轮机组燃气中的能量转变成机械能，发电机再将机械能最终转换成电能。电厂正常运行时，燃煤经运输、粉碎后在锅炉内燃烧产生烟气，经脱硝装置、除尘器、脱硫装置、烟道、烟囱排入空气中，见图12-16。在该过程中，主要产生烟气污染物、生产废水、脱硫废水、各类清洗废水、烟气脱硝废钒钛系催化剂、灰渣及脱硫副产物。

12.2.1.2 产排污特征

（1）主要污染物

火电机组在生产过程中产生的主要污染物有以下几种。

1）烟气污染物

包括燃料在锅炉燃烧过程中产生的烟气，经脱硝设施、除尘设施和脱硫设施后由烟囱排入大气，烟气中的主要污染成分包括 SO_2、NO_x、颗粒物（烟尘）、汞及其化合物、挥发性有机物（VOCs）。此外，火电厂还涉及无组织排放，主要包括煤场以及装卸过程中的扬尘和灰场扬尘、煤场和油罐区产生的 VOCs 等。

2）水污染物

包括生产系统中的各项工业废水，如锅炉补给水处理系统的酸碱废水、煤场和输煤系统的冲洗水、含油废水、脱硫废水、锅炉酸洗废水等，以及厂区的生活污水。如果采

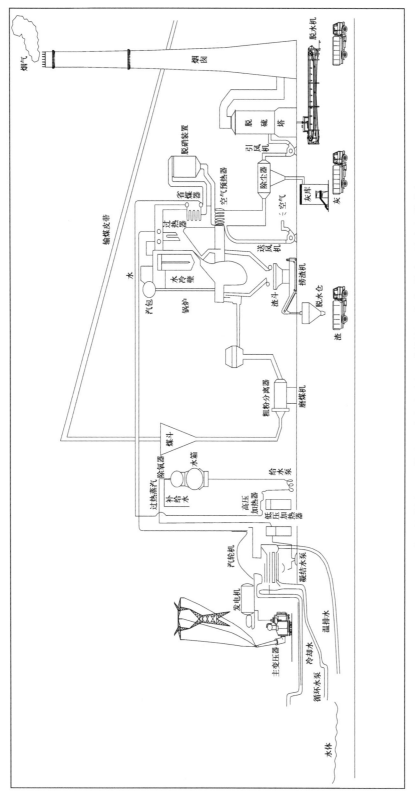

图12-16　典型燃煤电厂工艺流程（直流冷却、煤粉炉、烟气脱硝、除尘和脱硫）

用湿灰场，还包括灰水等。主要污染指标有 pH 值、SS、石油类、COD、BOD$_5$、氨氮、重金属等。电厂水冷却系统如采用直流冷却方式，还包括温排水可能造成的热污染等。火电行业废水中主要以无机污染物为主，不涉及 VOCs 物质。

3）固体废物

包括燃煤产生的灰、渣，脱硫系统产生的副产物，采用选择性催化还原法（SCR）烟气脱硝产生的废脱硝催化剂，生产设备检修维护产生的废矿物油，以及水处理系统产生的废离子交换树脂等。其中，根据《国家危险废物名录》，烟气脱硝废钒钛系催化剂、废矿物油、废离子交换树脂属于危险废物，一般要求交由生产厂商进行回收处理，否则应按危险废物处置相关要求进行处置。

燃煤发电机组主要产污节点见图 12-17。

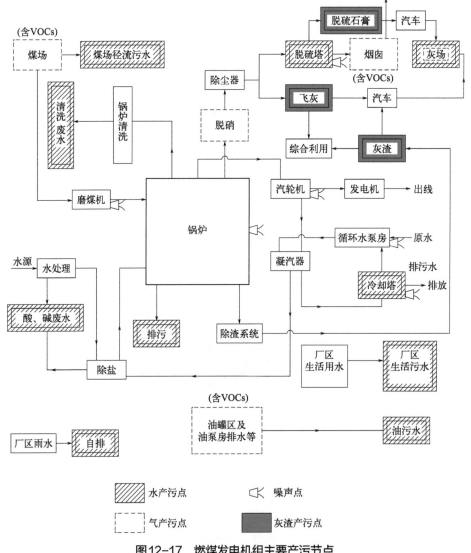

图12-17　燃煤发电机组主要产污节点

（2）污染物产排污特征

1）烟气污染物产排污特征

火电厂有组织烟气因其污染物含量高，为该类企业治理重点。排放烟气中所含成分较多，主要有 N_2、H_2O、CO_2、SO_2、SO_3、NO_x、CO、NH_3、颗粒物（烟尘）、重金属、挥发性有机物（VOCs）和微量元素（如 As、Hg、Ni、Mn 等），其中，《火电厂大气污染物排放标准》（GB 13223—2011）要求控制的主要污染物为烟尘、SO_2、NO_x、汞及其化合物。部分地方排放标准中对 NH_3 的排放限值做出了要求。火电厂在燃煤及灰渣的贮存与输送、石灰石浆液制备等过程均产生无组织废气，其主要污染物为颗粒物（烟尘），需采取相关治理措施以满足《大气污染物综合排放标准》（GB 16297—1996）相关要求。

2）废水污染物产排污特征

火电厂废水种类、水量和水质与机组大小、燃料类型和运行控制等因素密切相关。以燃煤发电机组为例，其废水一般由脱硫废水、含煤废水、含油废水、其他集中处理生产废水、循环冷却排污水和生活污水构成，各类工业废水采取"分类收集、分质处理"的模式，经厂内处理后循环利用或外排至环境、污水处理厂，主要污染指标为化学需氧量、氨氮、悬浮物、石油类、氟化物、硫化物、挥发酚、溶解性总固体（全盐量）、总磷等，满足相应排放标准限值后可达标排放。其中脱硫废水由于含有的重金属属于《污水综合排放标准》（GB 8978—1996）第一类污染物，需要在车间或车间治理设施排放口达标排放，工业废水的来源、排放特征、水质、污染因子及治理措施见表12-4。

表12-4　典型火电厂工业废水的来源、排放特征、水质、污染因子及治理措施

废水类别	来源	排放特征	水质调研情况/（mg/L）	污染物种类	治理措施
脱硫废水	吸收塔排污、石膏脱水排污	连续性排水	化学需氧量：50～4000；氨氮：0～1700	pH值、悬浮物、化学需氧量、硫化物、氟化物、总砷、总铅、总汞、总镉、其他	pH调节、沉淀、絮凝、澄清、浓缩、最终中和、烟道蒸发或蒸发结晶、其他
含煤废水	煤场排水、输煤系统冲洗排水	连续性排水	化学需氧量：4.1～256；氨氮：0.1～35	pH值、悬浮物、其他	混凝、沉淀或曝气、过滤、其他
含油废水	油罐区排水、检修废水或事故排放	间歇性排水	化学需氧量：5～700；氨氮：0.05～18.4	pH值、石油类、其他	隔油、气浮或活性炭吸附、其他
厂内综合污水处理站	含锅炉补给水处理系统再生排水、凝结水精处理系统再生排水、原水预处理装置排水、主厂房冲洗排水、氨区废水，以及烟气侧设备冲洗排水等	连续性和间歇性排水	化学需氧量：5～150；氨氮：0.05～20	pH值、悬浮物、化学需氧量、石油类、氨氮、氟化物、挥发酚、其他	pH调节、混合、澄清、最终中和、其他

3）固体废物产排污特征

火电厂固体废物主要包括飞灰、脱硫副产物和烟气脱硝废钒钛系催化剂等。飞灰是燃煤电厂以及煤矸石、煤泥资源综合利用电厂锅炉烟气经除尘器收集后获得的细小飞灰和炉底渣。脱硫副产物主要指石灰石-石膏湿法脱硫产生的脱硫石膏、氨法脱硫产生的$(NH_4)_2SO_4$、循环流化床脱硫产生的脱硫灰（$CaSO_3$）等。烟气脱硝废钒钛系催化剂在燃煤电厂使用期间，烟气中的铬、铍、砷和汞等重金属会随飞灰积累在脱硝催化剂的孔隙中，国内部分燃煤电厂产生的废烟气脱硝催化剂的危险特性分析结果表明，铍、砷和汞的浸出浓度超过《危险废物鉴别标准　浸出毒性鉴别》（GB 5085.3—2007）指标要求。因此，我国将钒钛系废烟气脱硝催化剂的再生、利用、处置纳入危险废物管理。此外，火电厂生产运行过程还会产生少量的废矿物油、废离子交换树脂等危险废物。

12.2.2　水力、风力、太阳能、生物质能发电行业

12.2.2.1　主要工艺过程

（1）水力发电

1）常规水电站

水力发电的原理是：具有水头的水力经压力管道或压力隧洞（或直接进入水轮机）进入水轮机转轮流道，水轮机转轮在水力作用下旋转（水能转变为机械能），同时带动同轴的发电机旋转，发电机定子绕组切割转子绕组产生磁场磁力线，根据电磁感应定理，完成机械能到电能的转换，发电经升降压变压器后与电力系统联网。常规水电站发电原理及工艺流程见图12-18、图12-19。

2）水力发电系统组成

① 水轮机。水轮机是将水能转换为机械能的水力机械，利用水能机带动发电机将旋转机械能变为电能的设备，称为水能发电机组。

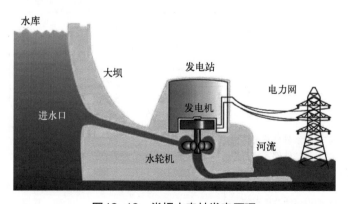

图12-18　常规水电站发电原理

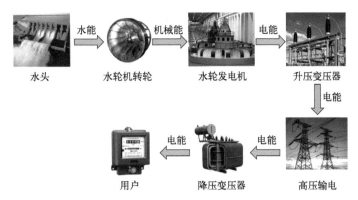

水头　　　水轮机转轮　　　水轮发电机　　　升压变压器

用户　　　降压变压器　　　高压输电

图12-19　常规水电站发电工艺流程

② 发电机。发电机分为汽轮发电机和水轮发电机。水轮发电机是水电站最重要的两大主机设备之一，作用是把机械能转变为电能。水轮发电机一般由转子、定子、上机架、下机架、推力轴承、导轴承、空气冷却器、励磁机和永磁机等主要部件组成。

③ 调速器。调速器的主要作用是调节发电机频率和有功负荷。水轮机调速器的基本任务是根据电网负荷的变化，相应调节水轮发电机组有功功率的输出，以维持机组转速或频率在规定范围内，保证供电可靠性与电能质量。

④ 励磁系统。供给发电机励磁电流的直流电源及其附属部件，统称为水轮发电机的励磁系统。主要作用是调节发电机电压和无功功率，保持同步发电机运行的可靠性和稳定性。

⑤ 油、水、气系统。油分为透平油和绝缘油。透平油的主要作用是对水轮机组进行润滑、散热和液压操作；绝缘油的作用是绝缘、散热和消弧。水电站的水系统包括技术供水、消防供水、生活供水和排水系统。技术供水对机组及整个电站的安全经济运行影响较大，其作用主要是冷却、润滑、密封等。压缩空气系统在水电站机组的安装、检修与运行过程中被广泛使用，主要应用在以下几个方面：机组停机时制动用气；机组调相压水用气；机组维护检修时风动工具和吹扫用气；水轮机主轴检修密封围带用气；蝴蝶阀止水围带用气；油压装置压力油罐用气；升压站配电装置中空气断路器及气动操作的隔离开关的操作和灭弧用气；寒冷地区的水工建筑物、闸门、拦污栅及调压井等防冻吹冰用气。

3）抽水蓄能电站

抽水蓄能电站是利用电力负荷低谷时的电能抽水至上水库，在电力负荷高峰期再放水至下水库发电的水电站，又称蓄能式水电站。可将电网负荷低时的多余电能，转变为电网负荷高峰时期的高价值电能，还适于调频、调相，稳定电力系统的周波和电压，且宜为事故备用，还可提高系统中火电站和核电站的效率。

目前全国主流的抽水蓄能机组类型为两机可逆式，其机组由可逆水泵水轮机和发电电动机二者组成。常见抽水蓄能电站发电原理及工艺流程见图12-20、图12-21。

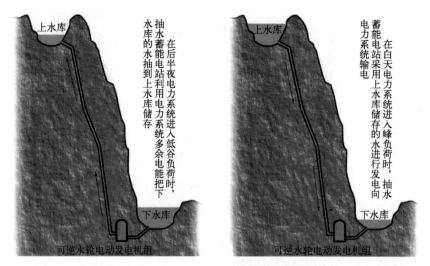

图12-20　常见抽水蓄能电站发电原理

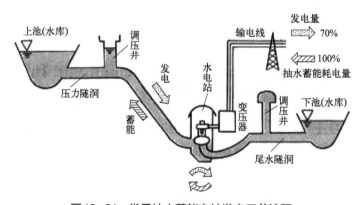

图12-21　常见抽水蓄能电站发电工艺流程

（2）风力发电

1）工艺过程与系统组成

风力发电的工艺过程比较简单。主要原理是利用风力带动风机叶片旋转，再通过齿轮增速机将旋转的速度提升，或通过增加磁极对数的方式促使发电机发电。风能带动叶片转动，再通过发电机发电，使风能转化为机械能再转化为电能，最后通过变压器及输电设施将电能输送到电网。

常规并网发电的风力发电系统主要包括风力发电机（包括风机叶片、传动装置、发电机、变流器、塔筒等）、风机配备的变压器、场内变压器、高压配电装置、电站控制系统、保护装置及安保电源等（见图12-22）。

2）风机类型

风力发电机组主要可分为带齿轮箱的风机和不带齿轮箱的风机两大类。其中异步双馈型风机、半直驱型风机都配有齿轮箱，而直驱永磁型风机没有齿轮箱（见图12-23）。

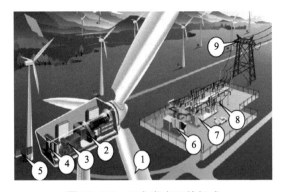

图12-22 风力发电系统组成

1—风机叶片；2—传动装置；3—发电机；4—变流器；5—箱式升压变压器；6—配电装置；
7—主变压器；8—高压配电装置；9—架空线路

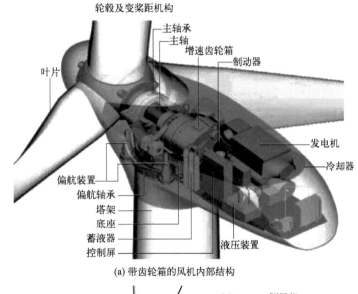

(a) 带齿轮箱的风机内部结构

(b) 不带齿轮箱的风机内部结构

图12-23 不同类型风机的机组结构

带齿轮箱风机发电的原理：在有风源的地方，叶片在气流外力作用下产生力矩驱动风轮转动，将风能转化为机械能，通过轮毂将扭矩输入传动系统（高速齿轮机电机），通过齿轮增速，经高速轴、联轴节驱动发电机旋转，达到与发电机同步转速时将机械能转化为电能，并通过变压器及输电设施将电能输送到电网。

永磁直驱风机是通过增加磁极对数从而使得电机的额定转速下降，这样就不需要增速齿轮箱，故名直驱。而齿轮箱是风力发电机组最容易出故障的部件。所以，永磁直驱风机的可靠性要高于双馈和半直驱型风机。

由于风力发电企业产排污的重点环节为齿轮箱润滑油的更换和泄漏，因此风机类型直接影响该企业的产污量。不带齿轮箱的直驱永磁型风机不产生废旧润滑油。

（3）太阳能发电

1）太阳能发电方式

太阳能发电主要有两种方式：一种是光—热—电转换方式；另一种是光—电直接转换方式。

① 光—热—电转换方式通过利用太阳辐射产生的热能发电，先将太阳能转化为热能，再将热能转化成电能，它有两种转化方式：一种是将太阳热能直接转化成电能，如半导体或金属材料的温差发电、真空器件中的热电子和热电离子发电、碱金属热电转换，以及磁流体发电等；另一种方式是将太阳热能通过热机（如汽轮机）带动发电机发电，与常规热力发电类似。

② 光—电直接转换方式是利用光电效应，将太阳辐射能直接转换成电能，光—电转换的基本装置是太阳能电池。太阳能电池是一种基于光生伏特效应而将太阳光能直接转化为电能的器件，是一个半导体光电二极管，当太阳光照到光电二极管上时，太阳的光能变成电能，产生电流。包括光伏发电、光化学发电、光感应发电和光生物发电。

2018年10月，我国首个大型商业化光热示范电站——中广核德令哈50MW光热示范项目正式投运。该项目是国家能源局批准的首批20个光热示范项目中第一个开工建设。目前，太阳能光热发电为我国最主要的太阳能发电方式，占比超过95%。

2）太阳能发电的系统组成

太阳能光伏发电系统主要由太阳能电池组、汇流箱、箱式升压变压器、场内变电设备、逆变器、高压配电与综合保护系统等组成。太阳能电池板是太阳能发电系统中的核心部分，其作用是将太阳的辐射能转换为电能。控制系统的作用是控制整个系统的工作状态，并对蓄电池起到过充电保护、过放电保护的作用。蓄电池一般为铅酸电池，小微型系统中也可用镍氢电池、镍镉电池或锂电池。由于太阳能的直接输出一般都是12V、24V、48V直流电（DC）；为能向220V交流电（AC）的电器提供电能，需要将太阳能发电系统所发出的直流电转换成交流电，因此需要使用DC-AC逆变器。

太阳能电池根据所用材料的不同，可分为硅系太阳能电池、多元化合物薄膜太阳能电池、聚合物多层修饰电极太阳能电池、纳米晶太阳能电池四大类,其中硅系太阳能电池是目前发展最成熟的,在应用中居主导地位,具体可分为单晶硅、多晶硅、非晶硅三种。

太阳能光伏发电系统组成见图12-24。

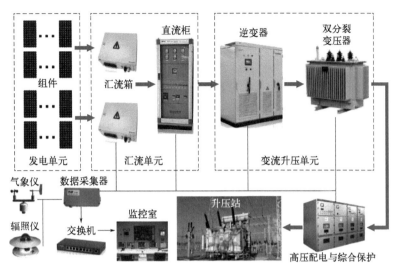

图12-24 太阳能光伏发电系统组成

太阳能热发电系统主要由聚光器、吸热器、热电转换装置、电力变换装置、交流稳压装置等组成(见图12-25)。现有的太阳能热发电系统大致有槽式线聚焦系统、塔式系统和碟式系统三类。其主要区别在于聚光器形状和吸热器的类型。

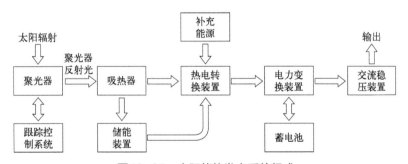

图12-25 太阳能热发电系统组成

(4)生物质能发电

1)生物质能发电技术

生物质能发电分为直接燃烧发电、混合燃料发电、气化发电、沼气发电、垃圾发电。本节所涉及的生物质能发电行业相关内容中,不包括垃圾发电行业(图12-26)。

① 直接燃烧发电。国内直接燃烧发电技术已日趋成熟,单机容量能达到15MW。根据燃料性质可分为两类:一类是欧美国家针对木质生物质燃料的燃烧技术,我国早期的蔗渣炉和稻壳炉属于这类;另一类是秸秆燃烧技术,我国生物质资源以秸秆为主,因此

图12-26　生物质能发电形式（垃圾发电除外）

国内生物质燃烧技术的研究主要集中在秸秆燃烧技术上。国内锅炉厂家根据我国生物质能发电实际情况对引进的丹麦技术进行改进后制造生产。国内自主开发了燃料预处理系统、给料系统以及排渣系统。多家国内科研机构和锅炉生产厂家研制了具有自主知识产权的流化床锅炉，技术比较成熟。

② 混合燃料发电。混合燃料发电方式主要有两种：一种是生物质直接与煤混合后投入燃烧，该方式对于燃料处理和燃烧设备要求较高；另一种是生物质气化产生的燃气与煤混合燃烧，产生的蒸汽一同送入汽轮机发电机组。混合燃料发电主要也是引进丹麦技术加以改造。

我国南方利用甘蔗渣掺烧发电早有先例，仅需对现有煤炭发电厂锅炉炉膛稍加改造，再增加输料装置和袋式除尘装置即可。目前，直接在传统燃煤锅炉中混燃小于总热值20%的生物质的技术上已基本成熟。

③ 气化发电。生物质气化发电是指生物质在气化炉中转化为气体燃料，经净化后进入燃气机中燃烧发电或者进入燃料电池发电。我国应用到工程中的气化发电技术主要是由中国科学院广州能源研究所研发的生物质循环流化床气化技术。国内其他研究机构，如山东省科学院能源研究所也在开展相关研究。1998年在福建省莆田市建成了国内首个1MW生物质稻壳气化发电系统，随后在全国范围内建设了20多座生物质气化发电系统。

现有的燃气内燃机的效率低、装机容量小，普遍存在发电转化效率低（一般只有12%～18%）的问题，不能满足大工业规模应用的需求；此外，还存在着燃气热值低、汽化气体中的焦油含量高的问题，限制了其发展应用。

④ 沼气发电。沼气发电主要是利用工农业或城镇生活中的大量有机废弃物经厌氧发酵处理产生的沼气驱动发电机组发电。中国沼气发电技术的研发已有20多年的历史，目前国内的沼气发电工程主要是结合高浓度可降解有机废水处理所建设，属于废水处理的产物，国内运行正常的最大机组为10000kW·h，尚未出现更大规模的生物质沼气发电机组。

⑤ 垃圾发电。垃圾发电包括垃圾焚烧发电和垃圾气化发电，不仅可以解决垃圾处理的问题，同时还可以回收利用垃圾中的能量，节约资源。垃圾焚烧技术主要有层状燃烧

技术、流化床燃烧技术、旋转燃烧技术等。近年发展起来的气化熔融焚烧技术，包括垃圾在450～640℃温度下的气化和含碳灰渣在1300℃以上的熔融燃烧两个过程，垃圾处理彻底，过程洁净，并且可以回收部分资源，被认为是最具有前景的垃圾发电技术。

2）生物质能发电锅炉炉型

由于生物质燃料具有挥发分含量高、水分含量变化较大、质地松散、能量密度低及分散、灰熔点低等特点，生物质锅炉及其燃烧设备在设计上具有一定的特殊性。目前，国际上专门用于处理生物质的锅炉设备种类较多，各有特点。国内用于生物质直接发电的锅炉主要分为炉排炉和循环流化床锅炉（见表12-5）。其中，炉排炉国内应用于生物质能发电的主要有链条炉排炉和水冷振动炉排炉。链条炉排炉大部分用于生物质与煤混合燃烧发电的工艺过程。

表12-5 三种常用生物质炉型性能对照表

序号	比较因素	主要炉型		
		链条炉排炉	水冷振动炉排炉	循环流化床锅炉
1	燃料适应性	适应多种混合燃料	适应多种混合燃料	对尺寸要求严格，特别适合高水分原料
2	燃料预处理	简单预处理	简单预处理	对粒径尺寸要求严格
3	结焦情况	较多	水冷改善结渣情况	较少
4	换热面腐蚀	一般	一般	较为严重
5	燃烧充分性	较差	一般	较好
6	锅炉效率	72%～80%	85%～90%	87%～92%
7	污染排放	烟尘浓度比水冷要高，SO_2和NO_x浓度较高	烟尘浓度低，SO_2和NO_x浓度较高	烟尘浓度高，SO_2和NO_x浓度较低
8	设备厂用电	较低	较低	较高
9	年利用时间	约5500h	7000h	约5500h
10	设备磨损程度	一般	较低	较高
11	后期维护费用	一般	较低	较高
12	初期投资	低	高	较高
13	国内应用情况	大部分用于生物质与煤混合燃烧发电	广泛采用	广泛采用

3）生物质能发电燃料特征

生物质能发电燃料种类多，性质差异大。目前国内的生物质电厂普遍考虑使用多种燃料，经常出现同时使用以农作物秸秆为代表的黄色秸秆和林木枝杆为代表的灰色秸秆的情况，还可能混入稻壳、甘蔗渣等，各种燃料的性质（包括形状、密度、水分、发热量、成分和灰熔点等）差别非常大。由于燃料种类的多样性和品质的差异性，燃料的运输、贮存、上料、燃烧组织等难度很大。

农林生物质燃料具有低灰分、低含硫量、高挥发分、高水分、低热值的特点。与煤比较，生物质燃料的灰分和硫含量非常低，一般收到基的灰分在3%～5%，硫含量在0.1%左右，远远低于煤炭。因此，生物质电厂的优势之一在于烟尘和SO_2排放量小。

12.2.2.2　产排污特征

（1）水力发电

水力发电主要产生非污染性质的局部生态影响，不产生废水、废气等污染物，是环境友好型的清洁发电方式。水力发电行业污染物的产生/排放环节主要包括：水轮发电机组运行过程，水电站枢纽中的站内变电站系统安装的升压变压器的维护、更换和拆解过程，以及相关机械设备的维修养护过程（见图12-27）。涉及的主要污染物类型有一般工业固体废物与危险废物。水力发电行业不涉及VOCs排放。

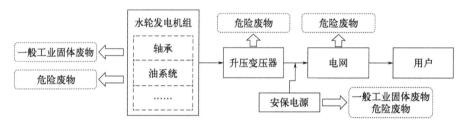

图12-27　水力发电产排污环节及污染物种类

在水力发电站运行过程中，油系统是必不可少的辅助系统，也是水力发电产生污染物的主要部分与关键环节。

油系统的配置视水电站的规模而有不同，在一般的小型水电站中，其主要作用是绝缘、冷却、润滑、调速系统液压操作，在立式机组的水电站中还有开机前顶转子之用。在装机容量规模稍大的水电站中，油系统的配置有以下部分。

① 油库：设置各种油罐及油池。

② 油处理室：设置油泵、滤油机、烘箱等。

③ 油化验室：设置化验仪器及药物等。

④ 油再生设备：水电站通常只设吸附器。

⑤ 管网及测量控制元件：如温度计、液位信号器、油混水信号器、示流信号器等。

水电站的油分为透平油和绝缘油。透平油主要作用是润滑、散热和进行液压操作。绝缘油的主要作用是绝缘、散热和消弧。透平油的使用寿命一般为5～15年，废透平油具有毒性和易燃性，被列入《国家危险废物名录》，危险废物类别为"HW08 废矿物油与含矿物油废物"，废物代码为900-217-08，即"使用工业齿轮油进行机械设备润滑过程中产生的废润滑油"。水电站中，转轮轴承的润滑油与油箱系统连接，对润滑油中产生的水、气体、渣等进行过滤，循环利用，基本不进行更换。

水电站内部安装升压变压器的变电站，在变压器维护、更换和拆解过程中产生的废

变压器油具有毒性和易燃性，也被列入《国家危险废物名录》，危险废物类别为"HW08
废矿物油与含矿物油废物"，废物代码为 900-220-08，即"变压器维护、更换和拆解过程
中产生的废变压器油"。水电站的变压器油密封在油箱中，基本无"跑冒滴漏"现象。

此外，对水力发电机组等相关机械设备进行检修时，设备如有"跑冒滴漏"现象，
采用人工抹布处理，不产生含油废水，产生少量沾有废润滑油的抹布与劳保用品。根
据《国家危险废物名录》，沾有废润滑油的抹布、手套属于危险废物，危险废物类别为
"HW49 其他废物"，废物代码为 900-041-49，即"含有或沾染毒性、感染性危险废物的
废弃包装物、容器、过滤吸附介质"。

水电站会对水轮机转轮按照规定时间进行例行检修，对转轮存在的裂纹和气蚀小孔
进行修补，基本不存在更换转轮的现象。水轮机组和其他相关设备维修保养与检修会更
换一些零部件，属于一般工业固体废物。

水电站配备的应急备用电源或安保电源，包括但不限于蓄电池组、柴油发电机等，
根据其蓄电池种类、油品种类、使用频率、使用周期等情况，确认产排污环节与污染物
种类。例如，对于蓄电池组，可能产生废旧普通蓄电池（非铅酸蓄电池等危废种类），
属于一般工业固体废物，或产生废旧铅酸蓄电池，属于危险废物；对于柴油发电机，使
用过程中会产生二氧化硫、氮氧化物与烟尘等废气。

目前各大电站主流使用的不间断电源（UPS），与电力直流操作电源系统一起，组成
发电厂、变电站的专用不间断电源，向计算机、通信、载波、事故照明及其他不能停电
的设备供电。从电厂或变电站现有直流操作电源取电，不必像常规 UPS 那样需要单设蓄
电池组，从而避免蓄电池的重复投资，减少系统维护，降低运行成本。因此，蓄电池类
型的 UPS 占比逐渐减小。

通常在水电站中设置多回路电源，电站安保用电保障较强，柴油发电机作为一些电
站的应急备用电源基本不会用到。

水力发电行业主要考虑对危险废物、一般工业固体废物的处理与处置，暂不涉及大
气与水污染物治理方面。水电企业产生的一般工业固体废物和危险废物都具有随机性、
周期性与间歇性，并无长期稳定排放的污染物。根据国家相关规定，危险废物应委托有
资质单位安全妥善集中处理处置。部分采用柴油发电机作为安保电源的企业，还会在安
保电源启动后产生废气，废气中主要包含烟尘、二氧化硫、氮氧化物等。目前我国对于
柴油发电机没有专项排放标准。

水力发电产排污环节及污染物指标见表 12-6。

表 12-6 水力发电产排污环节及污染物指标

行业	产排污环节	污染物指标
水力发电	水轮机组运行、维护、检修环节；水电站枢纽中变电站里安装的升压变压器的维护、更换和拆解环节；电源电池更换环节	一般工业固体废物：废旧普通蓄电池、更换的零部件； 危险废物：废润滑油、废变压器油、废弃的含油抹布与劳保用品、废弃铅酸蓄电池

（2）风力发电

风力发电企业在运营期内产生的污染物主要是固体废物。整体来看，风电企业产生的一般工业固体废物和危险废物都具有随机性或周期性，并无长期稳定排放的污染物。其中，一般工业固体废物指废旧叶片、废旧非铅酸蓄电池等；危险废物指废润滑油、废变压器油、废旧铅酸蓄电池、沾有矿物油的劳保用品等。

风力发电产排污环节及污染物种类见图12-28。

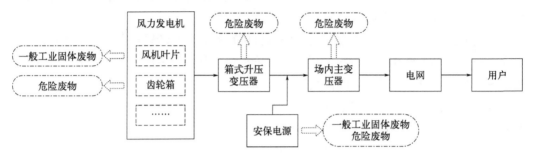

图12-28　风力发电产排污环节及污染物种类

风电机组的设计寿命一般为20～25年。目前国内风电企业的风电机组基本都未达到设计寿命，不存在大规模报废风机组件的情况。日常废旧叶片一般只在雷击等极端天气下产生，少有因叶片本身质量问题产生的报废叶片。因此，废旧叶片产生的频率具有随机性，难以进行预测。

风力发电机产生的废润滑油是风电场最主要的污染物之一。风机内的齿轮箱润滑油使用寿命为10年左右，润滑油达到使用寿命或性能不达标需要更换时会产生废旧润滑油。日常泄漏的润滑油会在巡检过程中随时进行补充，齿轮箱内的润滑油整体更换频率会随之降低。泄漏下来的润滑油一般使用劳保用品进行擦拭。因此，风机废润滑油的产生概率和产生量也具有随机性和不可预见性。

风电场配备的蓄电池一般作为备用直流电源或通信电源。目前常用的蓄电池种类为阀控式免维护铅酸蓄电池，设计寿命一般为10年左右，不同型号和种类的蓄电池寿命略有差异。风电场的蓄电池出现故障的概率较小，具有随机性。项目组调研的企业中未遇到大规模更换蓄电池的情况。

风机配备的箱式变压器及场内变电站的主变压器，若为油浸式变压器，则可能产生废变压器油。变压器油按照运行管理规范需定期进行检测，若指标合格则不需更换。随着技术的发展，越来越多的变压器会配置过滤装置，大大延长了变压器油的使用寿命。而变压器本身出现故障的概率也较小。因此，废旧变压器和废变压器油的产生也具有随机性。

风电场一般使用蓄电池作为安保电源。若使用的是铅酸蓄电池，故障或达到使用寿命更换产生的废旧铅酸蓄电池属于危险废物。极个别风电场可能使用柴油发电机作为备用电源，在柴油机启动后会产生烟气，主要污染物指标为颗粒物、二氧化硫、氮氧化物。但根据现场调研情况和专家咨询结果，风电场一般不会使用柴油发电机作为备用电源，极少数建厂较早的企业会使用柴油发电机，但启动频率很低，可不考虑柴油发电机启动产生的废气。

日常巡检等过程中产生的沾有矿物油的劳保用品，其产生量与风机类型（是否带有齿轮箱）、润滑油泄漏情况等密切相关，企业间的差异性较大。

风力发电产排污环节及污染物指标见表12-7。

表12-7　风力发电产排污环节及污染物指标

行业	产排污环节	污染物指标
风力发电	叶片维修更换环节；齿轮箱检修及维护环节；变压器检修及维护环节；蓄电池更换环节	（1）一般工业固体废物：废旧叶片等风机组件、废旧非铅酸蓄电池 （2）危险废物：废润滑油、废旧变压器油、废旧铅酸蓄电池、废旧变压器、沾有废矿物油的劳保用品

（3）太阳能发电

太阳能发电企业在运营期内的主要污染物为电池板或聚光器的清洗废水、一般工业固体废物和危险废物。其中，一般工业固体废物指废旧太阳能电池板、废旧非铅酸种类蓄电池等；危险废物指报废变压器、废变压器油、废旧铅酸蓄电池等。整体来看，太阳能发电企业产生的一般工业固体废物、危险废物和清洗废水都具有随机性，并无长期稳定排放的污染物。

太阳能光伏发电产排污环节及污染物种类见图12-29。

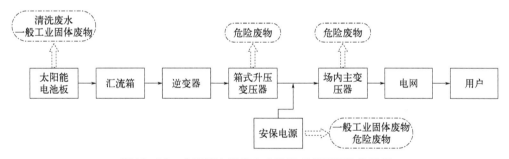

图12-29　太阳能光伏发电产排污环节及污染物种类

国内太阳能发电企业发展时间较短，远未达到设计寿命，不存在大规模报废光伏组件的情况。日常废旧光伏组件一般只在大风、冰雹等极端天气下产生，少有因组件本身质量问题产生的报废组件。因此，废旧光伏组件产生的频率具有随机性，难以进行预测。

太阳能发电站配备的蓄电池一般作为备用直流电源或通信电源。常用的蓄电池种类为阀控式免维护铅酸蓄电池，设计寿命一般为10年以上，不同型号和种类的蓄电池寿命略有差异。太阳能发电站的蓄电池出现故障的概率较小，具有随机性。目前，大部分太阳能发电站的蓄电池还未达到设计寿命，未遇到大规模更换蓄电池的情况。

太阳能发电站配备的箱式变压器及场内变电站的主变压器，若为油浸式变压器，则可能产生废变压器油。变压器油按照运行管理规范需定期进行检测，若指标合格则不需更换。随着技术的发展，越来越多的变压器会配置过滤装置，大大延长了变压器油的使用寿命。而变压器本身出现故障的概率也较小。因此，废旧变压器和废变压器油的产生也具有随机性。

太阳能电池板或定日镜等聚光器的清洗废水的产生具有一定周期性，但清洗周期与电站所处地理位置密切相关。若当地风速较大而风沙较少，或当地降水量较大，则清洗频率较一般地区低。因此，清洗废水的产生频率、产生量等难以给出行业统一标准。清洗过程产生的废水污染物指标为悬浮物（SS）。因清洗频率较低，用水量也不大，因此悬浮颗粒物产生量较少。

太阳能光伏电站一般使用蓄电池作为安保电源。若使用的是铅酸蓄电池，故障或达到使用寿命更换产生的废旧铅酸蓄电池属于危险废物。根据现场调研情况和专家咨询结果，光伏电站一般不会使用柴油发电机作为备用电源。

太阳能光伏发电不涉及润滑油等矿物油的使用，因此无废旧润滑油，也几乎不产生沾有矿物油的劳保用品。

太阳能发电产排污环节及污染物指标见表12-8。

表12-8　太阳能发电产排污环节及污染物指标

行业	产排污环节	污染物指标
太阳能发电	太阳能电池板清洗及维修环节；变压器检修和维护环节；蓄电池检修及更换环节	（1）废水：悬浮物（SS）； （2）一般工业固体废物：废旧太阳能电池板、废旧定日镜、废旧非铅酸蓄电池； （3）危险废物：废变压器、废变压器油、废旧铅酸蓄电池

（4）生物质能发电

农林生物质燃料具有灰分低、含硫量低的特点，因此生物质能发电过程产生的烟气中 SO_2、NO_x 浓度较低，均在 $50 \sim 180mg/m^3$ 之间。并且，生物质作为燃料时，由于它生长时需要的二氧化碳相当于它排放的二氧化碳的量，因而对大气的二氧化碳净排放量近似于零，可有效地减轻温室效应。生物质能发电已被公认是一种低硫、低硝、低碳的发电技术。

生物质能发电在运营期内主要产生废气、废水、一般工业固体废物、危险废物，见图12-30。

生物质能发电产污环节如下所述。

1）废气

锅炉燃烧产生废气，主要污染物包括二氧化硫、氮氧化物、烟尘，以及SNCR法或SCR法脱硝过程中产生的逃逸氨。

贮存区氨水储罐产生氨；燃料贮存和输送、灰库、石灰石粉仓等产生工业粉尘无组织排放。发电站配备的柴油发电机作为应急备用电源或安保电源，使用过程中会产生二

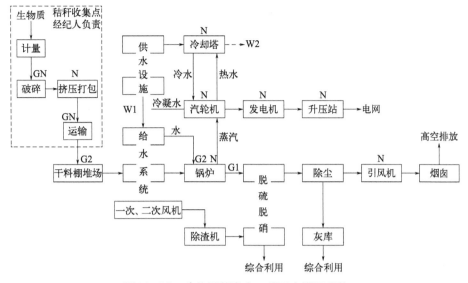

图 12-30　生物质能发电工艺及产排污环节

G—废气；N—噪声；W—废水；GN—有组织废气污染物

氧化硫、氮氧化物与烟尘等废气。若采用柴油发电机作为安保电源，则需对柴油发电机的废气进行控制。目前我国还没有专门的固定式柴油发电机污染物排放标准，一般是参照《大气污染物综合排放标准》（GB 16297—1996）执行。通常在生物质能发电站设置多回路电源，电站安保用电保障较强，柴油发电机作为一些电站的应急备用电源基本不会用到。

生物质能发电产生的废气经发电站安装的废气治理设施进行脱硫脱硝、除尘后进行排放，相关处理方法及相关设备设施已发展较为成熟，目前执行的排放标准为《火电厂大气污染物排放标准》（GB 13223—2011）、《大气污染物综合排放标准》（GB 16297—1996）、《锅炉大气污染物排放标准》（GB 13271—2014）。2011 年 7 月 29 日，国家环境保护部和国家质量监督检验检疫总局发布了最新的《火电厂大气污染物排放标准》（GB 13223—2011），规定自 2012 年 1 月 1 日起，单台出力 65t/h 以上采用生物质燃料的发电锅炉必须执行 $100mg/m^3$ 的氮氧化物限值。生物质能发电产生的大气污染物排放的治理势在必行。

2）废水

汽轮机、发电机、辅机等设备冷却产生循环冷却水主要污染物包括全盐量、SS；锅炉排水主要污染物包括全盐量、SS；化学水系统车间排水主要污染物包括全盐量、SS；脱硫塔产生脱硫废水，主要污染物包括重金属、SS；运输车辆冲洗废水，主要污染物包括 COD、SS；油罐区及油罐底部冲洗产生含油废水，主要污染物包括石油类。

运输车辆冲洗废水、油罐区及油罐底部冲洗废水均为间歇性产污，并且产生量较小。脱硫塔产生脱硫废水可能含有的超标物质主要为悬浮物、汞、铜、铅、砷、氟、钙、镁、铝、铁以及氯酸根离子、硫酸根离子、亚硫酸根离子、碳酸根离子等，通常采取中和处理、絮凝沉淀等方法达到《火电厂石灰石-石膏湿法脱硫废水水质控制指标》（DL/T 997—2006）后在电厂内部进行回用。

生物质能发电产生的废水污染物通常经预处理后排入或直接排入当地集中污水处理厂处理，或发电站自行处理后再在站内一些工艺环节自行回用。

3）一般工业固体废物

一般工业固体废物产污环节：锅炉燃烧产生炉渣；除尘设备产生炉灰；脱硫系统产生脱硫石膏等；脱硝系统产生的废烟气脱硝非钒钛系催化剂为一般工业固废，不属于危险废物；发电站配备的应急备用电源或安保电源，可能产生废旧普通蓄电池（非铅酸蓄电池等危废种类），属于一般工业固体废物。

4）危险废物

危险废物产污环节：若烟气脱硝过程采用特定的方法和催化剂种类，可能产生废钒钛系催化剂，废物类别为HW50，废物代码为772-007-50，具有毒性；汽轮机组运行过程，站内变电站系统安装的升压变压器的维护、更换和拆解过程，以及相关机械设备维修养护过程产生的废润滑油、废变压器油、废弃的含油抹布与劳保用品；发电站配备的应急备用电源或安保电源，可能产生废旧铅酸蓄电池。

生物质能发电产排污环节及污染物指标见表12-9。

表12-9　生物质能发电产排污环节及污染物指标

行业	产排污环节	污染物指标
生物质能发电	锅炉燃烧、氨水贮存、燃料贮存和输送、灰库、石灰石粉仓；汽轮机、发电机、辅机等设备冷却、锅炉排水、化学水系统车间、脱硫塔、运输车辆冲洗、油罐区及油罐底部冲洗；除尘设备、脱硫系统、脱硝系统；汽轮机组运行、维护、检修环节；站内安装的升压变压器的维护、更换和拆解过程；应急备用电源或安保电源、蓄电池检修及更换环节	（1）废气：二氧化硫、氮氧化物、烟尘、氨、工业粉尘； （2）废水：全盐量、SS、重金属、COD、石油类； （3）一般工业固体废物：炉渣、炉灰、脱硫石膏、废旧普通蓄电池（非铅酸蓄电池等危废种类）； （4）危险废物：废烟气脱硝催化剂、废润滑油、废变压器油、废弃的含油抹布与劳保用品、废旧铅酸蓄电池

12.3　污染减排技术

12.3.1　火电行业

我国对火电行业污染防治工作的不断重视，行业污染防治技术得到迅速发展，治理设施的种类、污染物脱除效率均发生了较大的变化。我国火电行业大气、水污染物主要治理设施分类见表12-10。

表12-10　污染物治理设施分类

大类	一级分类	二级分类
除尘	一次除尘	静电除尘
		电袋组合除尘
		袋式除尘
	二次除尘	湿法脱硫协同
		湿式电除尘
脱硫	炉内脱硫	炉内喷钙（炉内处理方法，计算产污系数使用）
	湿法脱硫	石灰石/石膏法和石灰/石膏法
		海水脱硫法
		氨法
		氧化镁法
		双碱法
		电石渣法
	半干法脱硫	烟气循环流化床法
	其他	干法脱硫等
脱硝	炉内低氮技术	低氮燃烧法
	炉内脱硝技术	选择性非催化还原法（SNCR）
	烟气脱硝	选择性催化还原法（SCR）
		SNCR（炉内）+SCR
		其他
脱汞		协同脱汞
脱除VOCs		—
废水		物理处理法+化学处理法

（1）废气污染防治措施

《煤电节能减排升级与改造行动计划（2014—2020年）》（发改能源［2014］2093号）等文件要求我国不同地区新建燃煤发电机组大气污染物排放浓度逐步达到燃气轮机组排放限值（即在基准氧含量6%条件下，烟尘、二氧化硫、氮氧化物排放浓度分别不高于10mg/m³、35mg/m³、50mg/m³，以下简称"超低排放"）。随后，除循环流化床和火焰炉外，100MW级以上机组相继开展超低排放技术改造工作，部分100MW以下机组也有望实现超低排放。截至2017年年底，火电行业完成超低排放机组占比超过70%。满足超低排放要求的大气污染物去除设施的去除效率明显提升，同一组合下超低排放机组排放量与执行《火电厂大气污染物排放标准》（GB 13223—2011）要求（如烟尘、二氧化硫、氮氧化物的特别排放限值分别为20mg/m³、50mg/m³、100mg/m³）的机组排放量相比显著降低，运行工况和技术水平显著提高。

（2）废水污染防治措施

电厂各类工业废水处理工艺均为物理处理法或物理+化学处理法。

12.3.2 水力、风力、太阳能、生物质能发电行业

12.3.2.1 水力发电

若废润滑油经过滤后在水力发电过程中被循环使用，则不外排，但产生少量废油渣；若废润滑油与废变压器油不进行循环利用，危险废物的贮存应满足《危险废物贮存污染控制标准》（GB 18597—2023）要求。废润滑油、废变压器油与废铅酸蓄电池是明确列入《国家危险废物名录》的固体废物，应设置危废暂存所，委托有资质的单位进行安全妥善集中处理处置。

废弃的含油抹布与劳保用品被列入危险废物豁免管理清单，全过程不按危险废物管理，可直接混入生活垃圾，统一收集后交由环卫部门进行处理。

废弃非铅酸蓄电池等一般工业固体废物由相关单位回收或集中堆放。

12.3.2.2 风力发电

目前风电企业产生的污染物没有相关行业排放标准和处理处置规范。一般工业固体废物的处理处置方式没有行业统一的标准和规范。危险废物则按照危废处理规定委托具有资质的单位进行处理。

（1）一般工业固体废物

废旧叶片一般只在极端天气下产生，产生频率具有随机性，难以进行预测。虽然叶片体积较大，单片叶片重量较大，但产生的概率较小，偶有损坏替换下的叶片由设备供应商、运维单位等回收或直接废弃。废旧的非铅酸蓄电池由设备供应商回收或在企业集中堆放。大型国有企业因涉及国有资产管理的问题，产生的一般工业固体废物不能随意处置，需按照国有资产管理相关规定进行处理。

（2）危险废物

废润滑油、废变压器油、废旧铅酸蓄电池等危险废物按照危险废物管理规定需由具有危废处理资质的单位收集并处理。废弃的含油抹布、手套等劳保用品被列入危险废物豁免管理清单，全过程不按危险废物管理，可直接混入生活垃圾，统一收集后交由环卫部门进行处理，也有部分企业将其与其他危废一同交由有资质的单位处理。

12.3.2.3 太阳能发电

目前太阳能发电企业产生的污染物没有相关行业排放标准和处理处置规范。一般工

业固体废物的处理处置方式没有行业统一的标准和规范。危险废物则按照危险废物处理规定委托具有资质的单位进行处理。聚光器清洗废水一般采用就地排放的方式处理，但总体水量较小。

（1）一般工业固体废物

废旧太阳能电池板、破碎毁坏的定日镜等一般工业固体废物可由相关单位回收或在企业内集中堆放。废旧的非铅酸蓄电池由设备供应商回收或在企业集中堆放。大型国有企业因涉及国有资产管理的问题，产生的一般工业固体废物不能随意处置，需按照国有资产管理相关规定进行处理。光伏电池板的设计寿命一般为25年，光伏组件从大量采用到大量废弃的时间周期较长。据中国科学院电工研究所预测，到2034年，中国光伏组件的累计废弃量将达到近60GW，而在电站运行维护状况一般的情况下，累计废弃量将超过70GW。但中国目前关于光伏垃圾回收的政策尚处于讨论之中，尚未建立有针对性的回收利用体系。

（2）危险废物

废旧变压器、废变压器油、废旧铅酸蓄电池等危险废物按照危废管理规定需由具有危废处理资质的单位收集并处理。

（3）清洗废水

太阳能电池板、定日镜等聚光器的清洗废水因单次产生量较小且主要污染物为悬浮颗粒物（尘土），基本上采取就地排放的方式，水量较小且可快速蒸发。部分电厂采取干吹、擦拭等方式清理太阳能电池板或定日镜上的尘土，此类处理方式不产生废水。

12.3.2.4 生物质能发电

（1）废气

生物质能发电过程产生的大气污染物主要治理措施如表12-11所列。

表12-11 生物质能发电大气污染物治理措施

大类	一级分类	二级分类
脱硫	炉内脱硫	炉内喷钙法
	湿法脱硫	石灰石/石膏法
		氨法
		氧化镁法
		双碱法
		电石渣法
	半干法脱硫	烟气循环流化床法

大类	一级分类	二级分类
脱硝	炉内低氮技术	低氮燃烧法
	烟气脱硝	选择性非催化还原法（SNCR）
		选择性催化还原法（SCR）
		SNCR+SCR
除尘	—	静电除尘法
		旋风除尘法
		袋式除尘法
		旋风除尘法+袋式除尘法

（2）废水

汽轮机、发电机、辅机等设备冷却产生的循环冷却水通常排入当地集中污水处理厂处理，或发电站自行处理后再自行回用；锅炉排水常排入当地集中污水处理厂处理，或发电站自行处理后再自行回用；化学水系统车间排水部分回用于脱硫脱硝系统补水、除灰渣系统补水、车间降尘用水等，剩余部分通常排入当地集中污水处理厂处理；脱硫塔产生的脱硫废水经中和、沉淀等处理后回用于除灰渣系统用水或其他环节进行厂内杂用；运输车辆冲洗废水通常排入当地集中污水处理厂处理，或发电站自行处理后再自行回用；油罐区及油罐底部冲洗产生的含油废水经油水分离器处理后用作车间降尘用水或其他环节的厂内杂用。

（3）一般工业固体废物

锅炉燃烧产生的炉渣和除尘设备产生的炉灰可外售作为肥料生产原料进行综合利用；采用石灰石/石膏的湿法脱硫系统产生的脱硫石膏可外售作为建材生产原料进行综合利用；采用SCR法进行脱硝产生的废烟气脱硝非钒钛系催化剂为一般工业固体废物，按照使用期限进行更换，由生产厂家回收再生利用。

（4）危险废物

采用SCR法进行脱硝产生的废钒钛系催化剂、废旧齿轮油、废旧液压油、废变压器油、废铅酸蓄电池等危险废物按照要求由具有相关资质的单位收集并处理。废弃的含油抹布与劳保用品被列入危险废物豁免管理清单，全过程不按危险废物管理，可直接混入生活垃圾，统一收集后，交由环卫部门进行处理。

综上，水电、风电、太阳能发电、生物质能发电行业产生的主要污染物及对应的治理方式汇总如表12-12所列。

表12-12　水电、风电、太阳能发电、生物质能发电主要污染物及治理方法

行业	污染物类别	治理方式
水力发电	一般工业固体废物、危险废物	一般工业固体废物由厂商或其他单位回收，危险废物委托有资质的单位进行集中处理处置；涉及国有资产管理的需单独处置
风力发电	一般工业固体废物、危险废物	一般工业固体废物由厂商或其他单位回收、就地堆放；危险废物委托有资质的单位进行集中处理处置；涉及国有资产管理的需单独处置
太阳能发电	一般工业固体废物、危险废物	一般工业固体废物由厂商或其他单位回收、就地堆放；危险废物委托有资质的单位进行集中处理处置；涉及国有资产管理的需单独处置
生物质能发电	废气	经发电站安装的废气治理设施进行脱硫脱硝、除尘后进行排放
	废水	预处理后排入或直接排入当地集中污水处理厂处理，或发电站自行处理后再自行回用
	一般工业固体废物	作为生产肥料、建材等的原料售卖给相关企业进行综合利用
	危险废物	委托有资质的单位进行集中处理处置

参考文献

[1] 电力企业联合会.中国电力统计年鉴[M].北京：中国统计出版社，2022.

[2] 自然资源部.中国海洋经济统计年鉴[M].北京：海洋出版社，2019—2022.

[3] 水利部.2021年全国水利发展统计公报[EB/OL].2021.

[4] 秦海岩.我国海上风电发展回顾与展望[J].海洋经济，2022,12(2): 50-58.

[5] 孙丽平，易晓亮，宋子恒.我国海上风电发展面临的挑战和相关建议[J].中外能源，2022,27(11): 30-35.

[6] 严新荣，张宁宁，马奎超，等.我国海上风电发展现状与趋势综述[J].发电技术，2024,45(1): 1-12.

[7] 中国产业发展促进会生物质能产业分会.2023年中国生物质能年鉴（摘要版）[R].中国产业发展促进会生物质能产业分会，2023.

[8] 国家发展改革委，国家能源局，财政部，等."十四五"可再生能源发展规划[EB/OL].2022.

[9] 王皓芸，赵志珍，秦绪龙.欧洲典型国家海上风电平价上网的经验与启示[EB/OL].

第13章
电子工业污染
与减排

13.1 工业发展现状及主要环境问题

13.1.1 工业发展现状

进入信息化、智能化时代，随着工业化、信息化、绿色化、智能化的发展，电子电气相关产品作为一种高科技产品，在机械制造、家用电器、计算机通信、仪器仪表类行业以及日常生活的各个领域都得到了广泛的应用。电子电气产业作为各地区基础性、支柱性、先导性和战略性产业，与经济发展和国防安全等息息相关，已成为衡量国家或地区现代化程度以及综合国力的重要标志。

13.1.1.1 电气机械和器材制造业

根据我国《国民经济行业分类》（GB/T 4754—2017）的划分标准，电气机械和器材制造业包括电机制造，输配电及控制设备制造，电线、电缆、光缆及电工器材制造，电池制造，家用电力器具制造，非电力家用器具制造，照明器具制造，其他电气机械及器材制造八类。电气机械和器材制造行业产品在提升产业经济和国民生活质量上起着不可替代的基础性作用，并成为反映国家工业发展水平的重要指示性行业。《中国工业统计年鉴》显示，截至2021年年底，全国规模化电气机械和器材制造业企业有30305家，较2020年增长了12.47%（图13-1），主营业务收入达到86545.86亿元，利润总额达到4756.5亿元，近3年以年均20.82%的增长率增长，成为我国发展较快的经济产业之一。

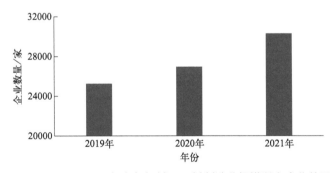

图13-1 2019～2021年电气机械和器材制造业规模以上企业数量变化

电机制造业是电气机械工业的基础行业，广泛应用于冶金、电力、石化、煤炭、矿山、建材、造纸、市政、水利、造船、港口装卸等领域，在商业及家用设备等领域凡需要将电能转化为机械能或将机械能转化为电能的地方都必须用到电机。电机产品种类繁多，根据能量转换方式，电机可以分为发电机和电动机，根据电流性质、结构及工作原理、功率的大小、定子铁芯高或定子铁芯外径等级、能效等方式可进一步分类。各类电机的结构大致相同，一般包括定子总成（定子铁芯、定子绕组、包装铁皮）、转子总成（转子铁芯、转子绕组、转子平垫），以及端盖、支架、调压器、尾盖总成、碳刷、螺栓等部分。我国电机制造行业属于劳动密集型加技术密集型产业，技术含量相对不高，导致行业技术准入壁垒较低，产品同质化较为严重，产品间差异性较小。近年来部分企业逐步由"大而全"向"专业化、集约化"转变，进一步推动了电机行业中专业化生产模式的发展。根据《中国工业统计年鉴》数据，2022年我国电机制造业规模以上企业共有3197家，总资产规模达到89975.35亿元。同时，新材料如稀土永磁材料、磁性复合材料的出现，使得各种新型、高效、特种电机层出不穷。近年来，由于国际社会对节约能源、环境保护及可持续发展的重视程度迅速提高，生产高效电机已成为全球电机工业的发展方向。

输配电及控制设备是电网建设中不可或缺的一部分，其作用是接受、分配和控制电能，保障用电设备和输电线路的正常工作，并将电能输送到用户。国家智能电网的建设，为智能配网自动化系统、智能变电自动化系统、用电信息采集系统及终端、高低压费控系统、智能电能表、高低压开关及成套设备等产品提供了广阔的市场空间，成为行业发展的主要动力。输配电及控制设备行业主要包括变压器、整流器和电感器制造，电容器及其配套设备制造，配电开关控制设备制造，电力电子元器件制造，光伏设备及元器件制造以及其他输配电及控制设备制造。该行业的产品主要应用于电力行业，与国家电力投资息息相关。我国电力工业发展迅速，在"十二五"时期已实现了世界领先的发电装机规模，"十三五"期间绿色低碳转型成效显著。2022年年底我国发电装机容量已达256405万千瓦，非化石能源发电装机占总装机容量的比重接近50%，"十四五"期间非化石能源发电装机占比将超过50%。

电线、电缆、光缆及电工器材制造是国民经济的重要基础性产业，是电力和通信两大国民经济支柱行业的配套行业，其产品对能源输送和信息交互起着重要的作用，因此常被称为国民经济的"血管"或"神经"。2021年，我国电力电缆生产6700.13万千米，较2020年增长27.8%；光缆32181.57万芯千米，较2020年增长11.44%。

家用电力器具主要是指在家庭及类似场所中使用的各种电气和电子器具，已成为现代家庭生活的必需品。家用电力器具种类繁多，其相关的制造行业也多种多样，分为家用制冷电器具制造，家用空气调节器制造，家用通风电器具制造，家用厨房电器具制造，家用清洁卫生电器具制造，家用美容、保健护理电器具制造，家用电力器具专用配件制造以及其他家用电力器具制造等。工业和信息化部信息显示，2021年我国家用电器行业规模以上企业营业收入同比增长15.5%，利润总额同比增长4.5%，全行业实现出口超1000亿美元，同比增长超20%，我国主要家电产品产量世界占比达到50%以上。随着环保问题的日益凸显，非电力家用器具制造成为热点，包括燃气、太阳能及类似能源家用器具制造，通常指以液化气、天然气、人工煤气、沼气作燃料，以马口铁、搪瓷、不锈钢等为材料加工制成的家用器具。

照明器具是国民经济发展和人民生活的必需品，随着国民经济的发展和人民生活水平的提高，对照明器具的需求也在不断增长。照明器具的制造包括电光源制造、照明灯具制造、舞台及场地用灯制造、智能照明灯具制造、灯用电器附件及其他照明器具制造。根据国家统计局数据，2022年灯具市场成交额达到199.80亿元，同比增长11.75%。随着我国经济社会的进步，荧光灯、节能灯、发光二极管（LED）等新型光源的出现，使照明灯具发生了翻天覆地的演进。光源的丰富和多样性，也使照明灯具行业展开了新的一页。

13.1.1.2　计算机、通信和其他电子设备制造业

计算机、通信和其他电子设备制造业是我国国民经济的支柱产业之一，早已在军事科技和日常生活的各个领域得到了广泛的应用，也成为衡量国家或地区现代化程度以及综合国力的重要标志，对我国经济的发展具有极其重要的意义。近年来，我国规模以上的企业数不断增加，同比增长率增速明显，据国家统计局统计，截至2021年12月，计算机、通信和其他电子设备制造业规模以上（年主营业务收入2000万元及以上）企业有24160家，如图13-2所示。2022年该行业工业增加值增长率达到7.6%，其中2022年3月同比增长率达到12.0%，计算机、通信和其他电子设备制造业整体保持增长趋势。

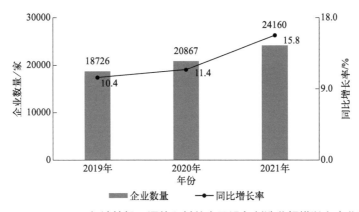

图13-2　2019～2021年计算机、通信和其他电子设备制造业规模以上企业数量变化

电子元器件制造业是电子电气产业的重要组成部分，应用领域十分广泛，几乎涉及国民经济各个工业部门和社会生活各个方面，既包括电力、机械、矿冶、交通、化工、轻纺等传统工业，也涵盖航天、激光、通信、高速轨道交通、机器人、电动汽车、新能源等战略性新兴产业。对发展信息技术、改造传统产业、提高现代化装备水平、促进科技进步都具有重要意义。以2017年为例，电子元器件制造业高技术产业企业数6046家，占全国的18.88%，是国民行业大类中除医药制造业、电子及通信设备制造业外，含高技术产业企业数量最多的行业。

印制电路板（PCB）的主要功能是使各种电子零组件形成预定电路的连接，起中继传输作用，被称为"电子产品之母"。由于全球人工智能和汽车电子的需求推动，PCB盈利重点主要在汽车、服务器、高端手机、个人电脑、消费电子等高附加值产品上，而

企业级用户主要集中在通信设备、医疗、航空航天和家用电器等领域。受到宏观经济波动影响，全球 PCB 行业呈复苏趋势，中国 PCB 行业持续稳步发展。

13.1.1.3 仪器仪表制造业

随着工业发展规划的实施以及人类生活水平的提高，仪器仪表行业已成为我国高端装备制造行业中的"咽喉"行业。仪器仪表应用领域广泛，覆盖工业、农业、交通、科技、环保、国防、文教卫生、人民生活等各方面，在国民经济建设各行各业的运行过程中承担着把关者和指导者的任务。仪器仪表是多种科学技术的综合产物，品种繁多，通用性较强，使用广泛，而且不断更新，有多种分类方法。按使用目的和用途来分，主要有量具量仪、汽车仪表、拖拉机仪表、船用仪表、航空仪表、导航仪器、驾驶仪器、无线电测试仪器、载波微波测试仪器、地质勘探测试仪器、建材测试仪器、地震测试仪器、大地测绘仪器、水文仪器、计时仪器、农业测试仪器、商业测试仪器、教学仪器、医疗仪器、环保仪器等。

据国家数据库统计，近年来全国仪器仪表规模以上企业有6032家（表13-1），2021年主营业务收入达9748.99亿元，利润总额达1022.22亿元。从指标分析来看，企业单位数快速增长，产成品总值同比增长远超过企业单位数的增长，说明仪器仪表制造业不仅量在扩大，更有生产水平质的提高。自2018年以来，资产总计、利润总额同比增长率不断增加，表明该行业的资金运行良好，行业发展形势良好。

表13-1　近年来全国仪器仪表制造业规模以上企业主要经济指标

指标	2017年		2018年		2019年		2020年		2021年	
	年末累计数值	同比增长	年末累计数值	同比增长	年末累计数值	同比增长	年末累计数值	同比增长	年末累计数值	同比增长
企业单位数	4507家	3.92%	4430家	−1.71%	4892家	10.43%	5289家	8.12%	6032家	14.05%
产成品	152.99亿元	30.13%	141.88亿元	−7.26%	164.05亿元	15.63%	205.70亿元	25.39%	286.55亿元	39.30%
资产总计	9846.22亿元	11.47%	9611.09亿元	−2.39%	10225.17亿元	6.39%	11608.21亿元	13.53%	13173.28亿元	13.48%
利润总额	887.4亿元	8.13%	751.95亿元	−15.26%	754.76亿元	0.37%	887.42亿元	17.58%	1022.22亿元	15.19%

数据来源：国家数据库（http://data.stats.gov.cn）。

13.1.1.4 电气设备、仪器仪表及其他机械和设备修理业

在电子电气产品的使用过程中，必然涉及正常的损耗、振动、腐蚀、污染等现象，导致产品发生故障，修理行业应需发展火热，但是除大型设备企业配备相应修理部门外，多以个体维修户为主，一般进行小规模的元器件更换、补焊等维修工作，或现场维

修，大规模维修维护需要进厂进行。以家电维修为例，2017年年底，家电维修服务企业法人超过3100家，另外存在的非正规的网点和个体维修点数量无法统计。

市场调查结果显示，对于出现故障的设备，用户的处理方式主要有以下几种情况：

① 电饭煲等小型设备更新换代较快，考虑到维修成本、周期与效果，通常选择不维修直接丢弃，相关数据显示此类产品维修率仅为1%；

② 仪器、机械类产品等大型设备，价格昂贵，使用寿命较长，维修工作通常进入用户现场操作，多以更换零配件为主；

③ 仪表等精密设备，用户会选择送至专业修理部门维修，但因仪表体积小、维修工艺简单，维修部通常会选址在写字楼中。

13.1.2　主要环境问题

电子电气相关行业是快速发展的行业，生产工艺、原辅材料等更新快、种类繁多，属于典型离散型行业，在产、排污方式上均有一定的特点。

① 污染物指标类型上，生产所需要的原辅材料众多，结构复杂，生产过程中会产生水污染物、大气污染物以及固体废物等，其中行业废水主要包括含金属废水、含氰废水、有机废水以及酸碱废水等，主要污染物指标不仅有pH值、SS、NH_3-N、TP、TN、COD等一般指标，有Hg、Cr、Sn、Pb、Ni、Ag、Cd、Zn、Se、As等重金属毒害性污染指标，还有氰化物等特征污染指标；而废气主要包括酸碱废气以及生产过程中部分工段使用的有机溶剂所释放的挥发性有机物（VOCs）等。大多数有毒有害物质均不存在于最终产品中，主要以废水为主，部分工段也存在较大量的废气排放，生产过程也产生一定量的危险废物。各污染物指标在不同的小类行业和产品类型间存在很大差异，受到不同原辅材料的直接影响。

② 污染物排放量上，新型环保节能生产技术、清洁生产技术、无毒无害/低毒低害技术等得到较大力度的应用和推广，技术创新速度快，节能减排取得较明显的成效，进一步减少了污染物的产生。

③ 污染源分布上，区域集中性较高，如珠江三角洲、长江三角洲、环渤海地区以及中西部区域的电子信息产品生产企业占据了全国的60%以上。华东地区的仪器仪表行业企业占据了全国的57%（图13-3）；东莞、中山、惠州、厦门等地主要是消费类电子产品、电脑零配件以及部分电脑整机的主要生产、组装基地；南京、无锡、苏州以及上海等地主要是笔记本电脑、半导体、消费电子零部件的生产、组装基地；北京、天津、青岛、大连等地主要从事通信、元器件等的生产；成都、武汉以及西安等地主要是元器件、军工电子等的生产基地。

④ 污染源类型上，随着分工细化、界限清晰，污染源企业具有明显的离散性，各企业生产工序、工艺不一，如整机产品企业基本通过部件、组件、元器件、材料等多级供应商企业实现最终产品的生产，且同级供应商数量很多，生产产品工序、工艺因上游供应商的原材料不同而不同，从而导致污染源类型多样化、分散化。

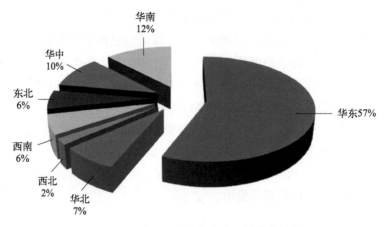

图13-3　我国仪器仪表生产区域分布情况

⑤ 污染源规模上，整机、组件、PCB、元器件等以规模化企业为主，其他零部件企业则较为杂乱，规模化难度较大，存在较多的小型加工制造企业，包括一些村级工业园区内的企业，有一定的区域集中性。此外，其还与产品的类型和经济价值有关，计算机等企业规模较大且较集中。

⑥ 工业行业排污量占比上，随着石化、造纸等重污染行业清洁生产水平的逐年提高，电子电气行业排污量在工业行业排污总量中的占比逐年增加，而计算机、通信和其他电子设备制造业排污量占比同样会随之增加。根据《中国环境统计年报2021》统计，计算机、通信和其他设备制造业的总氮排放量达到工业行业的8.7%，在总氮排放量工业行业排名中位列第四。

⑦ 污染治理上，2021年，生态环境部发布了《电子工业水污染物排放标准》（GB 39731—2020），标准规定了电子工业企业、生产设施或研制线的水污染物排放控制要求、监测要求和监督管理要求。但目前尚无专门针对电子行业大气污染物的排放标准，部分地区（北京等）制定了相应的地方标准。随着防治污染意识的不断提高，我国也陆续开始制定一些具有代表性的行业标准，目前计算机、通信和其他电子设备制造业的污染物治理技术相对较为成熟，污染物治理难度不大。此外，随着清洁生产技术的不断提高和成熟，电子行业领域的清洁生产技术也逐渐被广泛采用，污染治理方面也从单纯末端治理慢慢向源头控制和生产过程控制转化，同时也逐渐引入了绿色制造的理念。

⑧ 产排污季节性上，该行业产品类型繁多，包括生产型、办公型、生活消费型、公共服务型等多种产品，这些产品的生产因市场需求的季节性变化而变化，特别是生活消费型产品（如供暖家用电器、节日灯具电器等），有关数据显示（图13-4），行业城镇固定资产投资在每年下半年（约8月至次年1月）有明显的增长，且明显高于上半年，这类产品生产企业污染源所产生和排放的污染物也在下半年（特别是冬季）有明显的增加，产排污量甚至为上半年的4倍以上。

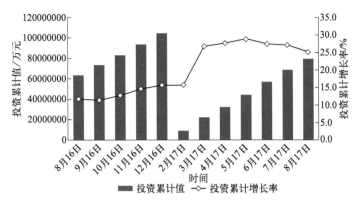

图13-4　计算机、通信和其他电子设备制造业城镇固定资产投资情况

13.2　主要工艺过程及产排污特征

13.2.1　主要工艺过程

本行业可分为整机设备生产、部件/组件生产、印制电路板生产、元器件生产、线缆生产、材料生产等，每一类均有产污工段，且生产企业所属生产类型不一，有交叉重叠现象。

此外，由于生产工艺流程受到企业定位及规划、供应链需求、产品特点等的影响，各行业的生产工艺流程不统一，产排污节点也不尽相同，无法绘制统一的生产工艺流程图和产排污节点图。通过对各行业及企业类型的划分，分析各类工段的产污情况，可将相似产污工段进行合并研究，各行业关注的产污工段如下。

（1）电气机械和器材制造业

① 整机设备：机械加工、焊接、电焊、清洗等。

② 部件/组件：机械加工、涂漆、涂油、清洗、印刷、除油/脂、电镀、焊接、电焊、封装等。

③ 元器件：机械加工、贴膜/压膜/显影、蚀刻、印刷、除油/脂、电镀、塑料成型、烧结、清洗/清洁等。

④ 线缆：塑料成型、印刷、焊接等。

（2）计算机、通信和其他电子设备制造业

① 整机设备：机械加工、焊接、电焊、清洗等。

② 部件/组件：机械加工、涂漆、涂油、清洗、印刷、除油/脂、电镀、焊接、电

焊、封装等。

③ 印制电路板：机械加工、涂漆、涂油、清洗、图形印刷、蚀刻、电镀、棕化/氧化、贴膜/压膜/显影、去膜、除油/脂、喷锡/退锡、涂覆等。

④ 元器件：机械加工、贴膜/压膜/显影、蚀刻、印刷、除油/脂、电镀、塑料成型、烧结、清洗等。

⑤ 电子材料：烧结、铸造、黏结、表面处理（电镀）、机械加工、注塑、蚀刻、光刻等，包括半导体材料、光电子材料、磁性材料、锂电池材料、电子陶瓷材料、覆铜板及铜箔材料、电子化工材料等。

（3）仪器仪表制造业

① 整机设备：机械加工、焊接、电焊、清洗等。

② 部件/组件：机械加工、涂漆、涂油、清洗、印刷、除油/脂、电镀、焊接等。

（4）电气设备、仪器仪表及其他机械和设备修理业

根据行业生产链的特点，可分为厂内维修、厂外维修。因产品的修理过程简单，多涉及拆解、擦拭、除尘、电焊、除焊、焊接、更换零配件。经初步分析，拆解和擦拭工段可以忽略，产污量大的工段为除尘、补焊（包含电焊、除焊、焊接）和更换零配件。

13.2.2 产排污特征

根据国家有关法规、标准要求，对于符合要求的污染源，废水排污节点主要分布于一类污染物产生车间排放口和污染源总排放口；废气排污节点主要分布于工艺车间排放口和废气总排放口。

对于不规范的污染源，没有相应的污染收集和处理设施，没有明显的排污节点，为无组织排放，排污节点与产污节点相同。

13.3 污染减排技术

电子工业污染处理技术主要根据各污染源企业生产技术、生产产品类型、污染达标要求等的不同而不同，所产排废水和废气各有不同，所需要处理的污染物也不同。

经分析，电子行业涉及的主要污染处理技术及应用占比如表13-2所列，不同行业根据产生的污染物类型、产污方式、产污量等有所不同。污染循环利用主要是一些使用要求不高、产污量较大、污染指标较少的清洗废水，包括机械加工清洗废水、表面处理清洗废水等，且部分废水为"累积清洗"后间断排放，属"非完全循环利用"。

表13-2 电子行业主要污染处理技术及应用占比情况

序号	排污类型	污染物	处理技术（行业使用占比）	主要处理设施	关键影响因素	污染物去除率水平评估/%	处理后可达到的标准
1	废水	化学需氧量	(1)不处理（5%） (2)物理处理法（25%）	过滤器	用电量、温度、浓度、pH值、C/N值、菌种、药剂（种类、投加量等）、反应时间、重金属及其他有毒有害物质	70～95	通过多种工艺的组合，如预处理一生物处理一后处理（应急处理），污染物排放浓度可达到《城镇污水处理厂污染物排放标准》(GB 18918—2002)一级A标准；若有行业或地方排放标准，则以较严标准执行
2		氨氮	过滤分离法	分离膜		55～90	
3		总磷	膜分离法	分离器		50～90	
4		总氮	离心分离法 沉淀分离法	沉淀池		55～90	
5		石油类	(3)化学处理法（25%）	反应池		55～90	
6		氟化物	中和法 氧化还原法	反应池 沉淀池		60～90	
7		氰化物	化学沉淀法 电解法	电解槽		60～90	
8		重金属（汞、镉、铅、铬、砷、铜、镍、银）	(4)物理化学处理法（20%） 化学混凝法 离子交换法 电渗析法 吸附法 (5)好氧生物处理法（25%） 活性污泥法 A/O工艺 A²/O工艺 A/O²工艺 序批式活性污泥法（SBR） 膜生物反应器法（MBR）	混凝沉淀池 离子交换罐 电渗析器 活性炭、氧化硅 曝气池、沉淀池 A级、O级生物处理池 A级、O级生物处理池 A级、O级生物处理池 SBR反应池 固液分离型膜、生物反应器		＞99	
9	废气	颗粒物	(1)不处理（5%） (2)旋风除尘（15%） (3)过滤式除尘（15%）	单管旋风除尘器 多管旋风除尘器 袋式除尘器 管式过滤器 颗粒床除尘器	用电量、用水量、浓度、温度、反应时间	＞95	通过多种工艺的组合，污染物排放浓度可达到《大气污染物综合排放标准》(GB 16297—1996)；若有行业或地方排放标准，则以较严标准执行

续表

序号	排污类型	污染物	处理技术（行业使用占比）	主要处理设施	关键影响因素	污染物去除率水平评估/%	处理后可达到的标准
10	废气	重金属（汞、铅）	（4）湿法除尘（25%） （5）静电除尘（15%） （6）组合式除尘（25%）	喷淋塔 离心水膜 文丘里洗涤器 泡沫除尘器 填料塔 低低温电除尘器 板式除尘器 湿式除雾器 管式除尘器 电袋除尘器 旋风除尘器＋袋式除尘器	用电量、用水量、浓度、温度、反应时间	＞95	通过多种工艺的组合，污染物排放浓度可达到《大气污染物综合排放标准》（GB 16297—1996）；若有行业或地方排放标准，则以较严标准执行
11		氨	（1）不处理（5%） （2）吸收法（95%）	吸收塔		＞95	
12		氮氧化物	（1）不处理（5%） （2）烟气脱硝（95%） 选择性非催化还原法 选择性催化还原法 活性炭法 氧化/吸收法	选择性催化还原反应器 催化反应器 活性炭 活性氧化铝	用电量、浓度、温度、药剂（种类、投加量等）、反应时间	＞70	

续表

序号	排污类型	污染物	处理技术（行业使用占比）	主要处理设施	关键影响因素	污染物去除率水平评估/%	处理后可达到的标准
13	废气	VOCs	（1）不处理（5%以下） （2）直接回收法（10%） 冷凝法 膜分离法 （3）间接回收法（35%） 吸收+分流 吸附+空气解吸 吸附+氮气/空气解吸 （4）热氧化法（10%） 直接燃烧法 热力燃烧法 蓄热燃烧法 催化燃烧法 （5）生物降解法（30%） 悬浮洗涤法 生物过滤法 生物滴滤法 （6）高级氧化法（10%） 低温等离子体法 光解法 光催化法	冷凝器 冷却器和膜单元 填料吸收塔、喷淋吸收塔、转子吸附器、流化床吸附器、移动床吸附器、固定床吸附器 离焰燃烧炉 生物过滤器 生物洗涤器 光能照射器	浓度、温度、反应时间	>90	通过多种工艺的组合，污染物排放浓度可达到《大气污染物综合排放标准》（GB 16297—1996）；若有行业或地方排放标准，则以较严标准执行

参考文献

[1] 国家统计局. 中国工业统计年鉴[M]. 北京：中国统计出版社，2020—2022.

[2] 工业和信息化部. 2021年电子信息制造业运行情况[EB/OL]. 2021-01-28.

[3] 张远东，蔡瑜瑄，白莉，等. 印制电路板行业产污(VOCs)节点的情况分析[C]. 2014中国环境科学学会学术年会，2014.

第 **14** 章

机械工业污染与减排

14.1 工业发展现状及主要环境问题

14.1.1 工业发展现状

本书中机械工业主要包括金属制品业，通用设备制造业，专用设备制造业，汽车制造业，铁路、船舶、航空航天和其他运输设备制造业，金属制品、机械和设备修理业（不包括电镀工艺）等行业。其中，"金属制品业"中有9个中类，包括：结构性金属制品制造，金属工具制造，集装箱及金属包装容器制造，金属丝绳及其制品制造，建筑、安全用金属制品制造，金属表面处理及热处理加工，搪瓷制品制造，金属日用品制造，铸造及其他金属制品制造。"通用设备制造业"中有9个中类，包括：锅炉及原动设备制造，金属加工机械制造，物料搬运设备制造，泵、阀门、压缩机及类似机械制造，轴承、齿轮和传动部件制造，烘炉、风机、包装等设备制造，文化、办公用机械制造，通用零部件制造，其他通用设备制造业。"专用设备制造业"中有9个中类，包括：采矿、冶金、建筑专用设备制造，化工、木材、非金属加工专用设备制造，食品、饮料、烟草及饲料生产专用设备制造，印刷、制药、日化及日用品生产专用设备制造，纺织、服装和皮革加工专用设备制造，电子和电工机械专用设备制造，农、林、牧、渔专用机械制造，医疗仪器设备及器械制造，环保、邮政、社会公共服务及其他专用设备制造。"汽车制造业"中有7个中类，包括汽车整车制造，汽车用发动机制造，改装汽车制造，低速汽车制造，电车制造，汽车车身和挂车制造，汽车零部件及配件制造。"铁路、船舶、航空航天和其他运输设备制造业"中有9个中类，包括：铁路运输设备制造，城市轨道交通设备制造，船舶及相关装置制造，航空、航天器及设备制造，摩托车制造，自行车和残疾人座车制造，助动车制造，非公路休闲车及零配件制造，潜水救捞及其他未列明运输设备制造。"金属制品、机械和设备修理业"中有4个中类，包括：金属制品修理，通用设备修理，专用设备修理，铁路、船舶、航空航天等运输设备修理（不包括电镀工艺）。

下面详细介绍金属制品业，通用设备制造业，专用设备制造业，汽车制造业，铁路、船舶、航空航天和其他运输设备制造业发展现状。

（1）金属制品业

2021年全国金属制品业规模以上企业单位数达到了2.77万家，主要分布在江苏、浙江、天津、湖南等地。主要产品包括结构性金属制品、金属工具、金属容器和金属包装容器、不锈钢和类似的日用金属制品等。技术水平以中、低为主。

（2）通用设备制造业

2021年中国通用设备制造业企业数量达27210家，较2020年增加了2353家，同比增长9.47%。通用设备制造业总资产达52456.3亿元，较2020年增加了4543.50亿元，同比增长9.48%。企业主要分布在江苏、辽宁、山东、浙江、四川、黑龙江、重庆、上海、广东、北京、河北、河南、山西等地。行业集中度相对较低，产业链发展不平衡，行业内企业在高端产品市场竞争力不强。主要产品包括锅炉及辅助设备、内燃机及配件、金属切削机床、机床功能部件及附件、专用起重机、电梯、自动扶梯及升降机、泵及真空设备、液压动力机械及元件、滚动轴承、齿轮及齿轮减、变速箱、制冷空调设备、风动和电动工具、照相机及器材、金属密封件、紧固件、弹簧、工业机器人、增材制造装备等。其结构材料以钢材、铝合金材料、高分子材料为主；工艺材料以稀料、喷涂材料、焊材、矿物油、乳化液为主。技术水平有高、中、低。随着技术水平的提高和市场对产品要求的提高，我国通用设备制造业高端产品的比重将逐渐加大，企业生产将逐渐从低端产品向高附加值产品转变。

（3）专用设备制造业

2021年我国专用设备制造业企业数量达21636家，较2020年增加了2259家，增长率为11.66%。总资产达50351.6亿元，较2020年上涨了3547.4亿元，同比增长7.58%；从2016年到2021年年均复合增长率为6.4%。企业主要分布在江苏、辽宁、山东、山西、浙江、上海、广东、福建等地。主要原材料为钢铁等，主要产品包括模具、拖拉机、环境污染防治专用设备、农副食品加工专用设备、深海石油钻探设备、建筑材料生产专用机械等。技术水平有高、中、低。

（4）汽车制造业

2021年中国汽车制造业企业数量为16414家，同比增长4.6%，其中汽车整车制造企业445家（其中含发动机制造企业约100家）、改装汽车制造企业535家、低速载货汽车制造企业23家、电车制造企业100家、汽车车身及挂车制造企业293家、汽车零部件及配件制造企业13097家。根据《中国汽车产业发展年报（2021）》，我国汽车产业已形成长江三角洲、珠江三角洲、长江中游、京津冀、山东半岛、成渝、东北等汽车产业集群，对推动企业专业化分工、有效配置生产要素、促进区域经济发展发挥了重要作用。2020年汽车生产地区主要分布在广东、山东、湖北、重庆、吉林、上海、河北、江苏、浙江、北京等地。

（5）铁路、船舶、航空航天和其他运输设备制造业

2017～2021年期间，铁路、船舶、航空航天和其他运输设备制造业企业总数2018年同比增长了5.78%，2019年同比增长了44.14%，2020年同比下降了2.68%，2021年企

业总数为385319家，同比增长了16.68%。2021年全国铁路机车产量为1105辆，同比增长8.8%，产量持续增长。2021年1～12月全国铁路机车产量排名前七的省份分别是辽宁省、陕西省、湖南省、四川省、江苏省、山西省、湖北省。其中，辽宁省排名第一位，2021年产量为326辆。2021年铁路机车产量超100辆的有四个省，分别是辽宁省、陕西省、湖南省、四川省。

2021年，全国造船完工量3970.3万载重吨，同比增长3.0%，其中海船为1204.4万修正总吨；新接订单量6706.8万载重吨，同比增长131.8%，其中海船为2401.5万修正总吨。截至2021年12月底，手持订单量9583.9万载重吨，比2020年底手持订单量增长34.8%，其中海船为3609.9万修正总吨，出口船舶占总量的88.2%。2017年以来，中国摩托车产销量总体保持在1700万辆左右。2021年中国疫情得到有效控制，摩托车外贸业务的蓬勃发展拉动了摩托车产销量。摩托车产销量分别为2019.52万辆和2019.48万辆，分别同比增长12.98%和12.7%。中国摩托车产销量再次恢复到2000万辆，达到自2014年以来的最高水平。据中国自行车协会统计，2021年，我国自行车产量达7639.7万辆，全行业总营业收入3085亿元，总利润127亿元。行业出口额超120亿美元，同比增长53.4%。

14.1.2 主要环境问题

（1）废气

主要包括：喷涂过程中产生的挥发性有机物；气割、等离子切割、锯切、砂轮切割、干式机械加工、抛丸清理、滚筒清理、弧焊、粉状物料生产与输送、喷砂等产生的颗粒物；湿式机械加工和热处理产生的油雾（挥发性有机物）；柴油发动机试验过程中产生的氮氧化物。

（2）废水

主要包括：模具清洗产生的含油废水；涂装前处理工段产生的预脱脂、脱脂废液及脱脂废水，表调废液、磷化废液或钝化废液，磷化废水或钝化废水，电泳工段电泳洗槽废液和工件清洗电泳废水，喷漆室喷漆废水；机械加工、装配的废切削液和废清洗液等；各车间生活设施的生活污水、循环水系统排污水，软化水、纯水制备系统排水等。

（3）固体废物

危险废物主要包括：机加过程产生的废切削液（委外处理时）、废油、废过滤材料；热处理过程产生的废盐渣；预处理产生的废油；转化膜处理过程产生的磷化渣；喷涂过程产生的溶剂漆漆渣、废溶剂、废涂料；废气处理产生的废吸附材料（如废活性炭、废滤料等）；废水处理过程产生的物化污泥、废油；生产设备产生的废机油和废液压油；生产过程产生的废化学品包装材料；等等。危险废物委托有资质单位安全处置。

14.2　主要工艺过程及产排污特征

14.2.1　主要工艺过程

《面向装备制造业　产品全生命周期工艺知识　第1部分：通用制造工艺分类》（GB/T 22124.1—2008）将通用制造工艺生产过程按照成形工艺分为去除成形、受迫成形、堆积成形、生长成形和其他成形5个类别17个大类计若干个中类，根据该标准并结合行业生产工艺和产排污特点，将行业包含的47个中类各生产组成划分为铸造、锻造、粉末冶金、下料、冲压、预处理（包括机械预处理、化学预处理等）、机械加工、树脂纤维加工（非金属材料成形等）、焊接、粘接、转化膜处理、热处理、装配、涂装、检测试验（试验与检验）、热浸锌等生产工艺。对于行业对应的47个中类中的任意一种，均是由其中部分生产工艺组合而成（不包含电镀工序）。按工段简介如下。

（1）铸造

铸造是指熔炼金属，制造模型（含制芯），并将熔融金属浇入模型，凝固后获得具有一定形状、尺寸和性能的金属零件毛坯的工艺过程。通常包括金属熔炼、造型、制芯、浇注、落砂冷却、清理、砂处理、砂再生等工序。

铸造行业的污染物排放主要和所用原材料和辅助材料有关，和所用的铸造工艺联系紧密，不同的铸造工艺产生的污染物区别也很大。

（2）锻造

指在加压设备及工（模）具的作用下，使坯料、铸锭产生局部或全部的塑性变形，以获得具有一定形状、尺寸和质量的锻件的工艺过程。锻造结束后，需要对工件进行热处理和表面清理。

（3）粉末冶金

指以制取金属粉末或用金属粉末（或金属粉末与非金属粉末的混合物）作为原料，经过成形和烧结，制造金属材料、复合材料以及各种类型制品等。

（4）下料

使用钢板卷材时，需要开卷、校平。板材下料包括涂油脂、剪切、矫直、落料等。

型材下料包括锯切、砂轮切割、气割、等离子切割等以及简单的工件制作（也称备料），如折弯、钻孔、校正、修整等。

（5）冲压

包括拉延、冲孔、翻边、冲裁、整形等，模具需要定期清洗。

（6）预处理

分为机械预处理和化学预处理：机械预处理有机械抛丸、打磨、喷砂、清理；化学预处理有酸洗除锈、化学脱脂等。

（7）机械加工

指采用车床、铣床、刨床、磨床、镗床、钳床、钻床及加工中心、数控中心等设备进行的去除成形加工。从污染物产生特点可分为干式加工、湿式加工等。

（8）树脂纤维加工

高分子树脂成型主要有注射成型、吹塑成型和发泡成型，纤维材料成型主要有纺织法、熔喷法、湿法成型、干法成型等，织物成型则通过剪裁缝制成型。注射成型常用于保险杠、仪表盘的生产。客车车身外蒙皮和内护板之间采用发泡剂、催化剂、阻燃剂、稳定剂等进行发泡反应，生成硬质泡沫塑料填充物，起保温降噪等作用。糊制成型以纤维材料和树脂为原料，经糊制、固化成为所需要的形状，主要用于车身及其零部件的生产。皮革、织物面料经裁缝，常用于座椅和车辆内饰品的生产。

（9）焊接

用于组件焊接、部件焊接和总成焊接，常用的焊接工艺有点焊、弧焊、钎焊、固相焊接、螺柱焊接、气焊等。

（10）粘接

采用黏结剂粘接。部分涂黏结剂后进行加热固化。

（11）转化膜处理

机械工件表面常采用磷化、锆化、钝化、硅烷化处理等转化膜工艺，其作用是改变材料的表面结构形态，为后续的涂装工序提供良好的基体。

（12）热处理

有整体热处理（淬火、回火、正火、退火）、盐浴热处理、液体渗氮/氮碳共渗、气体碳氮共渗/渗氮/渗碳等工艺。

（13）装配

一般包括部件组装和总装。部件组装为各种部件的装配，总装为最终产品的装配。

（14）涂装

1）底漆

底漆有浸漆、电泳、喷底漆等工艺类型，采用喷涂进行底漆作业的列入喷涂范畴。电泳槽定期清洗产生高浓度清洗废水（简称电泳废液），电泳后机件清洗产生电泳废液。电泳烘干是涂装车间主要的挥发性有机物产生源之一。

2）密封涂胶

在底漆与中间漆作业之间，需要在焊缝处涂覆密封胶，在车底涂覆防震涂料，对折边涂覆保护胶。密封胶烘干也是涂装生产单元主要的挥发性有机物产生源之一。

3）溶剂擦洗

不需要电泳的工件（如树脂类材质的保险杠、碳纤维复合材料车身等），则采用溶剂擦洗的方式进行脱脂，所用溶剂有汽油、丙酮或其他溶剂，主要污染物是挥发性有机物。

4）喷涂

汽车等机械工业根据涂层质量要求，可喷底漆（不电泳的工件，底漆采用喷涂）、中涂漆、面漆、罩光漆和喷粉等多道涂层，各涂层作业均有准备、喷涂、流平和烘干等工序。

喷涂前，要对车身或零部件进行刮腻子、打磨处理。刮腻子客车居多，刮完腻子后需要进行表面打磨。刮腻子、打磨工序会产生少量的颗粒物。

湿式喷漆产生喷漆废水。

喷涂是涂装生产单元中最主要的挥发性有机物产生源。粉末喷涂的污染物主要是涂料粉末，属于颗粒物。

5）烘干

烘干按工艺形式分为自然晾干、直接热风（以燃料燃烧烟气和空气的混合气体）烘干、间接热风（以燃料燃烧加热的空气）烘干、闪干（用于中涂漆、面漆等水性漆）、辐射烘干和强冷工艺等，采用的热源有电、天然气、轻柴油、蒸汽等。

（15）检测试验

分为产品出厂检测和产品性能检测。

（16）热浸锌

热浸锌又叫热浸镀锌，作为一种有效的金属防腐方式，已被广泛用于各行业的金属结构设施上。热浸锌主要包括酸洗、助镀、浸锌等。

（17）其他

铸造、锻造、热处理、涂装等工段需设工艺加热炉（工业炉窑），一般采用天然气、轻柴油等作为燃料，归入各工段。

14.2.2 产排污特征

行业主要生产工艺环节中，产生的污染物因子见表14-1。

表14-1 主要产污环节及污染物因子

工艺	主要污染物										
	废水					废气					
	化学需氧量	石油类	总磷	总氮	氰化物	二氧化硫	氮氧化物	颗粒物	挥发性有机物	铅	氨气
铸造						√	√	√	√	√	
锻造						√	√	√			
粉末冶金								√			
下料								√			
冲压	√	√									
机械预处理								√			
化学预处理	√	√	√								
机械加工	√	√							√		
树脂纤维加工	√								√		
焊接								√			
粘接									√		
转化膜处理	√	√	√	√							
热处理	√	√			√	√	√	√	√		√
装配	√										
涂装	√					√	√	√	√		
检测试验	√						√	√	√		
热浸锌	√							√			√

① 铸造工艺中，颗粒物是最主要的污染物，在铸造的各个工序中都有产生，其成分可能含有来自型砂的无机非金属颗粒，以及来自熔炼和浇注环节高温金属产生的金属颗粒。在使用焦炭为燃料进行熔炼的工序，会产生二氧化硫和氮氧化物。挥发性有机物污染物主要存在于浇注及冷却工序，型砂中含有的有机物或者型砂黏结剂、固化剂及其他辅助材料热解产生挥发性有机物。部分铸造企业，除铸造外，还配套相应预处理（抛丸清理）、热处理、涂装等生产能力。铸造工艺产污环节见图14-1。

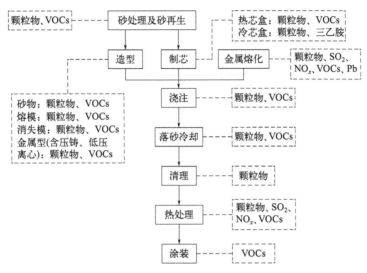

图14-1 铸造工艺产污环节

② 锻造工艺中，加热环节主要污染物因子为氮氧化物、二氧化硫、颗粒物。

③ 粉末冶金工艺中，主要污染物因子为混粉成型及烧结工艺产生的颗粒物。

④ 下料工艺中，切割环节主要污染物因子为颗粒物。切割方式主要有激光切割、等离子切割和气割等。其中，激光切割用于航空航天、高铁、汽车等行业的金属和非金属材料的精密切割，切割过程颗粒物产生量极小；等离子切割主要用于船舶、机械、金属结构等行业的金属材料切割，产生的主要污染物为颗粒物；气割主要用于船舶拆解的切割和厚度较大、尺寸较长的钢材粗切割，切割过程颗粒物产生量较小。锯齿机、砂轮切割机可对金属方扁管、方扁钢、工字钢、槽钢、碳元钢等材料进行切割，切割过程颗粒物产生量较小。

⑤ 冲压过程本身不产生废气、废水污染物，仅冲压模具定期清洗产生含油废水，主要污染物因子为石油类、化学需氧量。

⑥ 机械预处理工艺中，产生的主要污染物因子为颗粒物。本工艺主要包括抛丸、喷砂、打磨、滚筒四个工艺环节。抛丸主要用于中厚金属板材的表面处理，喷砂主要用于薄板材及大型结构件的表面处理，两者均在密闭空间中进行，并配有除尘设施；打磨主要使用含有较高硬度颗粒的砂纸等，对工件进行加工；滚筒主要用于清理铸件表面型砂和锻件表面氧化皮，适宜中小件的清理，带有集尘装置，不产生颗粒物。化学预处理包

括酸洗、碱洗（脱脂）等工艺。各种酸洗产生废水，污染物因子为化学需氧量；脱脂主要产生含化学需氧量、总磷的废水、废液。

⑦ 机加工设备（特别是加工中心、数控中心等精密加工设备）湿式加工废气产生油雾（挥发性有机物），废水产生废切削液（或作为危险废物处置）、废清洗液或含油废水，污染物因子为化学需氧量、石油类。

⑧ 树脂纤维加工中，注塑、吹塑、发泡和纤维材料加热成型产生挥发性有机物。注塑设备等定期排放循环冷却水（清净下水），污染物因子为少量化学需氧量。

⑨ 焊接工艺中，焊接环节主要污染物因子为颗粒物。焊接方式主要有电弧焊（手工电弧焊、埋弧焊）、等离子弧焊、气体保护焊（惰性气体、活性气体保护焊）、电子束焊、激光焊等。其中电子束焊、激光焊主要用于精密焊接，焊接过程中颗粒物产生量极小；电弧焊主要用于小型结构件的焊接；等离子弧焊适用于焊接薄板和箱材，特别适合于各种难熔、易氧化及热敏感性强的金属材料（如钨、钼、铜、镍、钛等）的焊接；气体保护焊主要用于焊接化学活泼性强和易形成高熔点氧化膜的镁、铝及其合金。焊接产生的颗粒物主要与所用焊条、焊丝的材质相关。

⑩ 粘接工段黏结剂中挥发性有机物在涂胶、固化过程中全部排放。

⑪ 磷化、锆化、硅烷化等转化膜处理过程主要产生废水。其中，磷化（含表调）工艺污染物因子为化学需氧量、总磷和总氮，锆化、硅烷化等工艺污染物因子为化学需氧量和总氮。

⑫ 热处理工艺中，正火/退火环节主要污染物因子为二氧化硫、氮氧化物、颗粒物；淬火/回火环节主要污染物因子为挥发性有机物、颗粒物；液体渗氮/氮碳共渗环节主要污染物因子为化学需氧量、氰化物、氨气等；气体渗氮/渗碳/碳氮共渗环节主要污染物因子为挥发性有机物、氨气等；后续清洗环节主要污染物因子为石油类、化学需氧量等。

⑬ 装配工艺一般不产生废气、废水污染物，仅整车淋雨试验产生淋雨试验废水，主要污染物因子为化学需氧量。

⑭ 涂装工段，密封胶（含底胶）中挥发性有机物在涂胶、固化过程中全部随废气排放；溶剂擦洗过程，溶剂中挥发性有机物全部排放；电泳底漆过程，电泳漆中挥发性有机物在电泳、烘干过程全部随废气排放，还会产生电泳清槽废液、电泳后水洗废水，废水污染物因子为化学需氧量；浸漆过程，涂料中挥发性有机物在浸漆、烘干过程全部随废气排放；喷底漆、中涂漆、面漆（含罩光漆）过程，涂料中挥发性有机物在喷漆（含流平）、烘干（或晾干）过程随废气全部排放，湿式喷漆（水净化漆雾）还产生喷漆废水，污染物因子为化学需氧量；喷塑产生颗粒物；烘干加热炉（工业炉窑）燃料燃烧会产生颗粒物、二氧化硫、氮氧化物。

⑮ 检测试验工段，汽车发动机热试台架在性能试验过程产生颗粒物、挥发性有机物、氮氧化物。汽车发动机热试台架定期排放循环冷却水（清净下水），污染物因子为少量化学需氧量。

⑯ 热浸锌工艺中，酸洗环节主要污染物因子为化学需氧量；助镀、浸锌环节主要污染物为氨气、颗粒物。

14.3 污染减排技术

14.3.1 废气污染治理

挥发性有机物处理主要采用吸附浓缩、热力焚烧等措施；颗粒物主要采用过滤除尘、静电除尘、湿式除尘、旋风除尘、重力沉降及惯性除尘等处理措施；油雾主要采用油雾净化器及金属编织板滤芯、聚丙烯（PP）纤维滤芯和纤维过滤毡等过滤处理措施；氮氧化物主要采用氨选择性催化还原技术和碱液吸收技术。

以汽车整车制造厂涂装工段为例，近几年针对喷漆室产生的大风量、低浓度的挥发性有机物废气，采用憎水性分子筛转轮吸附、热空气再生浓缩技术时，废气中挥发性有机物浓缩倍数可达10 ～ 15倍甚至更高，浓缩后的废气采用热力焚烧或催化燃烧法净化。以上吸附浓缩+焚烧措施对喷漆室废气中挥发性有机物的净化效率可达90%以上。

14.3.2 废水污染治理

废水治理技术通常采用物理化学法处理技术与生物法处理技术相结合的综合处理工艺。其中，物理化学法包括混凝、气浮、超滤等；生物法处理包括水解酸化工艺、生物接触氧化工艺、A/O工艺、MBR工艺、BAF工艺、SBR工艺。

14.3.3 固体废物污染治理

一般工业固体废物主要有机加工和冲压过程产生的金属切屑、废料，焊接过程产生的废焊丝、焊料，喷涂产生的水性漆漆渣，除尘器产生的粉尘等。一般工业固体废物中有回收利用价值的交给专业公司回收利用，其他采取填埋等措施合理处置。

参考文献 --

[1] 观研报告网. 中国通用设备制造行业发展趋势分析与未来前景研究报告 (2022—2029 年)[R]. 2022.

[2] 中商产业研究院. 2022 年中国专用设备制造业市场数据预测分析：行业发展向好 [R]. 2022.

[3] 工业和信息化部装备工业发展中心. 中国汽车产业发展年报 (2021)[R]. 2021.

[4] 中研网. 中国自行车行业市场全面分析自行车行业发展现状 [R]. 2022.

[5] 邱城，方杰，裴方芳，等．机械行业产排污系数核算与应用初探[C]//中国环境科学学会．2008中国环境科学学会学术年会优秀论文集（下卷），2008: 600-604.

[6] 陈登珍．机械工业节能减排[J]．山东工业技术，2018(18): 31.

[7] 余昭辉，康宇洁，张亚甜，等．机械工业工艺危险废物的来源和处置技术研究[J]．当代化工研究，2019(10): 148-149.

[8] 董登友．机械制造工艺与机械设备加工工艺分析[J]．南方农机，2019, 50(20): 155.

[9] 刘浩洋．机械制造工艺设备的发展前景[J]．企业导报，2015(19): 63-64.

[10] 渠时远．我国机械工业节能的形势及任务[J]．通用机械，2013(7): 20-22.

[11] 王宏宇，王秀艳．机械工业生产污水处理技术研究[J]．环境科学与管理，2010, 35(6): 95-98.

[12] 拓守昌．工业机械设备加工过程中的焊接工艺分析[J]．设备管理与维修，2021(10): 96-97.

[13] 李堃．机械制造工艺现状及其发展方向展望[J]．科技风，2019(22): 151.

[14] 常亮．机械制造工艺现状及其发展方向[J]．南方农机，2019, 50(7): 85, 90.

[15] 符立华．浅谈机械制造的工艺分析[J]．科技视界，2017(10): 99, 113.

第 **15** 章

农副食品加工业，食品制造业，酒、饮料和精制茶制造业工业污染与减排

15.1 工业发展现状及主要环境问题

15.1.1 工业发展现状

本书中农副食品加工业包括稻谷加工、小麦加工、玉米加工、杂粮加工、饲料加工、淀粉及淀粉制品制造、豆制品制造以及蛋品加工；食品制造业包括糖果、巧克力制造，蜜饯制作，米、面制品制造，速冻食品制造，方便面制造，其他方便食品制造，液体乳制造，乳粉制造，其他乳制品制造，肉、禽类罐头制造，水产品罐头制造，蔬菜、水果罐头制造，味精制造，酱油、食醋及类似制品制造，其他调味品、发酵制品制造，食品及饲料添加剂制造；酒、饮料和精制茶制造业包括酒精制造、白酒制造、啤酒制造、黄酒制造、葡萄酒制造、其他酒制造、碳酸饮料制造、瓶（罐）装饮用水制造、果蔬汁及果蔬汁饮料制造、含乳饮料和植物蛋白饮料制造、固体饮料制造、茶饮料及其他饮料制造以及精制茶加工。

15.1.1.1 农副食品加工业

（1）谷物磨制

谷物磨制也称粮食加工，指将稻子、谷子、小麦、高粱等谷物去壳、碾磨及精加工的生产活动。稻谷、小麦、玉米是我国的三大谷物加工重点。2021年全年全国粮食总产量68285万吨，比上年增加1336万吨，增长2.0%。分品种看，稻谷产量21284万吨，增长0.5%；小麦产量13695万吨，增长2.0%；玉米产量27255万吨，增长4.6%；大豆产量1640万吨，下降16.4%。

2012～2021年间，我国稻谷单位面积产量整体呈波动增长趋势，从2012年451.79千克/亩波动增长至2021年的474.25千克/亩，增加了22.46千克/亩，增幅为4.97%，年均复合增长率约0.55%。与2020年相比，2021年全国稻谷单位面积产量同比增长4.63千克/亩，同比增长率为0.98%。对比来看，2020年中国稻谷单位面积产量为469.62千克/亩，我国稻谷产量排名前十的省（自治区）为黑龙江、湖南、江西、江苏、湖北、安徽、四川、广东、广西、吉林。近几年，这十个省（自治区）历年稻谷总产量均超过全国总产量的80%。稻谷加工情况，包括精加工大米、粉类、糕类、粽类、汤圆类、酒类、醋类、方便米饭、方便粥、婴儿食品等。其中汤圆为我国稻谷深加工产品第一大类别，2021年占比达29.79%。其次是米线和食醋，分别占15.54%、12.5%。

小麦加工业从区域分布来看，河南省小麦的种植面积、年产值和农户数量均位居全国首位，2021年小麦产量为3802.81万吨，占比27.7%；山东省位居第二，是我国生态条件最适宜于小麦生长的地区之一，也是我国单产水平较高的小麦主产区之一，2021年小麦产量为 2615.08 万吨，占比为 19.10%。安徽省、河北省和江苏省小麦产量占比分别为 12.25%、10.59% 和 10.04%。小麦加工情况：我国小麦以初加工产品为主，没有有力的品牌支撑，缺少高品质的小麦产品和深加工产品，以低附加值的大宗小麦产品为主。我国小麦总产量中 74% 用于食品加工和食物，主要用于加工面粉，9% 用作饲料，5% 用作种子，各种损耗占 4%，工业用的占 7% 左右。

玉米的产区集中于东北、华北地区，而主要缺口地区却在长江以南地区。2021 年，东北三省一区玉米产量为 12537 万吨（以下均为市场口径），占全国总产量的 48%，其中黑龙江省 5600 万吨，吉林省 2900 万吨，辽宁省 1200 万吨，内蒙古自治区 2800 万吨；华北地区玉米产量为 8343 万吨，占全国总产量的 32%，其中山东省 2700 万吨，河北省 2000 万吨，河南省 2300 万吨，山西省 1000 万吨。玉米行业产业布局，主要是从东北流向南方，即北粮南运，形成三大北粮南运通道。我国玉米加工情况：用于饲料的玉米约占总量的 70%，用于主食消费的玉米约占总量的 15%，用于工业转化的玉米约占总量的 12%。只从事玉米粉/碴加工的企业数量较少，且多为中小型企业，主要进行食用玉米粉加工。玉米粉加工过程主要包括清理、脱皮、碾磨、包装。目前，玉米粉生产已引入多项新技术，如超微粉碎、超高压处理、挤压膨化等，用于生产食用特性更佳的产品。

杂粮产业目前规模普遍较小，但发展前景广阔，我国是杂粮生产大国，杂粮因其具有一定的营养价值和保健功能，在人们的饮食结构中所占比重日益增加。目前杂粮加工制品可分为四大类型：一是原杂粮或经过简单处理所制成的初级加工品；二是方便食品；三是传统风味小吃制品；四是以高粱、燕麦等杂粮为原料制成的酿造食品。杂粮的初级加工工序主要包括清洗、去杂、筛选、分级、去皮、干燥、抛光等。主要加工技术有超微粉碎、高静压物理变性、膨化加工等。

（2）饲料加工

饲料工业是现代畜牧业和水产养殖业发展的物质基础，直接关系着农业、农村经济发展和人民生活水平的提高，已成为我国国民经济的重要基础产业之一。我国饲料工业经过 40 多年改革与发展，已经建成了包括饲料加工业、饲料添加剂工业、饲料原料工业、饲料机械制造工业，以及饲料科研、教育、标准、检测等较为完备的饲料工业体系。其中，饲料加工是指经工业化加工、制作供动物食用的饲料的过程，主要产品包括添加剂预混合饲料、浓缩饲料、配合饲料，饲料产品类别有猪饲料、蛋禽饲料、肉禽饲料、水产饲料、反刍动物饲料、其他饲料。目前，我国饲料行业已经获得了跨越式发展。2021 年全国工业饲料总产量 29344.3 万吨，比上年增长 16.1%。其中，配合饲料产量 27017.1 万吨，增长 17.1%；浓缩饲料产量 1551.1 万吨，增长 2.4%；添加剂预混合饲料产量 663.1 万吨，增长 11.5%。分品种看，猪饲料产量 13076.5 万吨，增长 46.6%；蛋禽饲料产量 3231.4 万吨，下降 3.6%；肉禽饲料产量 8909.6 万吨，下降 2.9%；反刍动物饲料产量 1480.3 万吨，增长 12.2%；水产饲料产量 2293 万吨，增长 8%；宠物饲料产量 113 万吨，增长 17.3%；其他饲料产量 240.5 万吨，下降 16.2%。

（3）淀粉及淀粉制品制造

淀粉及淀粉制品的制造行业指用玉米、薯类、豆类及其他植物原料制作淀粉和淀粉制品的生产，还包括以淀粉为原料，经酶法或酸法转换得到糖品的生产。主要产品为淀粉及淀粉制品和淀粉糖，其中淀粉的产量最大。淀粉及淀粉制品制造行业生产企业主要分布在山东、吉林、河北、河南、广西等地，北方生产企业主要集中在山东省、吉林省、河北省，原料以玉米为主；南方生产企业主要集中在广西壮族自治区，原料以木薯为主；马铃薯淀粉及其制品的生产企业主要集中在东北、西北、华北地区及西南的海拔较高地区。从品种上来看，淀粉生产企业根据玉米、木薯、马铃薯、红薯的原料资源情况分布在全国各地的不同产区，淀粉糖生产企业主要集中在山东、吉林、河北等地，其他淀粉制品生产企业依据不同的原料分布在全国各地的不同产区。淀粉工业与农业息息相关，并为医药、食品、化工、造纸、纺织、饲料等行业提供原辅料、添加剂等，在国民经济中有很重要的作用。2015年我国提出"马铃薯主粮化"战略，推进把马铃薯加工成馒头、面包、面条、米粉等适合中国人的传统主食，这给淀粉及其加工副产物开辟了新的应用途径，为整个淀粉行业的可持续发展和成功转型升级提供了新的机遇。

中国淀粉工业协会年报资料以及各专业委员会统计资料显示，2020年我国各类淀粉总产量合计3389.0万吨，我国淀粉总产量持续增长，但增长率呈现下降趋势。同时，2016～2020年，与其他淀粉相比，玉米淀粉产量呈稳步上升的趋势。2016～2020年我国淀粉产量见表15-1。

表15-1　2016～2020年我国淀粉产量表　　　　　　　单位：万吨

品种	2016年	2017年	2018年	2019年	2020年
玉米淀粉	2258.6	2595.1	2814.9	3097.4	3232.6
木薯淀粉	36.5	32.9	26.3	20.3	26.0
马铃薯淀粉	33.8	53.7	59.2	45.4	66.1
甘薯淀粉	20.0	26.3	25.6	22.8	25.2
小麦及其他淀粉	7.5	12.1	83.8	30.6	39.1
总计	2356.4	2720.1	3009.8	3216.5	3389.0

由于产能过剩、竞争加剧、优胜劣汰，从近年的发展情况看，淀粉加工企业主要加工产品的产量和市场份额越来越向大企业集中，在淀粉行业涌现出了一批企业集团，规模化、集约化给这些企业提供了强大的竞争力，已逐渐成为我国淀粉加工企业的主导方向。例如，淀粉糖行业竞争日趋激烈，扩大规模有利于降低成本，提高竞争力。来自各方面的压力促使我国的淀粉糖行业正朝着大集团方向快速迈进。由于液体淀粉糖的销售半径有限，我国的淀粉糖，尤其是液体糖正朝着越来越靠近市场的方向布局，而且生产链缩短，直接使用玉米淀粉生产淀粉糖。

同时，淀粉深加工产业链短，加工副产物综合利用率低成为限制我国淀粉加工行业深入发展的瓶颈问题。以甘薯淀粉行业为例，目前甘薯产业主要加工产品为淀粉、粉丝、粉条、甘薯全粉以及薯泥、薯块和甘薯汁等，产品种类不够丰富，没有形成多维度产业链，产品价值低，同时加工产生的废液及薯渣中含有大量的蛋白质、膳食纤维、果胶、多酚、糖、β-淀粉酶等多种具有营养和保健功能的成分。然而，废液往往被随意排放，废渣一般被作为饲料廉价出售或肆意丢弃，副产物利用率低，产品附加值难以体现，既造成资源浪费又污染环境。

（4）豆制品制造

豆制品是以大豆、小豆、绿豆、豌豆、蚕豆等豆类为主要原料，经加工而成的食品。大多数豆制品是由大豆的豆浆凝固而成的豆腐及其再制品。豆制品主要分为两大类，即发酵性豆制品和非发酵性豆制品。发酵性豆制品是以大豆为主要原料，经微生物发酵而成的豆制品，如腐乳、豆豉等。而非发酵性豆制品是指以大豆或其他杂豆为原料制成的豆腐，或豆腐再经卤制、炸卤、熏制、干燥的豆制品，如豆浆、豆腐丝、豆腐皮、豆腐干、腐竹、素火腿等。

大豆是植物蛋白和食用油的主要来源，也是世界上产量最多的油料作物。数千年来，大豆对国民的膳食结构和健康水平一直起着重要作用。2021年中国大豆播种面积1.26亿亩，比2020年减少2200万亩，下降14.9%。大豆单产130千克/亩，比2020年减少2.3千克/亩，下降1.7%。大豆亩产量164千克，比2020年减少32千克，下降16.3%。从豆制品行业前50强企业分布看，我国豆制品行业前50强规模豆制品生产企业主要集中分布于华东、华中、东北和西南地区。2021年全国50强规模豆制品生产企业中，华东地区占39.71%，华中地区占19.12%，东北地区和西南地区均占11.76%。我国大豆深加工能力不到10%，深加工产品科技附加值较低，大豆深加工产业链尚不完整。

（5）蛋品加工

蛋品属于传统产业，自1985年来我国一直保持着世界第一产蛋大国的地位。仅仅在中国，蛋品行业的市场规模每年超过2000亿元。虽然市场规模大，但是蛋品生产企业发展不平衡，主要以价格为竞争手段，缺乏领导品牌，消费者品牌意识比较淡薄。我国加工蛋品种类主要有液蛋制品（全蛋液、蛋黄液和蛋白液等）、冰蛋制品（冰全蛋、冰蛋黄、冰蛋白等）、干蛋制品（普通及加糖全蛋、蛋白及蛋黄粉等）、再制蛋品（咸蛋、松花蛋、卤蛋）以及鸡蛋深加工产品（溶菌酶、卵转铁蛋白、蛋清多肽、卵黄抗体、卵磷脂和卵高磷蛋白等）。我国蛋鸡主产区主要分布在华北、华东和东北等粮食主产区。

中国是全球最大的蛋品生产国，占世界蛋品总产量的43%，且蛋品生产成本大大低于其他国家。近年来，在我国禽蛋产品中，鸡蛋产量占禽蛋总产量的比例稳定在85%，其他禽蛋产量稳定在15%（其中鸭蛋为12%、鹅蛋和鹌鹑蛋等其他禽蛋产量比例稳定在3%）。新品种的开发与引进，促进了禽蛋结构进一步优化，加速了禽蛋生产由传统的数量增长型向效益增长型过渡。我国居民鸡蛋消费结构比较单一，主要以鲜蛋消费为主，鲜蛋消费量占我国鸡蛋总产量的90%，而鸡蛋加工转换程度仅为0.26%，其余9.74%的产量作为鲜蛋出口或损失掉。但随着科学技术的发展和消费者偏好的变化，我国蛋鸡产业不断以市场为导向，鸡蛋产品结构不断优化且呈现多样性特点。

① 鲜蛋产品的功能多样化。消费者在追求基本营养之外，对鲜蛋的功能追求也越来越普遍，从而促使高碘鸡蛋、富硒鸡蛋、高能鸡蛋、低胆固醇鸡蛋等鲜蛋的供给增加。

② 鲜蛋的安全性逐步增强，安全鸡蛋受到高收入消费者的青睐。目前，我国部分蛋鸡养殖场已经通过国家无公害、绿色和有机鸡蛋的生产认证，较之传统鸡蛋来说，安全鸡蛋的生产比例将越来越高。

③ 鸡蛋制品多样化。虽然我国鸡蛋加工转换程度较低，但鸡蛋制品加工的潜力却很大。蛋与蛋制品不仅是我国人民的重要食品，而且是我国许多行业的重要原料，广泛作为食品、生物、化工、轻工、医药等领域的重要工业原料，尤其是食品工业中具有多种用途的重要原料。在许多食品加工中应用，能明显改善食品的品质、风味与结构，提高食品的食用特性与营养价值等。同时，禽蛋也是轻工业、化工、医学、生物等行业的重要原料，广泛应用于造纸、制革、纺织、医药、化工、陶瓷、塑料、涂料等工业中，已经成为全国许多行业的重要原料。蛋和蛋制品在人民生活与国民经济中占有越来越重要的地位。

15.1.1.2 食品制造业

（1）糖果、巧克力及蜜饯制造

糖果、巧克力及蜜饯制造行业包括糖果、巧克力制造和蜜饯制作行业。

糖果制造指以砂糖、葡萄糖浆或饴糖为主要原料，加入油脂、乳品、胶体、果仁、香料、食用色素等辅料制成甜味块状食品的生产活动；巧克力制造指以浆状、粉状或块状可可，以及可可脂、可可酱、砂糖、乳品等为主要原料加工制成巧克力及巧克力制品的生产活动；蜜饯制作指以水果、坚果、果皮及植物的其他部分制作糖果蜜饯的活动。

根据对行业情况的了解，全国有糖果、巧克力生产企业约2000家，糖果生产企业约1400家，占70%；口香糖生产企业40家，占2%；巧克力生产企业500家，占25%。行业以中小型企业为主，占全部企业数的98%左右。分布在全国各地，以东部沿海地区为主（图15-1、图15-2）。

（2）方便食品制造

方便食品制造业包括米、面制品制造，速冻食品制造，方便面制造，其他方便食品制造。

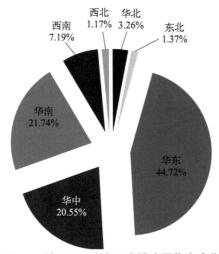

图15-1 糖果、巧克力及蜜饯产量集中度分析

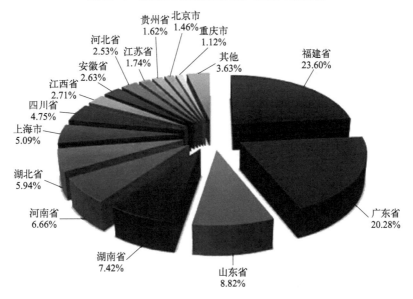

图15-2 糖果、巧克力及蜜饯产业布局分析（以产量计）

1）米、面制品制造

中国米、面制品制造行业市场发展迅速，规模不断扩大，多元化发展，品种、品牌、品质日益提高。根据市场调研在线网发布的2023～2029年中国米、面制品制造行业市场现状调研及投资机会预测报告分析，截至2018年年底，中国米、面制品制造行业规模达到2.7万亿元，同比增长11.2%。

2）速冻食品制造

速冻食品制造行业主要产品为以米、小麦粉、杂粮等为主要原料，以肉类、蔬菜等为辅料，经加工制成各类烹制或未烹制的主食食品后，立即采用速冻工艺制成的，并可以在冻结条件下运输、贮存及销售的各类主食食品，主要产品为速冻饺子、速冻包子和速冻汤圆。

速冻米、面制品行业集中度较高，产品呈差异化发展。我国速冻米、面制品产量由 2005年的129万吨扩增至2014年的528万吨，其中2013年速冻米、面制品行业的产值约为400亿元。据预计，中国速冻米、面制品行业未来5年产销量年均复合增长将达到13% ~ 17%，发展势头较为迅猛。

3）方便面制造

2021年我国方便面产量为512.96万吨，同比下降7.9%。从我国方便面产量分布来看，由于小麦是方便面主要生产原材料，我国方便面产量主要集中在河南、河北等小麦种植面积较大的省份，而广东、天津等地区，由于生活节奏较快，市场需求较大，加上工业化设施齐全等因素，也有所分布。具体来看，2021年中国方便面主要集中在华中、华东、华北地区生产。2021年我国方便面产量前三为河南省、广东省和天津市，产量分别为105.4万吨、53.2万吨和34.3万吨。从市场规模来看，随着近年来我国方便面消费需求的持续增长，市场规模也随之不断增大。资料显示，2020年我国方便面行业市场规模为1053.6亿元，同比增长13%。2017 ~ 2021年全国方便面产量见图15-3，制造行业地区分布见图15-4。

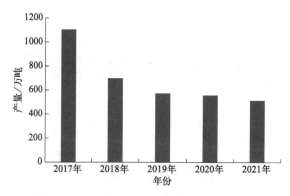

图15-3　2017 ~ 2021年全国方便面产量

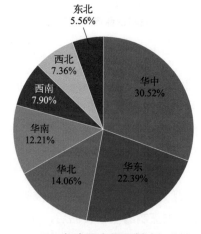

图15-4　2021年全国方便面制造行业地区分布

（3）乳制品制造

乳制品制造包括液体乳制造、乳粉制造及其他乳制品制造。

目前，乳制品制造工业是我国改革开放以来增长最快的重要产业之一，也是推动第一、第二、第三产业协调发展的重要战略产业，乳制品已逐渐成为我国人民生活的必需品。近年来，无论是原料乳产量、产品产量、年总产值还是规模以上企业数量都在大幅度增长。2021年全国乳制品产量为3031.7万吨，同比增长9.4%，产量持续增长。2021年全国乳制品行业产量排名前10位的省（自治区）有河北、内蒙古、山东、河南、黑龙江、宁夏、江苏、湖北、安徽、陕西。2017～2021年全国乳制品产量情况见图15-5。

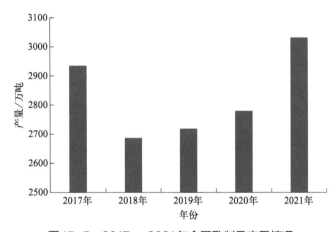

图15-5　2017～2021年全国乳制品产量情况

（4）罐头食品制造

罐头食品制造包括肉、禽类罐头制造，水产品罐头制造，蔬菜、水果罐头制造，其他罐头食品制造。

经过半个多世纪的发展，我国罐头行业技术水平、市场规模都有了长足的发展。2021年，全国规模以上罐头食品制造企业产量达到831.7万吨，同比增长0.1%。其中，12月当月罐头产量达72.7万吨，同比下降3.6%。我国罐头食品产量主要集中在华东、华中和西北地区，其中华东是最大的生产区，占全国罐头总产量的59.70%，华中和西北地区占比分别为17.47%和9.33%。2021年，我国罐头食品累计出口额达32.18亿美元，同比增长1.81%，出口额排名前十的国家和地区分别为日本、中国香港、美国、越南、马来西亚、俄罗斯、韩国、菲律宾、意大利、西班牙，其中日本、中国香港、美国出口额分别是4.96亿美元、3.56亿美元、3.41亿美元。

（5）调味品、发酵制品制造

调味品、发酵制品制造包括味精制造，酱油、食醋及类似制品制造，其他调味品、发酵制品制造。

1）味精制造

味精制造指以淀粉或糖蜜为原料，经微生物发酵、提取、精制等工序制成的，谷氨酸钠含量在80%及以上的鲜味剂的生产活动。

2021年我国味精产量为237.5万吨，同比下降3.05%，从需求方面看，除2021年外，2017～2020年其表观需求量呈稳定增长态势，2021年随着产量的下降，我国味精的表观需求量为235万吨，同比下降3.23%。我国味精企业多集中于以广东、福建为代表的华南地区，以山东省、江苏省、河南省为代表的华中地区，同时，四川作为我国的美食大省，也是味精企业的聚集地。

2）酱油、食醋及类似制品制造

酱油产业是我国调味品行业的第一大产业，产销量和企业规模均居调味品行业首位，涌现出多家龙头企业。中国酱油在2016～2018年产量下滑，2018年后产量逐年回升，2021年中国酱油产量为788.15万吨，同比增长12.46%。排名前三位的企业为佛山市海天调味食品股份有限公司（简称海天味业）、广东美味鲜调味食品有限公司（简称美味鲜）、李锦记（新会）食品有限公司（简称李锦记）。其中，海天味业占比最多，为15%，其次是美味鲜和李锦记，分别占3%和3%，加加占1%，其他占78%，由此可见，我国酱油行业市场集中度不高，但是龙头企业发展较为突出，海天味业作为中国酱油产业的领航者起到一定的带头作用。

食醋企业近年来注重科技进步与新品研发，实现包装、功能、品种的多样化。根据2021年中国调味品协会发布的《中国调味品著名品牌企业100强》，2021年度食醋企业（32家）生产总量为157.5万吨，产量10万吨以上的食醋企业仅有3家，占总数32家的9%，食醋企业稳健增长，头部企业集中度较低，国内集中度提升空间较大。前三名的企业为江苏恒顺集团有限公司、山西紫林醋业股份有限公司和佛山市海天调味食品股份有限公司。

3）其他调味品、发酵制品制造

我国酶制剂产业经过60余年发展，目前行业产能超过200万吨/年，产值占全球的20%～30%。从产业规模上来看，我国已进入世界酶制剂生产大国的行列，但酶制剂的技术水平与国际领先水平相比还有很大差距。我国酶制剂行业能够规模化生产的酶种有数十种，2021年我国酶制剂产量达160万吨，近五年年出口量为8万～10万吨，其间虽有波动，但整体呈上升趋势。虽然国内酶制剂高端市场长期被海外企业所占据，但溢多利、蔚蓝生物、新华扬、尤特尔、昕大洋等本土企业还是在饲用酶等细分领域达到国际领先水平。

2021年我国酵母行业产量达到44.3万吨，同比增长5.61%。产量结构方面，2022年我国酵母产量中，活性酵母占比最高，为66.67%，产量为30.8万吨，其次为酵母提取物，产量为12.1万吨，占比为26.20%。目前，我国酵母主要用于烘焙食品及面点领域，需求占比合计达70%以上。具体来看，中式面点占比最高，为37%，其次为烘焙食品和酒类（啤酒、白酒），占比分别为36%和26%。

15.1.1.3 酒、饮料和精制茶制造业

（1）酒的制造

酒的制造包括酒精制造、白酒制造、啤酒制造、黄酒制造、葡萄酒制造、其他酒制造。

1）酒精制造

我国酒精制造业主要原料为玉米、小麦等谷物，以及薯类、糖蜜等生物质，经蒸煮、糖化、发酵、蒸馏等工艺制成食用酒精、工业酒精、变性燃料乙醇等酒精产品的工业。近年来，发酵酒精工业稳定发展。2021年中国发酵酒精规模以上企业152家，产能1435.4万吨。从产能上看，2021年中国发酵酒精行业产能出现下降趋势。其中，2021年参与生产的企业仅有88家，有效产能1054.9万吨。国家统计局数据显示，2015～2021年中国发酵酒精[酒精含量（体积分数）96%，商品量]产量2018年跌至最低，此后总体呈现上升趋势。2021年我国88家生产企业共计生产发酵酒精80.83亿升，比上年减少11.599亿升，同比下滑了12.55%。2021年中国发酵酒精行业完成销售收入497.45亿元，同比下降了10.57%；实现利润总额12.02亿元，盈利状况保持回升。黑龙江、吉林、山东、安徽、河南、广西等地酒精制造业较为发达，是目前中国酒精的主要产区。

2）白酒制造

白酒制造指以高粱等粮谷为主要原料，以大曲、小曲或麸曲及酒母为糖化发酵剂，经蒸煮、糖化、发酵、蒸馏、陈酿、勾兑而制成的蒸馏酒产品的生产活动。白酒是我国特有的产品，主要是以粮食为主要原料，经多步工艺后，蒸馏而制成的蒸馏酒。按香型分，白酒可分为酱香型、清香型、浓香型、米香型、凤香型、兼香型、豉香型、芝麻香型、特香型、老白干香型等；按照酒度分，白酒分为高度酒（酒精体积分数＞40%）和低度酒（酒精体积分数≤40%）。中国白酒销量和产量逐年下降，到2022年，中国白酒销量仅为65.78亿升，产量为67.12亿升。目前，我国白酒行业形成了以遵义、宜宾、宿迁、泸州、吕梁、亳州六大产区为主的产业结构，六大产区白酒销量占白酒产业的1/2。

3）啤酒制造

我国是全球最大的啤酒生产国和消费国，近20年来，发展速度一直位于世界前列。2021年全国规上企业产量356.243亿升，同比增长5.60%；销售收入1584.80亿元，同比增长7.91%；利润186.80亿元，同比增长38.41%。2021年中国啤酒热度前十的省份分别为广东、江苏、河南、山东、浙江、四川、安徽、河北、湖北、湖南。

4）黄酒制造

黄酒是我国独有的酒种，酿造技术独树一帜，堪称"国粹"。在中国，黄酒也是内涵最为丰富的酒种，无论是从历史、文化，还是从营养、保健的角度分析，黄酒较其他酒种具有突出的优势。目前，我国黄酒业"区域经济"特征显著，其生产、消费仍主要集中在江浙沪地区。近年来，黄酒的产量增速和销售额增速均接近10%，黄酒呈现回暖趋势。黄酒是中国最古老的酒种，但是行业规模始终不大，主要以会稽山、古越龙山、塔牌、金枫等几大酒企为主。2021年，规模以上黄酒生产企业98家，销售收入127.17亿元。

2021年，中国黄酒热度排名前十的省份分别为广东、江苏、浙江、河南、安徽、山东、湖北、四川、河北、陕西。

5）葡萄酒制造

我国葡萄酒生产的工业化历史有100多年，但我国葡萄酒行业得到较快发展始于20世纪90年代后期，近几年来，葡萄酒的产量呈缓慢下降趋势，据统计，2021年，全国规模以上葡萄酒生产企业完成酿酒总产量2.680亿升，同比下降29.08%。2021年，全国葡萄酒热度排名前十的省份分别为广东、江苏、浙江、河南、山东、四川、安徽、福建、河北、湖北。

（2）饮料制造

饮料制造包括碳酸饮料制造、瓶（罐）装饮用水制造、果蔬汁及果蔬汁饮料制造、含乳饮料和植物蛋白饮料制造、固体饮料制造、茶饮料及其他饮料制造。

2017～2021年，我国饮料产量增加，饮料产量排名前十分别是广东、四川、浙江、湖北、福建、湖南、陕西、河南、北京、河北。2021年，全国规模以上饮料制造企业产量达到18333.8万吨，同比增长12.0%。其中，12月当月饮料产量1358.8万吨，同比增长8.3%。2017～2021年我国饮料产量见图15-6。

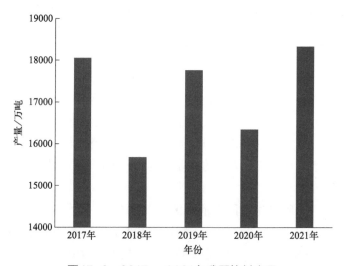

图15-6　2017～2021年我国饮料产量

（3）精制茶加工

精制茶加工指对毛茶或半成品原料茶进行筛分、轧切、风选、干燥、匀堆、拼配等精制加工茶叶的生产活动。精制茶包括精制红茶、绿茶、花茶、乌龙茶、紧压茶等。我国精制茶加工行业产业链的上游主要是茶叶种植行业，中游是精制茶加工行业，下游是各种茶庄、超市、商场、茶馆、网上零售店等流通消费领域。精制茶加工行业发展以来，行业规模不断扩大。2020年中国茶叶农业产值已突破2500亿元，内销额接近3000

亿元，出口额保持在 20 亿元以上。"十三五"期间，我国涉茶领域共申请专利 30909 项，较"十二五"增长 11.64%。我国精制茶加工行业主要分布在华东和华中地区。华东地区占了约 41% 的市场份额，华中地区占了约 32% 的市场份额，两个地区合计占全国精制茶加工行业约 73% 的市场份额。其中，福建省是全国精制茶加工行业集中区域，占了全国 25.77% 的市场份额；其次是湖北省，市场份额占比为 14.72%；湖南省、四川省、浙江省的市场份额占比分别为 12.88%、9.16%、5.55%。

15.1.2 主要环境问题

15.1.2.1 农副食品加工业

农副食品加工属于较为分散的行业，我国农产品加工水平和加工深度与国际先进水平仍有较大差距。农副食品加工行业的可持续发展面临着较多问题，尤其是在资源利用、环境保护等方面存在的问题比较突出。农副食品加工业的污染排放比较严重，废气、废水和固体废物的排放总量均属食品行业的大户。农副食品加工行业已经成为第二产业中污染排放的重点行业之一，尤其是废水排放，农副食品加工业废水 COD 排放量占第二产业的 13%，废水氨氮排放量占第二产业的 5.63%，废水总排放量占第二产业的 1.89%。另外，固体废物、工业炉渣、烟尘、二氧化硫分别占整个第二产业的 2% ~ 3%、1.57%、0.64%、0.47%。

15.1.2.2 食品制造业

（1）糖果、巧克力制造

糖果、巧克力制造生产有淡旺季之分，秋冬季是生产旺季，设备满负荷运转，而夏季 3 个月是淡季。生产过程中产生的污水，主要来自定期清洗熬糖设备及车间地面冲洗产生的污水，主要污染物排放量：废水排放量为 20 ~ 100t/d，其在全国产排量中的占比＜1%。

（2）方便食品制造

方便食品制造生产过程中产生废水的地方主要有大米等原料浸泡的清洗废水、地面及设备清洗废水、纯净水制备产生的废水、冷却水及员工产生的生活废水（COD、氨氮、总氮、总磷及石油类）等。含有淀粉、糖类、蛋白质、有机酸等溶解性有机物质，以及小颗粒淀粉、纤维等不溶性细小颗粒有机物及泥沙等无机物。

（3）乳制品制造

乳制品制造属于食品制造加工工业中污染物排放量相对较低的子行业，主要排放物为废水，主要污染因子为化学需氧量、氨氮、总氮、总磷等。

（4）罐头食品制造

罐头食品制造行业主要污染物类型为废水，污染物的产生和排放环节主要为原料清洗、腌制、斩拌、杀菌、冷却过程及设备清洗产生的废水。

（5）味精制造

味精制造行业主要污染源是生产排放的废水。根据味精生产过程中废水所含污染物情况可分成三类：一是高浓度、高酸度有机废水即离交尾液（COD 浓度约 50000mg/L）；二是其他中高浓度有机废水；三是低浓度有机废水，即无需处理直接外排的冷却降温水。其中污染最严重的是离交废水。主要污染物为 COD、BOD、氨氮等。在生产过程中排出的高浓度有机废水 COD 浓度为 40000～50000mg/L，属高污染源。1t 味精排高浓度有机废水约 15t，排 COD 量约 600kg，年排 COD 达 1.02×10^6t。废水特点是高氨氮含量，直接处理很难解决氨氮问题，即使高氨氮废水采用喷浆造粒处理，低氨氮废水中的氨氮去除仍然是困扰氨基酸废水处理的一大难题，采用吹脱工艺能够解决部分问题，但仍然很难达到《味精工业污染物排放标准》要求。

（6）酱油、食醋及类似制品制造

酱油、食醋及类似制品制造行业的废水主要来自制曲、发酵、回淋或过滤及包装等工段过程，包括生产场地和设备清洗废水、原料浸泡废水、产品废溢流、发酵罐/池冲洗水和包装容器的清洗消毒废水，以及部分职工办公生活废水。

废水的主要特征是浓度高、负荷变化大、色度高，属于难处理的有机废水。主要成分包括粮食残留物、发酵过程产物、色素、微量洗涤剂、消毒剂、盐分、各种微生物及微生物的分泌物和代谢产物。具有较高的 BOD、COD、SS 和色度，废水 BOD/COD 值大于 0.5，易于生物降解。以污染较为严重的酱油生产为例，每生产 1t 酱油需要消耗 7～10m³ 的新鲜水，产生 6～9m³ 的酱油废水。一般年产 10000t 的酱油厂日均废水排放量在 100～300m³，采用传统工艺废水排放量更高。我国每年酱油生产企业产生的废水接近 5×10^7m³。酱油废水未经处理或处理不达标就排入水体会导致严重的环境污染。

（7）其他调味品、发酵制品制造

其他调味品、发酵制品制造业的废水主要来自发酵、提取、过滤及产品处理等工段过程，包括生产场地和设备清洗废水、发酵罐冲洗水和包装容器的清洗消毒废水，以及部分职工办公生活废水。与其他发酵行业相比，酶制剂生产产生的废水量相对较少。由于酶制剂的生产工艺不同，产生的废水量也有所差别。一般 1t 酶制剂排放 10～15t 废水。酵母生产的原料废糖蜜本身就是糖厂排放的废物，因其富含有机物等难降解物质，因此产生的主要是高浓度有机废水。生产 1t 干活性酵母，约产生 0.5t COD。经过治理去除了约 90% 的

COD。外排约100t废水，按水中COD浓度为500g/t计算，则1t产品将外排COD 50kg。

15.1.2.3 酒、饮料和精制茶制造业

（1）酒精制造

酒精生产的污染源主要为原糟液、固液分离后稀糟液及厌氧发酵后的消化液，酒精行业产生和排放的主要污染物有COD、BOD_5、废水、二氧化硫、氮氧化物、烟尘、工业粉尘、工业废渣、污水处理厂污泥、炉渣粉煤灰等。

（2）白酒制造

根据白酒酿造工艺特点与污染程度，可以将白酒废水划分为两个类型：一类是低浓度废水，主要包括工艺生产各个环节中产生的冷却水、酒具清洗和冲洗用水，这类废水一般所含污染物质浓度较低，可以经过净化处理后循环利用或直接排放；另一类是高浓度废水，主要来自固态发酵法生产白酒产生的锅底水及黄水，COD浓度最高值可分别达到25000～65000mg/L和100000mg/L，固态发酵法每生产1t 65%（酒精体积分数65%）白酒，耗水5～8t，排污量很大；液态发酵法生产白酒过程中产生的污染物主要是废糟液，每生产1t白酒，产生12～15t废糟液，淀粉质废糟液和糖蜜废糟液COD浓度最高值可分别达到50000～70000mg/L和80000～110000mg/L。大气污染物主要来源于：

① 原料粉碎工序产生的粉尘。

② 锅炉废气。

③ 污水调节池、沉淀池、曝气池、污泥浓缩池、污泥脱水间等设施产生的臭气。除部分大型企业外，中小型企业燃煤锅炉为生产蒸汽量小的小锅炉，燃烧差、煤质差、污染控制设施差。若烟气采用简易脱硫除尘一体化技术，其吨煤二氧化硫排放量约为13.6kg，烟尘排放量约为20kg，氮氧化物排放量约为2.94kg。燃气锅炉的主要污染物为NO_x，燃煤锅炉的主要污染物为烟尘、SO_2、NO_x。根据《环境保护实用数据手册》中统计，$1m^3$天然气燃烧产生的烟气量为$10.5m^3$，燃烧$10000m^3$的天然气，产生6.3kg NO_2、1.0kg SO_2。

④ 白酒糟与滤渣堆场产生的臭气。

⑤ 发酵过程中产生的CO_2。白酒发酵是一个厌氧发酵产生乙醇的过程，同时会产生大量副产物CO_2。CO_2的排放不仅会对环境造成影响，形成温室效应，而且也是资源的一种极大浪费。

白酒生产过程中产生的固体废物包括丢糟、锅炉灰渣及粉尘、废窖皮、碎酒瓶和污泥，其中主要固体废物为丢糟，每产1t白酒原酒的同时也产生2～4t丢糟，据统计，我国白酒行业每年的丢糟产量为3000多万吨。白酒企业无组织源排放主要为发酵、蒸馏工序有少量工艺废气产生，主要有窖池、蒸酒产生的少量未凝结蒸汽，

该部分废气为水蒸气和酒精的混合物，以车间无组织形式排放，采取机械通风排至室外。白酒生产过程中产生的固体废物主要为起窖产生的废窖泥和出甑丢糟产生的酒糟，每产1t白酒原酒的同时产生2~4t丢糟。废窖泥可作为肥料外售。白酒糟全部作为饲料外售。

（3）啤酒制造

啤酒生产过程中的每道工序都有固体废物（热/冷凝固蛋白、废酵母泥、废硅藻土、废麦糟等）、废水（洗罐水、洗糟水、酒桶与酒瓶洗涤水等）、粉尘（粉碎的细粉）产生。啤酒厂废水主要来源有：糖化过程的糖化、过滤洗涤水；发酵过程的发酵罐、管道洗涤水，过滤洗涤水；灌装过程洗瓶水、灭菌废水、破瓶啤酒及冷却水；除啤酒生产各工序排出废水外，动力部门还排出一些冷却水。

啤酒生产中，包装工序排出的冲洗水属低浓度有机废水；酿造过程排出的废水一般污染物浓度较高，属高浓度有机废水。啤酒废水中主要含有糖、醇类等有机物，废水的BOD_5/COD_{Cr}值为0.67～0.80，易于生化降解。

（4）黄酒制造业

黄酒行业的污染源主要是废水和废渣。废水又分两类：一类是浸米废水，其BOD_5、COD_{Cr}浓度较高；另一类是洗涤用水，用于洗涤酿造容器、贮酒容器和酒瓶。黄酒行业的固体污染源是煤渣，1kL黄酒，酿造耗煤90kg，瓶装耗煤50kg，共140kg，按700000kL计，耗煤98000t，产煤渣14700t。这些煤渣用于筑路、烧砖等，没有造成明显的污染问题。

（5）葡萄酒制造

葡萄酒制造行业产生和排放的主要污染物是废水，且生产过程中产生的废水量及污染负荷差别较大，生产中废料排放造成的冲击负荷有时很大，有时却较小，水质水量极不均匀，不同工作日的废水COD浓度可相差数倍之多。

（6）饮料制造

饮料制造过程废水产生量较大，污染负荷相对较低，可生化性好，治理难度较小。饮料制造业废水来源包括制水工段产生的反渗透浓水（超滤膜前水）、再生废水，生产设备的洗涤水、冲洗水，杀菌、发酵等工艺的冷却水等。

（7）精制茶加工

精制茶加工只是简单的物理加工，不存在化学污染，仅产生少量的粉尘。茶粉尘是天然物质，不同于其他工业污染物，无毒无害，尽管加工过程产生少量粉尘，大多工厂都有除尘装置进行收集处理，少量飘浮到空气中。由于粉尘干燥，有很强的吸水性，很快与空气中水分结合，基本在厂房内和周边快速自然沉降，对环境影响非常小。生态环境部门对精制茶厂进行监测，从未发现茶叶厂造成环保污染事件。精制茶加工产生的粉尘主要对室内环境造成的影响相对较大，对室外环境影响小。

15.2　主要工艺过程及产排污特征

15.2.1　农副食品加工业

（1）谷物磨制

谷物磨制也称粮食加工，指将稻谷、小麦、玉米、谷子、高粱等谷物去壳、碾磨，加工为成品粮的生产活动。以小麦粉加工为例，谷物磨制工艺流程和主要产排污节点见图 15-7。

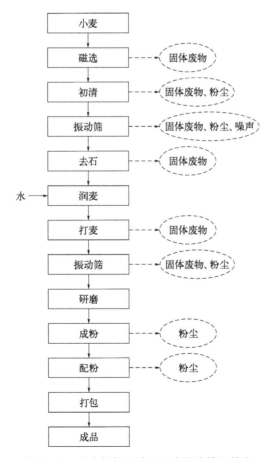

图 15-7　小麦粉加工流程及主要产排污节点

谷物磨制行业的污染物主要为废气和固体废物。固体废物主要来源于磁选、初清、振动筛、去石等工序产生的有机杂质、粉尘、无机杂质、麦麸等，主要作为饲料再利用或回用于生产。产生的废气主要来源于小麦加工中的初清单元、成粉单元、配粉单元产生的粉尘，粉尘经集气罩收集后由袋式除尘器除尘后高空排放，除尘率一般在99%左右。

（2）饲料加工

饲料加工行业，包括：1321宠物饲料加工，指专门为合法饲养的猫、狗、鱼、鸟等小动物提供食物的加工；1329其他饲料加工，指适用于农场、农户饲养牲畜、家禽、水产品的饲料生产加工和用低值水产品及水产品加工废弃物（如鱼骨、内脏、虾壳）等为主要原料的饲料加工。饲料加工工艺流程和主要产排污节点见图15-8。

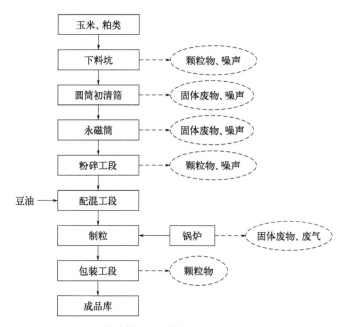

图15-8　饲料加工工艺流程及主要产排污节点

饲料行业的主要污染物为工业粉尘，工业粉尘主要在原料处理口、投料口、粉碎机、包装等处产生，经过制粒的产品在包装时产生的粉尘较少。工业粉尘的产生和排放量与设备是否有除尘装置、设备除尘的方式、设备本身的密封性、企业生产规模及管理是否到位有直接关系。

（3）淀粉及淀粉制品制造

淀粉及淀粉制品制造指用玉米、薯类、豆类及其他植物原料制作淀粉和淀粉制品的生产；还包括以淀粉为原料，经酶法或酸法转换得到的糖品生产活动。木薯淀粉生产工艺流程和主要产排污节点见图15-9。

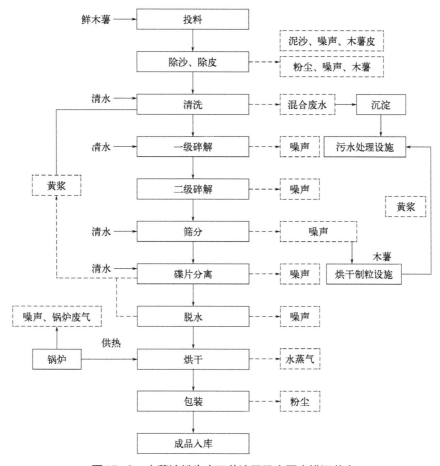

图15-9　木薯淀粉生产工艺流程及主要产排污节点

淀粉及淀粉制品的制造行业产生的主要污染物是玉米淀粉生产的浸泡工段和淀粉洗涤工段排放的废水、淀粉糖生产的精制工段排放的废水。

（4）豆制品制造

豆制品制造指以大豆、小豆、绿豆、蚕豆等豆类为主要原料，经加工制成食品的活动，以豆腐为例，其工艺流程和主要产排污节点如图15-10所示。

豆腐加工行业的废水主要包括工艺废水和地面、设备清洗废水。工艺废水包括泡豆废水、清洗废水和压制废水。工艺废水中COD浓度约为8000mg/L，氨氮浓度约为200mg/L，总磷浓度约为5mg/L。企业每天的设备、地面等均需进行冲洗，冲洗水量约为10t/d，废水中COD浓度约为300mg/L，氨氮浓度约为30mg/L。

固体废物主要为加工过程产生的固体废物如豆渣、豆子等，一般作为饲料不排放。

（5）蛋品加工

以卤蛋为例，蛋品加工行业主要生产工艺流程及主要产排污节点如图15-11所示。

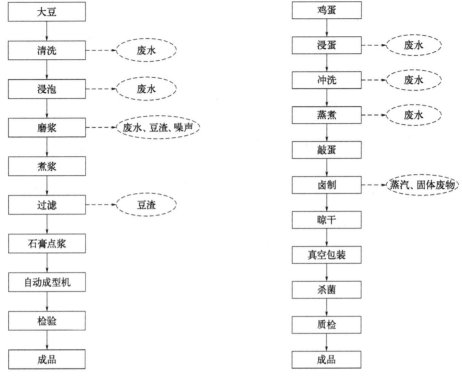

图15-10　豆腐加工工艺流程及主要产排污节点　　图15-11　卤蛋生产工艺流程及主要产排污节点

　　加工蛋品的企业，产生的主要污染物是工业废水。再制蛋加工企业工业废水主要在原料漂洗及原料处理过程中产生，现代化程度较高的蛋粉加工企业，工业废水主要来源于设备清洗及消毒水。

15.2.2　食品制造业

（1）糖果、巧克力及蜜饯制造

　　糖果、巧克力及蜜饯制造工艺流程及主要产排污节点如图15-12所示。

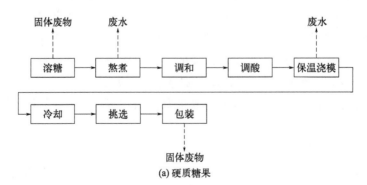

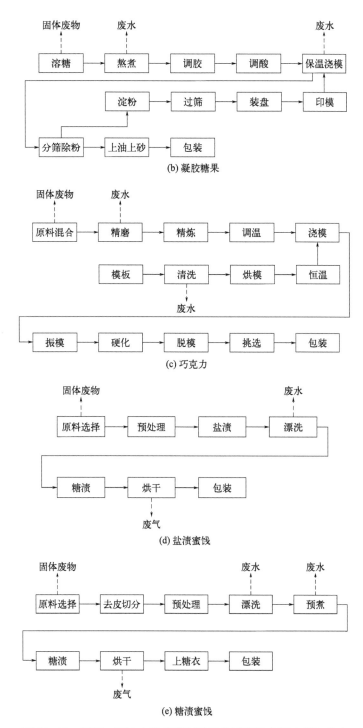

图15-12　糖果、巧克力及蜜饯制造工艺流程及主要产排污节点

（2）方便食品制造

① 米、面食品制造工艺流程及主要产排污节点如图15-13所示。

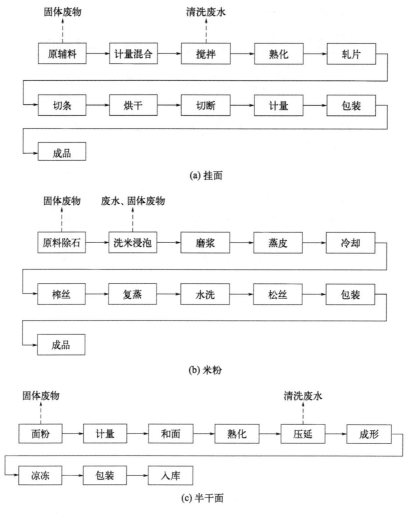

(a) 挂面

(b) 米粉

(c) 半干面

图15-13 米、面食品制造工艺流程及主要产排污节点

② 速冻食品制造工艺流程及主要产排污节点如图15-14所示。

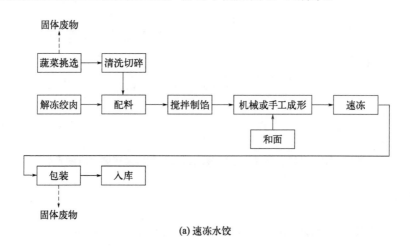

(a) 速冻水饺

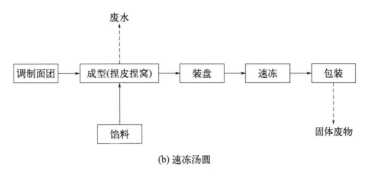

(b) 速冻汤圆

图15-14 速冻食品制造工艺流程及主要产排污节点

③ 方便面制造工艺流程及主要产排污节点如图15-15所示。

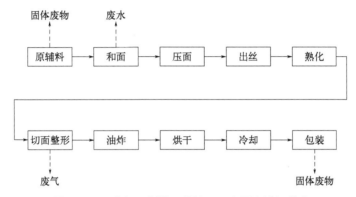

图15-15 方便面制造工艺流程及主要产排污节点

（3）乳制品制造

目前我国乳制品制造业主要分为液体乳制造、乳粉制造和其他乳制品制造三大类，主要产污节点为各工艺的清洗环节，主要污染物为化学需氧量、氨氮、总氮和总磷等。

① 巴氏杀菌乳生产工艺流程及主要产排污节点如图15-16所示。

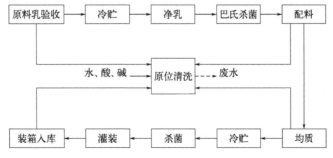

图15-16 巴氏杀菌乳生产工艺流程及主要产排污节点

② 发酵乳生产工艺流程及主要产排污节点如图15-17所示。

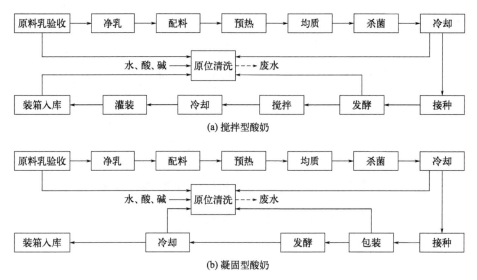

(a) 搅拌型酸奶

(b) 凝固型酸奶

图15-17　发酵乳生产工艺流程及主要产排污节点

③ 乳粉生产工艺流程及主要产排污节点如图15-18所示。

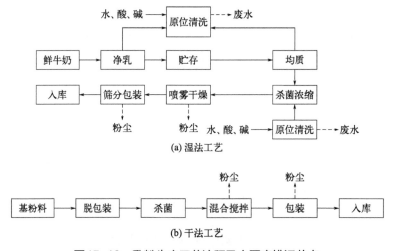

(a) 湿法工艺

(b) 干法工艺

图15-18　乳粉生产工艺流程及主要产排污节点

④ 干酪生产工艺流程及主要产排污节点如图15-19所示。

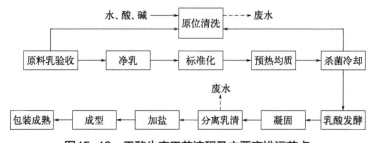

图15-19　干酪生产工艺流程及主要产排污节点

⑤ 炼乳生产工艺流程及主要产排污节点如图 15-20 所示。

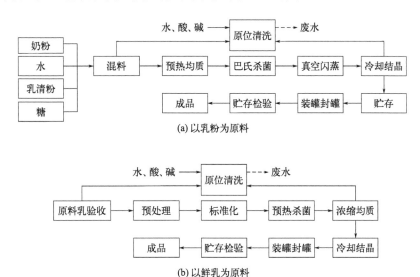

(a) 以乳粉为原料

(b) 以鲜乳为原料

图 15-20　炼乳生产工艺流程及主要产排污节点

（4）罐头食品制造

我国典型肉类罐头包括午餐肉罐头、红烧肉罐头，典型水产罐头包括油浸沙丁鱼罐头和金枪鱼罐头，典型蔬菜、水果类罐头主要包括糖水橘子、糖水桃子和蘑菇罐头，典型其他罐头包括八宝粥罐头、玉米罐头等。

① 典型肉类罐头生产工艺流程及主要产排污节点如图 15-21 所示。

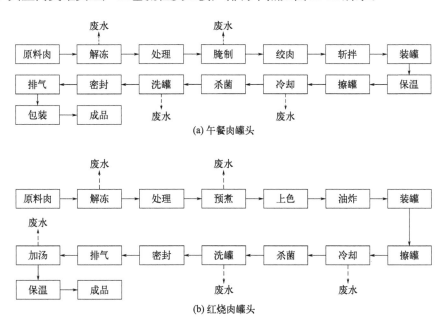

(a) 午餐肉罐头

(b) 红烧肉罐头

图 15-21　典型肉类罐头生产工艺流程及主要产排污节点

② 典型水产罐头生产工艺流程及主要产排污节点如图15-22所示。

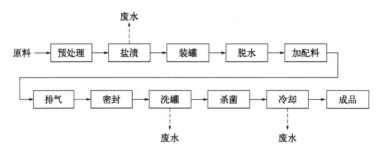

图15-22　典型水产罐头生产工艺流程及主要产排污节点

③ 典型蔬菜、水果类罐头生产工艺流程及主要产排污节点如图15-23所示。

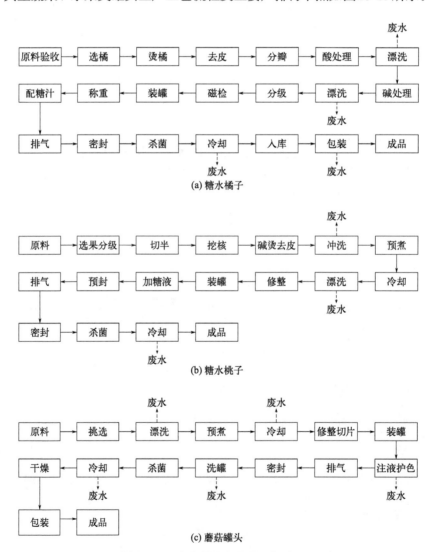

图15-23　典型蔬菜、水果类罐头生产工艺流程及主要产排污节点

④ 典型其他类罐头生产工艺流程及主要产排污节点（以八宝粥为例）如图15-24所示。

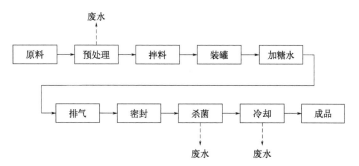

图15-24　八宝粥生产工艺流程及主要产排污节点

（5）调味品、发酵制品制造

① 典型味精生产工艺流程及主要产排污节点如图15-25所示。

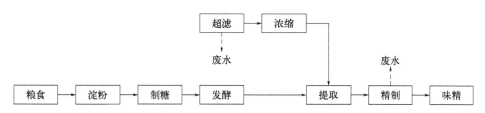

图15-25　典型味精生产工艺流程及主要产排污节点

② 典型酱油生产工艺流程及主要产排污节点如图15-26所示。

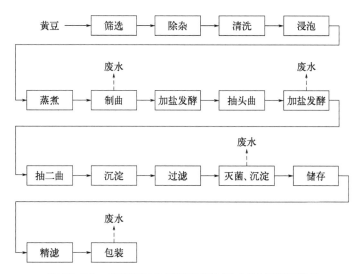

图15-26　典型酱油生产工艺流程及主要产排污节点

③ 典型食醋生产工艺流程及主要产排污节点如图15-27所示。

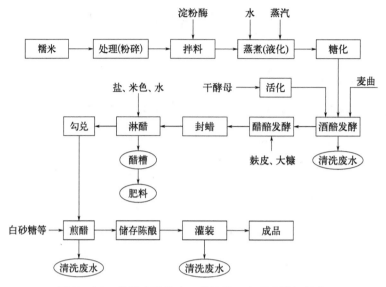

图15-27　典型食醋生产工艺流程及主要产排污节点

④ 典型其他调味品生产工艺流程如图15-28所示。

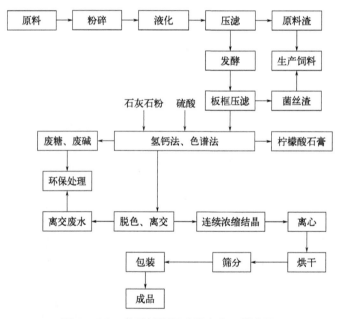

图15-28　典型其他调味品生产工艺流程

15.2.3　酒、饮料和精制茶制造业

（1）酒的制造

① 酒精制造工艺流程如图15-29所示。

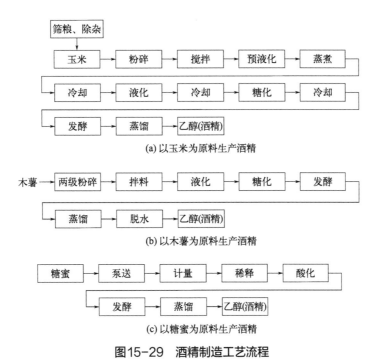

(a) 以玉米为原料生产酒精

(b) 以木薯为原料生产酒精

(c) 以糖蜜为原料生产酒精

图15-29 酒精制造工艺流程

② 白酒制造工艺流程和主要产排污节点如图15-30所示。

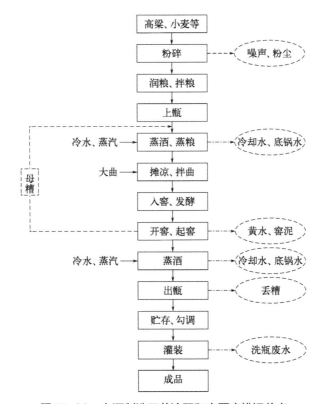

图15-30 白酒制造工艺流程和主要产排污节点

③ 啤酒的生产工艺流程主要由粉碎、糊化、糖化、过滤、洗涤、冷却、发酵、灌酒、灭菌等工序组成。典型啤酒生产工艺流程如图15-31所示。

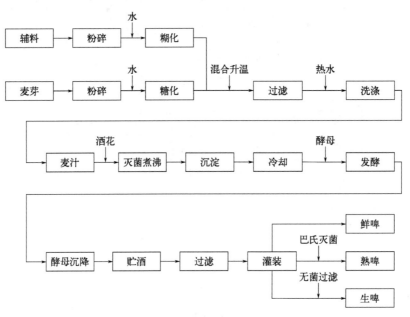

图15-31 典型啤酒生产工艺流程

④ 典型黄酒生产工艺流程如图15-32所示。

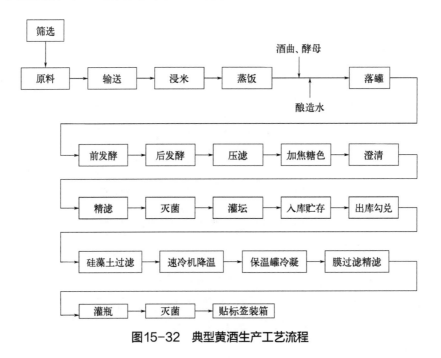

图15-32 典型黄酒生产工艺流程

⑤ 典型葡萄酒生产工艺流程如图15-33所示。

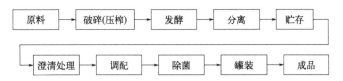

图 15-33　典型葡萄酒生产工艺流程

（2）饮料制造

1）瓶（罐）装饮用水制造

瓶（罐）装饮用水生产过程的废水主要来自原水过滤设备内部清洗和反冲洗产生的废水，桶装和瓶装饮用水生产过程中空桶、空瓶清洗排水，另外还有纯净水生产过程中产生的反渗透浓水或超滤膜前水。废水中的化学需氧量、悬浮物浓度一般低于30mg/L。瓶（罐）装饮用水生产工艺流程及主要产排污节点如图 15-34 所示。

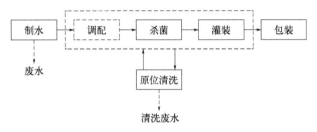

图 15-34　瓶（罐）装饮用水生产工艺流程及主要产排污节点

2）碳酸饮料制造

碳酸饮料生产废水主要来自设备、管道内部清洗水和通过反渗透制取纯水所产生的反渗透浓水，主要成分是糖，易于生物降解，化学需氧量浓度一般在 1000 ～ 2500mg/L。碳酸饮料生产工艺流程及主要产排污节点如图 15-35 所示。

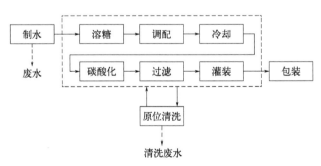

图 15-35　碳酸饮料生产工艺流程及主要产排污节点

3）果蔬汁及果蔬汁饮料制造

果蔬汁及果蔬汁饮料生产废水主要来自设备、管道内部清洗水和原水制备纯水过程中产生的反渗透浓水，主要成分为糖、蛋白质等有机污染物，BOD/COD值一般在 0.3 ～ 0.5 之间，易于生化降解。COD 一般在 800mg/L 左右，属于中低浓度有机废水。浓缩果汁（浆）和浓缩蔬菜汁（浆）生产的废水主要来自原料清洗过程中的蒸发冷凝水和设备、管道内部清洗废水，主要成分为糖、蛋白质等有机污染物，BOD/COD值一般高于0.5，可生化性好，COD一般在2000～4000mg/L之间。果蔬汁及果蔬汁饮料生产工艺流程及主要产排污节点如图15-36所示。

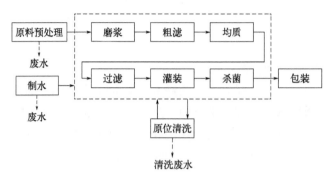

图15-36 果蔬汁及果蔬汁饮料生产工艺流程及主要产排污节点

4）含乳饮料和植物蛋白饮料制造

含乳饮料和植物蛋白饮料生产废水主要来自设备与管道内部清洗水、反渗透产生的反渗透浓水和原料预处理废水，主要成分为蛋白质、糖类，易于生物降解，化学需氧量浓度一般在1000mg/L左右。

含乳饮料和植物蛋白饮料生产工艺流程及主要产排污节点如图15-37所示。

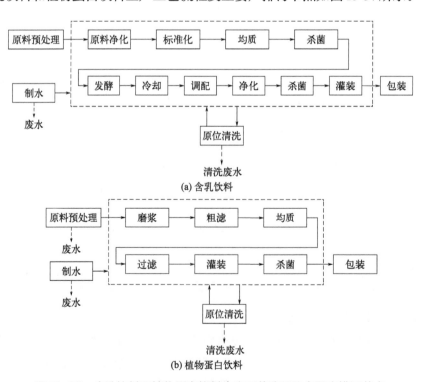

图15-37 含乳饮料和植物蛋白饮料生产工艺流程及主要产排污节点

5）固体饮料制造

固体饮料生产过程废水排放较少，湿混加工过程中因有循环冷排水和浓缩过程排水而水量较大，但废水主要成分相同，均以有机物为主，易于生化降解，化学需氧量浓度为600mg/L左右。固体饮料生产工艺流程及主要产排污节点如图15-38所示。

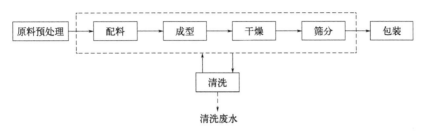

图15-38 固体饮料生产工艺流程及主要产排污节点

6）茶饮料制造

茶饮料废水主要来自设备内部清洗水和原水过滤产生的反渗透浓水，废水中的主要成分是氨基酸、生物碱及茶多酚等有机物质，易于生物降解，化学需氧量浓度一般在1000mg/L左右。茶饮料生产工艺流程及主要产排污节点如图15-39所示。

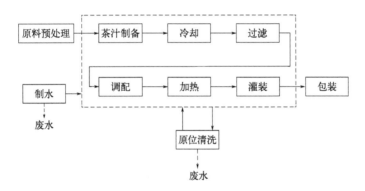

图15-39 茶饮料生产工艺流程及主要产排污节点

（3）精制茶加工

精制茶生产工艺流程及主要产排污节点如图15-40所示。

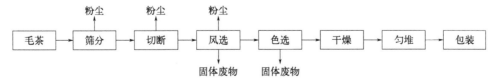

图15-40 精制茶生产工艺流程及主要产排污节点

精制茶加工产生粉尘量不大，现场调研发现，随着图15-40工艺流程工序的推进，茶叶粉尘产生量呈递减变化趋势。

15.3 污染减排技术

15.3.1 农副食品加工业

（1）谷物磨制

典型末端治理工艺如下所述：

由于谷物磨制车间的工业粉尘很多是有经济价值的，有的可作饲料，有的可作其他综合利用的原料，因此，无论是从卫生方面或从经济方面考虑，对含尘空气进行净化处理都是有意义的。目前大中型企业都有除尘设备，大部分企业都采用旋风除尘和脉冲袋式除尘设备，整个车间加工设备遵循"密闭为主，通风为辅"的原则，即将尘源密闭在一个小的空间内，利用合理的吸尘罩进行粉尘的捕集；再利用合理的风速将收集的尘流用通风管道送至除尘器；最后通过比较密闭的除尘器将尘、气分离。

（2）饲料加工

典型末端治理工艺如下所述：

饲料加工一般在投料口处、粉碎机处、小料添加处、料仓群处设有旋风除尘、脉冲袋式除尘或风网除尘设备。目前国内饲料厂的除尘风网系统差异较大，繁简不一，效果也各不相同。有些效果不好，原因是多方面的，如除尘风网组合不当，造成系统工况不稳定；设备选用不当，造成无效吸尘，使得车间内粉尘多。

（3）淀粉及淀粉制品

原料清洗废水经泥浆沉淀后循环利用，中高浓度有机废水采用生化处理。由于中高浓度废水污染负荷较高，一般先经物化预处理，然后再进入生化系统。玉米淀粉及淀粉糖生产企业末端治理设施运行良好，废水直排企业较少；而木薯淀粉及马铃薯淀粉的生产期短，绝大部分企业季节性生产明显，末端治理设施很难达到正常运行，废水直排企业较多，南方木薯淀粉生产企业在生产期内对当地环境影响较大，如广西武鸣，尚有很多企业不允许开工生产；马铃薯淀粉生产企业一般都在三北地区，进入生产期时气温已明显降低，对污水处理的生化系统运行影响很大，相当一部分企业考虑生产对环境的影响，将废水贮存发酵后，用于农业灌溉。

（4）豆制品制造

新兴大豆制品污染物主要是分离蛋白生产中碱溶酸沉工序和浓缩蛋白的酸洗提取工

序中产生的高浓度有机废水。典型末端治理工艺：SBR/接触氧化/沉淀/过滤。

（5）蛋品加工

目前国内蛋品加工企业规模小，沿用传统工艺居多，机械化程度低，导致部分企业对废水的处理率低，处理技术落后，清洗水直排或进入当地的污水系统；只有部分蛋粉加工企业有污水末端治理设施，一般采用物理+厌氧、好氧生物处理。

15.3.2 食品制造业

（1）糖果、巧克力及蜜饯制造

糖果、巧克力及蜜饯制造行业主要污染物类型为废水，污染治理主要工艺技术为生物处理方法，利用厌氧、兼氧、好氧菌群分解消化有机物，实现污染物的彻底处理，采用的生物处理工艺有水解酸化、膨胀颗粒污泥床（EGSB）、内循环（IC）反应器、A²/O、SBR、活性污泥、接触氧化等。污水处理设施运行良好，各项污染指标的清除率达到 75% ～ 95%。

（2）方便食品制造

1）挂面、半干面属于米、面制品行业

该制造业的产污较少，主要污染源是设备、器具、车间清洗过程所排放的废水。由于产生的废水污染物较少，采用间接排放，统一由市政污水处理站收集处理。米粉属于米、面制品行业，原料为大米，在加工前有浸泡与清洗工艺，消耗水量较大，产污系数较高。因此采用物理处理-活性污泥组合处理技术，能够有效去除各类污染物，清除率达到58% ～ 96%。

2）速冻饺子、速冻汤圆属于速冻食品行业

该行业废水的COD、氨氮与TN浓度都较高，属高浓度可生化有机废水，故采用生化处理方法。厌氧法处理高浓度有机废水较经济，既节能又可回收沼气。废水中难降解的COD经厌氧处理后转化为较易降解的COD，高分子有机物转化为低分子有机物，但出水有机物浓度仍较高，达不到排放标准。好氧生物处理法工艺成熟、稳定性好、出水水质较好。因此，采用A/O+生物接触氧化法的处理路线较合理。污水处理设施运行良好，各项污染指标的清除率达到65% ～ 98%。

3）方便面制造业

废水的COD、氨氮与石油类浓度都较高，属高浓度可生化有机废水，故可采用生化处理方法。厌氧法处理高浓度有机废水较经济，既节能又可回收沼气。废水中难降解的COD经厌氧处理后转化为较易降解的COD，高分子有机物转化为低分子有机物，但出水有机物浓度仍较高，达不到排放标准。好氧生物处理法工艺成熟、稳定性好、出水水

质较好。因此，采用厌氧-好氧的处理路线较合理。污水处理设施运行良好，各项污染指标的清除率达到67%～97%。

（3）乳制品制造

1）传统处理技术

传统处理技术包括生化处理技术和物理化学处理技术。

① 生化处理技术是目前乳制品废水处理中最常用的方法。该技术利用微生物的代谢反应将有机物转化为二氧化碳和水，主要通过好氧处理和厌氧处理两个环节完成整个过程。然而，该技术具有占地面积大、投资成本高、运行费用较高等缺点，且废水处理效果有时不够理想。

② 物理化学处理技术采用多种原理进行废水的脱水、脱色、脱碳等处理过程，包括沉淀法、吸附法、氧化法、膜分离法和高级氧化技术等。该技术具有操作简便、废水处理效果稳定等优点，但由于工艺复杂、维护成本高、设备易受到腐蚀等缺陷，相对来说使用较少。

2）新兴处理技术

新兴处理技术包括生物反应器技术和曝气生物膜技术。

① 生物反应器技术是近年来兴起的一种乳制品废水处理新方法。其原理是通过微生物反应器将乳制品废水中的有害物质转化为有用的气体或有机肥料。该技术具有投资成本低、处理效果好、占地面积小等优点，但需要专业的工程设计，以适应不同工况。

② 曝气生物膜技术是一种污水生物膜处理技术，主要采用活性污泥法、好氧生物膜法和高效内循环生物膜反应器法等技术。该技术有效地解决了传统处理技术中难以消除的浓度高、COD/BOD值高、出水难达标等问题，具有废水处理效果稳定、运行成本较低等优点。

（4）罐头食品制造

污染治理主要工艺技术为曝气-生物接触氧化法组合或物理化学处理-生物处理法组合，利用厌氧、兼氧、好氧菌群去分解消化有机物，实现污染物的彻底处理，采用的生物处理工艺有水解酸化、活性污泥、接触氧化等。污水处理设施运行良好，各项污染指标的清除率达到50%～85%。

（5）调味品、发酵制品制造

1）味精制造

典型末端治理工艺为：高浓度有机废水一般采用浓缩后喷浆造粒生产生物发酵肥，供农业生产使用。

离交废水等低氨氮废水采用吹脱后处理，工艺流程如下：

离交废水—吹脱—UASB（IC反应器）—曝气—生物滤池—出水—城市污水处理厂。

　　2）酱油、食醋及类似制品制造

目前国内调味品企业规模小，地区分散，沿用传统工艺居多，机械化程度低，导致企业对废水的处理率低，处理技术落后，对废水的处理应用较多的是以生化法为主体的组合工艺。典型末端治理工艺为 A/O 法、厌氧酸化-吹脱-活性污泥工艺及烟气吸附-絮凝沉淀治理工艺。

　　3）其他调味品、发酵制品制造

采用过滤脱水或好氧、厌氧的一般工艺对产生的废水进行处理，达标后排放。酵母生产企业，对于所产生的高浓度废水还进行四效板式蒸发浓缩后干燥造粒制成商品有机肥料。

15.3.3　酒、饮料和精制茶制造业

15.3.3.1　酒的制造

（1）酒精制造

以玉米为原料生产酒精，其糟液的治理流程主要由离心、干燥、风机输送、贮粉、包装、蒸发浓缩等工序组成。其设施设备主要有泵、储罐、离心机、蒸发浓缩装置、干燥机、风机、粉仓、包装机、成品储藏库。

以薯干为原料生产酒精，其糟液的治理流程主要由分离、厌氧消化、好氧生化处理等工序组成。其设施设备主要有储罐（池）、冷却器、分离机、沼气发酵罐（池）、泵等有效处理设备。

以糖蜜为原料生产酒精，其糟液的治理流程主要由蒸发浓缩、干燥、焚烧等工序组成。

经过上述处理工艺处理后的糟液，部分物质转化为有机肥料或其他副产品，剩余的废水能够达到国家相关污染物排放标准要求。

（2）白酒制造

白酒生产废水常用的预处理方法包括过滤法、重力沉淀法、气浮法、离心法、中和法等。白酒废水中通常含有谷壳、麦麸、破碎粮食颗粒等悬浮物质。为避免管道等设施的堵塞，使后续处理设施能顺利进行，需要对废水中较大的固体垃圾进行清除，通常是设置离心或气浮分离装置和初沉池进行分离处理，或是用格栅过滤。白酒废水 pH 值较低，对微生物的生长不利，也会抑制甲烷菌生长，对此需设置调节池或水解酸化池，利用兼性水解菌对有机物进行初级分解，调节水质和水量，减轻后续处理负荷，并为后续处理创造稳定条件。白酒生产废水处理方法多以厌氧-好氧结合进行处理。一般采用厌氧-好氧-气浮三级处理工艺、好氧-气浮两级处理工艺、氧化沟工艺、厌氧-好氧-物化组合处理工艺。水解酸化-厌氧-SBR法是一种间歇式活性污泥法，硝化和反硝化在一个

池中进行，它不需回流污泥，灵活性较高，处理有机污染物负荷高，可在厌氧与好氧中灵活调节，且操作简单、投资省、占地少，可有效处理季节性、间歇式排放废水。白酒生产废水深度处理方法有吸附法、膜过滤法、催化氧化法、混凝沉淀法等。吸附法常用活性炭、粉煤灰等为吸附剂；混凝沉淀法通过投加混凝剂和助凝剂进行混凝沉淀，进一步去除有机物和色度；通过活性炭滤料及生物膜对残余有机物的吸附和曝气氧化，使有机物进一步降解。沉淀池污泥可去污泥浓缩池，污泥经压滤脱水处理，泥饼可焚烧或做有机肥料。经深度处理的废水可排入生物净化池，运用生物处理法，建立自净能力强的生态系统来改善低浓度污染废水，逐级消化废水中的无机物和有机物，实现白酒工业低浓度污染废水的自然净化。

（3）啤酒制造

啤酒废水的主要处理技术包括好氧生物处理、厌氧生物处理、好氧与厌氧联合生物处理方法，这些废水处理方法能有效地去除啤酒废水中的污染物，减轻或消除啤酒废水对环境的危害。

（4）黄酒制造

黄酒行业的污染源主要是废水和废渣。目前黄酒行业污水处理方式有2种：

① 纳入城市污水处理管道，由污水处理厂进行统一处理，企业按排放量缴纳污水处理费。

② 各企业自建污水处理系统，采用厌氧、好氧处理法，使污水达到排放标准。

此外，也有部分企业把浸米浆水加以利用，如浙江古越龙山绍兴酒股份有限公司，把浸米浆水用作生产液态法白酒的原料，绍兴女儿红酿酒有限公司把部分米浆水作为酿造用水。这是一种按循环经济原理的处理方式。有的中小企业将米浆水卖给养猪场、养猪户，作为饲料使用。

黄酒行业的固体污染源是煤渣，1000L黄酒，酿造耗煤90kg，瓶装耗煤50kg，共140kg，按 7×10^8L计，耗煤98000t，产煤渣14700t。这些煤渣用于筑路、烧砖等，没有造成明显的污染问题。

（5）葡萄酒制造

葡萄酒行业产生和排放的主要污染物是废水，一般采用生物和化学方法进行处理。

15.3.3.2 饮料制造

饮料制造综合废水可生化性较好，一般采用两级处理方式进行净化，其中一级处理为物化法，采用格栅过滤、沉淀、气浮等工艺去除废水中较大的颗粒和悬浮物，二级处理采用厌氧、好氧等工艺去除其中的有机物等，还有部分排水要求较高的工厂采取深度处理工艺，如膜处理、曝气生物滤池（BAF）、混凝沉淀、过滤、消毒等。

饮料废水治理工艺流程如图 15-41 所示。

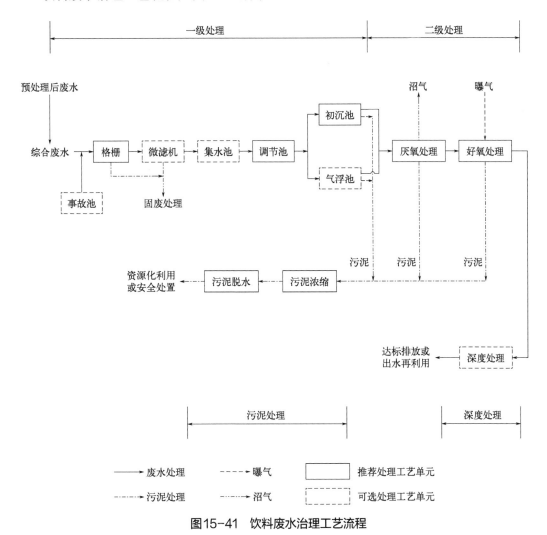

图 15-41　饮料废水治理工艺流程

15.3.3.3　精制茶制造

精制茶制造业产生的粉尘主要对室内环境造成的影响相对较大，对室外环境影响小，因为茶叶的粉尘的物理特性是干燥、吸水性强，与空气中水分能快速结合，这样流动性差，基本在厂房内和周边快速自然沉降。目前精制茶厂均有末端除尘治理技术，如旋风除尘、袋式除尘和静电脉冲除尘等。

参考文献

[1] 陆爱军 . 农副食品加工行业废水污染现状及对策研究 [J]. 资源节约与环保，2021(3): 92-93.

[2] 吕睿喆，王翔宇 . 农副食品加工行业废水污染现状及对策研究 [J]. 安徽农学通报，2019, 25(15): 136-

138.

[3] 顾志恒，高世江. 农副食品加工废水的处理方法与研究进展[J]. 科技资讯，2008(27): 127.

[4] 毛乾羽，刘建超，张欣怡，等. 中国食品加工机械制造业的影响因素分析[J]. 机械工业标准化与质量，2022(4): 35-38, 48.

[5] 郑歆忱. 中国食品制造业经营现状分析及对策建议[J]. 福建轻纺，2012(3): 43-48.

[6] 李婧瑷. 食品制造产业发展现状及高质量发展对策[J]. 产业创新研究，2019(10): 145-146.

第 **16** 章
家具工业污染与
减排

- □ 工业发展现状及主要环境问题
- □ 主要工艺过程及产排污特征
- □ 污染减排技术

16.1 工业发展现状及主要环境问题

16.1.1 工业发展现状

家具行业产品包括床、柜、箱、架、屏风、桌、椅、凳、沙发等。按照《国民经济行业分类》（GB/T 4754—2017），家具制造行业包括木质家具制造（2110），竹、藤家具制造（2120），金属家具制造（2130），塑料家具制造（2140），其他家具制造（2190）。

（1）金属家具制造

金属家具制造是指支（框）架及主要部件以铸铁、钢材、钢板、钢管、合金等金属为主要材料，结合使用木、竹、塑料等材料，配以人造革、尼龙布、泡沫塑料等其他辅料制作各种家具的生产活动。随着我国经济的不断发展、人们生活水平的不断提高，金属家具制造业市场规模不断扩大，2022年产量超过5亿件。产能主要分布在华东、华北和西部地区。我国的金属家具主要集中在文件柜、密集架、公共用座椅（如空港候机、医院候诊座椅）等产品。

（2）木质家具制造

木质家具制造是指以天然木材和木质人造板等为主要原材料，配以其他辅料（如油漆、贴面材料、玻璃、五金配件等）制作各种家具的生产活动。木质家具具有质量轻、强度高、易于加工的特点，其具有天然的纹理和色泽，手感好，备受消费者喜爱。中国家具产业已经从传统的手工业发展成为具备相当规模的现代工业化产业。参照国家对家具产品制定的相关标准，中国的木质家具按产品构成的主要材料可以分为实木类家具、人造板类家具和综合类家具。

（3）竹、藤家具制造

竹、藤家具制造是指以竹材或藤材为主要原料，配以其他辅料制作各种家具的生产活动。竹藤家具是世界上最古老的家具品种之一，其制作过程需经过打光、上光油涂抹，甚至涂料上彩等。普通的竹、藤家具包括圆形竹制家具和藤制家具，其结构包括骨架和表面层两部分。竹、藤家具具有环保、耐用等特点，可以应用于众多场合。目前，我国竹、藤家具市场的规模约为50亿元，且在不断扩大。产品类型方面，竹、藤家具产品的类型也越来越丰富。除了传统的床、椅、桌、柜等室内家具之外，竹、藤家具还可以应用于园林、建筑、装饰等领域，其应用前景广阔。

（4）塑料家具制造

塑料家具制造指用塑料管、板、异型材加工或用塑料、玻璃钢（即玻璃纤维增强塑料）直接在模具中成型的家具的生产活动。塑料家具色彩鲜艳，造型多样，形态饱满，富有质感，轻便易清洁。

（5）其他家具制造

其他家具制造主要指由弹性材料（如弹簧、蛇簧、拉簧等）和软质材料（如棕丝、棉花、乳胶海绵、泡沫塑料等），辅以绷结材料（如绷绳、绷带、麻布等）和装饰面料及饰物（如棉、毛、化纤织物及牛皮、羊皮、人造革等）制成的各种软家具；以玻璃为主要材料，辅以木材和金属材料制成的各种玻璃家具，以及其他未列明的原材料制作各种家具的生产活动。

我国家具制造行业企业数量众多，且以中小企业为主，其中民营企业占比近99%，其余1%为外资、合资企业和极少数的国有企业。2018年，家具制造业规模以上企业数量达到6300家，近年来企业数量呈高速增长态势，到2022年规模以上企业数量迅速增加至7200多家，完成营业收入7624亿元，家具及其零部件出口额达到697亿元。我国家具生产主要分布在广东、华东、环渤海经济圈、东北和川陕，家具产量占全国家具总量的90%，单广东省的家具产量就占全国总量的20%。近年来，我国家具制造行业的产量逐步上升（图16-1），2021年的家具总产量超过10万吨，且以珠江三角洲和长江三角洲地区为主（图16-2）。2022年，我国家具产量超过11.9亿件，其中金属家具占比最高，为43.37%，其次是木质家具，占比达到33.93%，其他家具占比为22.70%。

16.1.2　主要环境问题

VOCs是家具制造行业的主要污染物，且存在排放量大、种类多等特点。家具制造行业的VOCs排放主要来源于涉挥发性有机物（VOCs）原辅材料使用过程，包括涂料、稀释剂、固化剂、胶黏剂、清洗剂等含VOCs原辅材料的贮存、调配和输送，以及涂装、施胶、干燥等工序和含挥发性有机物（VOCs）危险废物的贮存。

木质家具制造过程涉及VOCs排放的工艺环节为胶压工艺和涂装工艺。软体家具制造排污环节和产污现状与木质家具制造类似，主要VOCs产生和排放环节包括涂装、流平、固化和喷胶工艺。金属家具制造业主要采用静电喷粉工艺，由于粉末涂料本身不含有挥发性有机物，家具喷涂后进入固化炉，在热固化过程中会产生和排放VOCs，因此金属家具制造业VOCs的产生和排放主要集中在涂装后端的固化过程。此外，工业涂装过程中的产污环节，包括车间排风、涉VOCs原辅料调配与贮存、器械和设备清洗、组装车间修补、废液/水储运等。其中，喷涂过程是家具制造行业最主要的VOCs排放来源

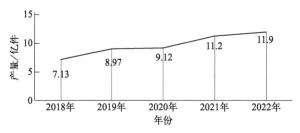

图16-1 我国家具产量

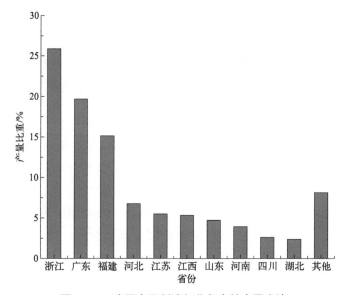

图16-2 我国家具制造行业各省份产量占比

（图16-3），需要对其进行重点控制。喷涂涂料包括硝基纤维素涂料、醇酸树脂涂料、聚氨酯涂料等，硝基纤维素涂料VOCs含量为580～640g/L；聚氨酯树脂涂料的VOCs含量为540～617g/L。

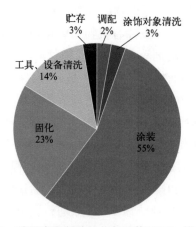

图16-3 我国家具制造行业各环节VOCs排放情况

颗粒物也是家具制造行业产生排放的主要污染物之一。颗粒物的排放主要来源于材料的表面光滑处理、机加工、配料发泡、喷粉、喷漆等过程。木质家具制造业涉及颗粒物产生和排放的环节主要集中在溶剂型涂料的喷涂过程及实木、人造板的机加工过程。竹、藤家具制造业的颗粒物排放与木质家具制造业类似，主要集中在竹、藤的机加工，以及溶剂型涂料的喷涂过程。金属家具制造业涉及颗粒物产生排放的生产环节主要集中在涂料喷粉的过程。塑料家具制造行业的颗粒物排放来自塑料材料成型过程。其他家具制造业的颗粒物排放来源于配料发泡过程。

此外，金属家具制造过程中，在对涂饰对象进行清洗的预处理工序，会产生和排放部分化学需氧量（COD），单位产品的COD产生强度为34.3g/m²。

16.2　主要工艺过程及产排污特征

（1）木质家具制造

木质家具的生产过程包括机加工、表面光滑处理、喷漆、干燥等生产工序（图16-4）。木质家具制造行业生产过程中在胶合、热压/胶压、涂饰、产品干燥等环节会产生大量的VOCs，根据生产过程中使用原材料和生产工艺的不同，单位产品VOCs产生强度具有显著的差别（表16-1）。在木质家具机加工、表面光滑处理及喷涂过程会产生和排放大量的颗粒物，根据生产的环节不同、使用的原材料不同，单位产品的产污强度具有显著的差异。由表16-1可见，采用不同的生产工艺过程，污染物的产污强度具有显著差异，如溶剂型胶黏剂在涂胶过程中的VOCs产污强度为417.6g/kg 胶黏剂，而在压制成型过程中VOCs的产污强度为0g/kg 胶黏剂。而原材料的不同，污染物产污强度的差异性

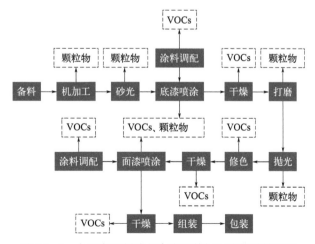

图16-4　木质家具制造业生产工艺与污染物排放示意

也十分显著。在涂饰过程，溶剂型涂料喷漆过程的VOCs产生强度最高，为444.5g/kg涂料，而水性涂料喷漆过程的VOCs产生强度为84g/kg涂料，而分别采用溶剂型UV、水性UV和无溶剂UV涂料进行辊涂/淋涂过程的VOCs产生强度分别仅为33.1g/kg涂料、12.07g/kg涂料和15.68g/kg涂料。因此，通过原材料的替代，木质家具制造业的VOCs产生和排放量将显著降低。

表16-1 木质家具制造业不同生产过程产污强度情况

污染物	原料	生产工艺	产污强度	单位
VOCs	胶黏剂（固体热熔）	压制成型	1.5	g/kg 胶黏剂
	胶黏剂（溶剂型）	涂胶	417.6	
		压制成型	0	
	胶黏剂（水性）	涂胶	52.4	
		压制成型	0	
	胶黏剂、热熔胶	热熔压制	1.5	
	涂料（大漆）	手擦	30	g/kg 涂料
	涂料（粉末）	喷粉	0	
		烘干/晾干	1	
	涂料（溶剂型）	流平/烘干/晾干	190.5	
		喷漆	444.5	
	涂料（溶剂型UV）	流平/固化	33.1	
		辊涂/淋涂	33.1	
	涂料（水性）	流平/烘干/晾干	36	
		喷漆	84	
	涂料（水性UV）	流平/固化	12.07	
		辊涂/淋涂	12.07	
	涂料（无溶剂UV）	辊涂/淋涂	0.32	
		流平/固化	15.68	
颗粒物	实木、人造板、涂料、胶黏剂	表面光滑处理	23.5	g/m² 产品
	实木、人造板	机加工	150	g/m² 原料
	涂料（粉末）	喷粉	0	g/kg 涂料
	涂料（水性）	喷漆	20.8	
	涂料（溶剂型）	喷漆	208	

（2）竹、藤家具制造

竹、藤家具制造的生产过程大致可分为机加工、压制成型、表面光滑处理、喷涂、固化几个阶段，其中压制成型、喷涂和固化3个过程会产生和排放大量的VOCs。根据原材料和生产工艺的不同，单位产品的产污强度具有显著的差异。如喷涂过程以溶剂型涂料为原料时，VOCs 的产生强度高达 444.5g/kg 涂料，而以水性涂料为原料时的 VOCs 产生强度仅为 84g/kg 涂料。浸漆过程的 VOCs 产生强度显著低于喷涂过程，但在固化过程的产污强度却显著高于喷涂过程，因此，总体上，浸涂+浸涂流平/烘干/晾干过程的 VOCs 产生强度与喷漆+喷漆流平/烘干/晾干过程相当。竹、藤家具制造的机加工、表面光滑处理和喷漆过程涉及大量的颗粒物排放，其中溶剂型涂料喷涂过程和机加工过程的颗粒物产生强度较高。竹、藤家具制造业不同生产过程产污强度情况见表 16-2。

表16-2　竹、藤家具制造业不同生产过程产污强度情况

污染物	原料	生产工艺	产污强度	单位
VOCs	胶黏剂（固体热熔）	压制成型	1.5	g/kg 胶黏剂
	胶黏剂（溶剂型）	涂胶	417.6	
		压制成型	0	
	胶黏剂（水性）	涂胶	52.4	
		压制成型	0	
	涂料（溶剂型）	浸涂	190.5	g/kg 涂料
		浸涂流平/烘干/晾干	444.5	
		喷漆	444.5	
		喷漆流平/烘干/晾干	190.5	
	涂料（水性）	浸涂	36	
		浸涂流平/烘干/晾干	84	
		喷漆	84	
		喷漆流平/烘干/晾干	36	
颗粒物	涂料（溶剂型）	喷漆	208	g/kg 涂料
	涂料（水性）	喷漆	20.8	
	竹材、藤条	机加工	275	g/m² 原料
	竹材、藤条、涂料、胶黏剂	表面光滑处理	28	g/m² 产品

（3）金属家具制造

金属家具制造的生产过程大致可分为前处理、喷涂、固化 3 个阶段，其中前处理包括成型、碱洗、酸洗以及磷化 4 个过程，酸洗、碱洗的目的是对金属原材料进行除油除锈；磷化能够提高漆膜层的附着力和防腐蚀性能。在清洗、表面处理、机加工（切割、焊接、打孔）过程会产生一定的颗粒物和 VOCs 排放。金属家具喷涂工艺包括喷漆和喷粉，喷漆过程会产生大量的漆雾和 VOCs，而喷粉过程会产生大量的颗粒物。而产品的固化过程也会产生和排放少量的 VOCs。金属家具制造业不同生产过程产污强度情况见表 16-3。

表16-3　金属家具制造业不同生产过程产污强度情况

污染物	原料	生产工艺	产污强度	单位
VOCs	涂料（粉末）	流平/烘干/晾干	1	kg/t 涂料
颗粒物	涂料（粉末）	喷粉	390	g/kg 涂料
	水、试剂、焊条、压缩空气	清洗、表面处理、机加工（切割、焊接、打孔）	50	g/m² 产品
COD	水、试剂、焊条、压缩空气	清洗、表面处理、机加工（切割、焊接、打孔）	34.3	g/m² 产品

（4）塑料家具制造

塑料家具制造涉及污染产生和排放的过程为热固性塑料和热塑性塑料通过注塑成型、挤出成型、模压成型、吹塑成型、热成型、压延成型、滚塑成型、搪塑成型等方式成型的过程。塑料家具的制造主要涉及颗粒物和挥发性有机物的产生和排放，单位产品的产生强度分别为10.9g/kg 产品和2.7g/kg 产品。

（5）其他家具制造

其他家具制造涉及污染产生和排放的过程为其他原料（弹性材料、软质材料、绷结材料、装饰面料、玻璃、陶瓷）通过其他家具制造工艺的生产过程，以及树脂、助剂的发泡过程。其中其他原料（弹性材料、软质材料、绷结材料、装饰面料、玻璃、陶瓷）通过其他家具制造工艺的生产过程的VOCs产生强度为4.7kg/t 产品。树脂、助剂发泡过程的颗粒物产生强度为2g/m² 产品。

珠江三角洲是国内最大的家具产业区，其中深圳、东莞、顺德、中山、广州、佛山和南海的产值超过全国家具行业总产值的1/3，出口量超过50%，是我国家具制造行业最重要的生产地之一。本小节以主要家具生产地顺德为例，探讨行业的主要工艺过程和产排污特征。顺德区家具制造行业的主要VOCs排放来自木质家具制造（2110）和金属家具制造（2130），VOCs排放量超过家具制造行业排放总量的96%，其他家具制造行业的VOCs排放量相对较少（图16-5）。木质家具制造（2110）和金属家具制造（2130）是家具制造类行业主要VOCs管控行业。

木质家具制造（2110）的产品干燥环节中生产产品实木家具和人造板家具产生的VOCs占该核算环节的99.99%，是2110行业VOCs减排需重点管控的产品，而仅流平/烘干/晾干工艺所产生的VOCs占实木家具、人造板家具制造的99.93%，流平/烘干/晾干工艺所采用的涂料有溶剂型和水性两种，其中采用溶剂型涂料时的VOCs排放量超过该工艺VOCs产生总量的97%。涂饰环节生产的产品也是实木家具和人造板家具，共涉及辊涂/淋涂和喷漆两种工艺，其VOCs产生量分别占涂饰环节VOCs排放总量的0.14%和99.86%，因此喷漆工艺为涂饰环节VOCs减排的重点管控工艺。喷漆工艺采用的涂料分为溶剂型UV、溶剂型、水性和水性UV四种，其中溶剂型涂料在喷漆过程中产生的VOCs占

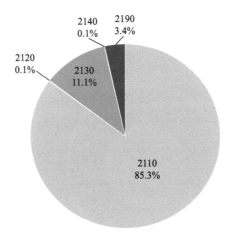

图16-5　家具制造行业VOCs排放量占比情况

整个喷漆工艺VOCs排放总量的95.39%（表16-4）。因此，木质家具制造（2110）进行VOCs减排需要重点管控的组合为：产品干燥环节，实木家具、人造板家具的流平/烘干/晾干[涂料（溶剂型）]工艺；涂饰环节，实木家具、人造板家具的喷漆[涂料（溶剂型）]工艺。

金属家具制造（2130）的主要VOCs产排污工段为产品烘干，该环节涉及一组生产工艺组合，产品为金属家具，生产工艺为流平/烘干/晾干，原料为涂料（溶剂型）。

木质家具制造（2110）的主要VOCs产排污核算工段为产品干燥和涂饰；金属家具制造（2130）的主要VOCs产排污工段为产品烘干。家具制造行业的VOCs排放主要来自家具喷漆或涂漆环节中溶剂型涂料的使用。因此，对家具制造行业进行水性涂料替代溶剂型涂料是当前行业VOCs排放量控制的有效手段。

表16-4　木质和金属家具制造不同工艺VOCs排放情况

行业代码	行业名称	产品	工艺	占比/%	原料
2110	木质家具制造	实木家具、人造板家具制造	喷漆	66.51	溶剂型涂料
		实木家具、人造板家具制造	流平/烘干/晾干	28.88	
2130	金属家具制造	金属家具	流平/烘干/晾干	91.75	溶剂型涂料

家具制造行业的末端治理设施运行情况 $K \geqslant 0.8$ 的企业占比超过90%（图16-6），末端治理设施总体运行良好。然而，家具制造行业整体的末端治理效果不太理想（表16-5）。木质家具制造行业普及率较好的末端治理技术低温等离子体的去除效率仅为6%，低于行业平均水平（9%）。去除率相对较高的其他技术（如活性炭吸附）的普及率仅为0.05%。行业末端治理效果较好的其他技术（活性碳纤维或沸石吸附/脱附/催化氧化）还没有在顺德地区普及。因此，木质家具制造行业具有较大的末端减排潜力。金属家具制造行业的直排率较高，超过80%的企业未采取任何末端治理设施。其余企业均采用低温等离子体进行末端治理。因此，通过降低金属家具制造行业的直排率，可以减少较多的VOCs排放。因此，家具行业通过升级末端治理技术、提高收集效率

等措施提升末端治理水平的空间仍然较大。

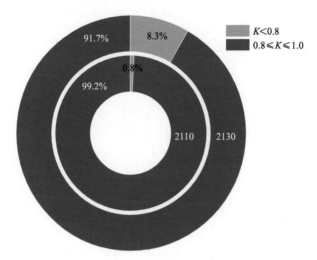

图16-6　家具行业末端治理设施运行状况

表16-5　顺德地区重点VOCs减排治理技术情况

行业代码	污染物处理工艺名称	技术普及率/%	去除率/%
2110	未处理	11.60	0.00
	低温等离子体	58.41	6.62
	光解	14.57	4.74
	其他（活性炭吸附）	0.05	16.80
	其他（抛弃式活性炭吸附）	15.32	3.83
	外部集气罩-低温等离子体	0.05	12.80
2130	未处理	83.33	0.00
	低温等离子体	16.67	7.20

16.3　污染减排技术

根据对家具制造行业主要工艺过程及其产排污特征的分析，家具制造行业生产过程主要涉及VOCs、颗粒物和COD的产生和排放。

16.3.1　VOCs减排技术

家具制造过程中，溶剂型原辅材料的使用是行业VOCs排放的主要来源。其中，涂装和胶粘等过程是主要的VOCs排放环节，VOCs的排放主要来源于涂料、稀释剂、胶黏剂等原辅材料的使用。家具行业的污染防治技术主要包括原辅料替代技术（水性涂料替代技术、辐射固化涂料替代技术和粉末喷涂替代技术等）、设备和工艺革新技术（静电喷涂技术和流水线自动涂装技术等）和污染防治技术（吸附法、燃烧法和喷淋吸收法）等。

16.3.1.1 原辅料替代技术

原辅料替代技术是使用符合《低挥发性有机化合物含量涂料产品技术要求》（GB/T 38597—2020）的水性涂料、无溶剂涂料和辐射固化涂料；符合《胶粘剂挥发性有机化合物限量》（GB 33372—2020）的水基胶粘剂和本体型胶粘剂（胶粘剂）。以木质家具制造业为例，顺德地区生产实木家具、人造板家具的产品干燥环节，采用溶剂型涂料单位GDP的VOCs产生强度是使用水性涂料的近20倍，但该地区该环节溶剂型原辅料使用占主导；涂饰环节66.97%的企业采用产排污强度大的溶剂型涂料进行喷漆，其中喷漆工艺中，水性涂料的单位GDP的VOCs产生强度是溶剂型涂料的4.78%，水性UV涂料的单位GDP的VOCs产生强度为溶剂型涂料的15.69%，采用原辅材料替代方案的减排潜能较大。

（1）水性涂料替代技术

水性涂料可用于金属、木质、塑料等基材的涂装，常见的水性涂料包括水性环氧漆、水性丙烯酸漆和水性聚氨酯漆等。通过水性涂料替代，可从源头上减少80%以上的VOCs产生量。

（2）辐射固化涂料替代技术

辐射固化涂料可用于木质板材的涂装，利用高辐射能量引发树脂中光敏剂、乙烯基成膜物质和活性稀释剂，通过自由基或阳离子聚合固化成膜，能在一定程度上减少VOCs产生。

（3）粉末喷涂替代技术

粉末涂料适用于金属基材的涂料替代。通过高压静电使粉末涂料沉积附着到基材表面，再通过高温烘干固化，粉末涂料喷涂过程的VOCs产生量很少。

（4）水性胶黏剂替代技术

水性胶黏剂适用于木质家具和竹、藤家具的制造过程。通过水性胶黏剂替代，单位产品的VOCs产生量将减少87.5%。

16.3.1.2 设备和工艺革新技术

（1）静电喷涂技术

静电喷涂技术是指利用电晕放电使雾化涂料在高压直流电场作用下附着于基底表面

的涂装方法。适合于在金属基材表面的涂装，要求较低的涂料电阻率。静电喷涂的涂料利用率达到80%以上，涂料使用量显著减少，进而从源头上减少喷涂过程中的VOCs产生量。

（2）流水线自动涂装技术

流水线自动涂装技术的涂装方式包括喷涂、滚涂、淋涂等，适用于形状较为规则的基材表面的涂覆。涂料利用率高，且可实现部分废气内循环，达到"减风增浓"的效果，能够提高VOCs收集效率，减少无组织排放。

16.3.1.3　污染防治技术

末端治理设施应按照《排风罩的分类及技术条件》（GB/T 16758—2008）、《蓄热燃烧法工业有机废气治理工程技术规范》（HJ 1093—2020）、《大气污染治理工程技术导则》（HJ 2000—2010）、《吸附法工业有机废气治理工程技术规范》（HJ 2026—2013）、《催化燃烧法工业有机废气治理工程技术规范》（HJ 2027—2013）、《固定源废气监测技术规范》（HJ/T 397—2007）等要求进行设计、建设与管理。

（1）吸附法

吸附法是利用活性炭、分子筛、活性碳纤维等吸附剂吸附废气中的VOCs污染物，主要包括固定床吸附技术、移动床吸附技术、流化床吸附技术和旋转式吸附技术。家具涂装工序常用固定床吸附技术和旋转式吸附技术。

1）固定床吸附技术

其适用于调漆、喷漆、流平、晾干等工艺废气的治理，一般使用活性炭作为吸附剂。根据污染物处理量、处理要求、排放标准等定时再生或更换吸附剂以保证治理设施的去除效率。固定床吸附的技术参数应满足HJ 2026—2013的相关要求。

2）旋转式吸附技术

其适用于工况连续稳定的工艺生产中中低浓度涂装废气的处理。吸附过程中废气与吸附剂床层呈相对旋转运动状态，吸附剂一般为分子筛。旋转式吸附的技术参数应满足HJ 2026—2013的相关要求。

（2）燃烧法

燃烧法是通过热力燃烧或催化燃烧的方式将废气中的VOCs污染物转化为二氧化碳、水等物质。涂装工序常用的燃烧技术包括热力燃烧（TO）技术、蓄热燃烧（RTO）技术、催化燃烧（CO）技术、蓄热催化燃烧（RCO）技术。当待处理废气中含腐蚀性气体时，需先经高效水喷淋装置、化学喷淋吸收装置等进行预处理。

① 热力燃烧技术适用于烘干工艺过程的废气处理。

② 蓄热燃烧技术适用于流水线自动涂装和减风增浓后的工艺废气的处理。典型的处

理技术路线为"旋转式分子筛吸附浓缩+蓄热式燃烧技术"。

③ 催化燃烧技术适用于烘干工序的废气处理，是在催化剂的作用下，将废气中的 VOCs 转化为二氧化碳、水等物质。CO 技术的反应温度较 TO 和 RTO 技术低，但当废气中含有硫化物、卤化物、有机磷、有机硅等物质时会致使催化剂中毒。典型的处理技术路线为"活性炭吸附/旋转式分子筛吸附浓缩+催化燃烧技术"。

④ 蓄热催化燃烧技术利用高温陶瓷填充层对有机废气进行蓄热，并在催化剂的作用下，在较低温度（250℃左右）将有机废气氧化成 CO_2 和水。适用于大风量、低浓度的 VOCs 混合废气的处理，去除效率和热回收率达95%以上，且无氮氧化物等二次污染物的产生。与RTO技术相比，能耗和运行成本较低。

（3）喷淋吸收法

水喷淋吸收技术是利用醇类、醚类物质易溶于水的特性将废气中的醇类和醚类物质溶解吸收，适用于水性涂料喷涂过程的废气处理。

16.3.2　颗粒物减排技术

（1）旋风除尘技术

旋风除尘器是一种利用离心力对粉尘进行筛选的设备，其主要原理是将大颗粒物质通过重力作用从气流中分离出来，将细小颗粒物质通过离心作用从气流中分离出来，实现空气与颗粒物质的分离。

（2）袋式除尘技术

袋式除尘器是一种干式滤尘装置，适用于捕集细小、干燥、非纤维性粉尘。袋式除尘技术利用纤维织物过滤含尘气体，含尘气体中颗粒大、密度大的粉尘，由于重力的作用沉降下来，落入灰斗，较细小粉尘被阻留，使气体得到净化。

（3）滤筒除尘技术

滤筒除尘技术是指采用陶瓷滤筒、石英滤筒等多根滤筒，利用滤筒材料的过滤作用对废气中的粉尘和微小颗粒物进行过滤和分离的技术。适用于烟尘浓度较高的工业烟气的净化。

（4）湿式除尘技术

湿式除尘技术是利用水的亲水性和湿润性使其与粉尘黏结、沉降进而达到除尘作用的技术。

（5）干式过滤技术

干式过滤技术是通过纤维材料改变颗粒的惯性力方向从而将其从废气中分离出来的技术，能较完全地去除粉尘，同时可截除水汽。干式过滤技术无需水，无二次污染，净化效率高达99%。

16.3.3　COD减排技术

（1）物化处理技术

适用于金属家具制造过程磷化废水的处理，物化处理后的废水去除重金属后，需再经过预处理+生化处理+深度处理技术进行处理后排放。

（2）预处理+生化处理+深度处理技术

该技术适用于金属家具前处理废水，以及涂装设备的清洗废水等生产废水的处理。

参考文献

[1] 王荣. 构建湖南特色现代家具产业体系研究[D]. 长沙：中南林业科技大学，2012.

[2] 高海龙，付海彬，王静. 家具制造业挥发性有机物（VOCs）污染防治技术体系研究[J]. 环境与发展，2022, 34(8): 84-89.

[3] 麦晓琳，张嘉林，张嘉敏. 佛山市家具制造行业危险废物产生比例调查研究[J]. 皮革制作与环保科技，2022, 3(17): 166-167, 171.

第 **17** 章

橡胶、塑料工业污染与减排

17.1 工业发展现状及主要环境问题

17.1.1 工业发展现状

橡胶制品业是指以天然橡胶和合成橡胶为原料生产各种橡胶制品的活动，还包括利用废橡胶再生产橡胶制品的活动；不包括橡胶鞋制造。橡胶行业是国民经济的重要基础产业之一，它不仅为人们提供日常生活不可或缺的日用、医用等轻工橡胶产品，而且向采掘、交通运输、航空航天、机械电子、建筑等工业和新兴产业提供各种橡胶制生产设备或橡胶部件。改革开放以来，中国橡胶制品行业得到了较快的发展，市场需求相对旺盛，产业结构不断调整，其中多种产品的产量已居世界首位。目前，合成橡胶的产量已大大超过天然橡胶，其中产量最大的是丁苯橡胶。

国外橡胶制品企业大量采用自动化设备，从炼胶、半成品制造、产品成型、硫化到检测入库，基本实现自动化；原材料、半成品和成品转移过程实现连续化，生产效率较高。国内橡胶制品行业存在低端产品产能过剩与竞争激烈、中高端产品不足、高端产品对外依赖度较高的问题。"十三五"期间，我国通过调整产业结构，加强高新技术改造，提高生产的自动化、信息化水平，目前部分企业技术已达到国际先进水平。2020年，我国橡胶制品行业利润同比保持较大幅度增长，行业效益逐年提高。2020年中国橡胶制品出口额达到190.3亿美元，进口额为48.6亿美元。目前，我国橡胶制品行业主要集中于上海、浙江、江苏、安徽等地，橡胶制品产值占比高达70%。

塑料制品业，是指以合成树脂（高分子化合物）为主要原料，通过挤塑、注塑、吹塑、压延、层压等工艺加工成型的各种制品的生产，以及利用回收的废塑料加工再生产塑料制品的活动；不包括塑料鞋制造。塑料制品具有成本低，生产率高，质量轻，比强度高，耐磨性、自润滑性、耐腐蚀性、电绝缘性好等多种优点，广泛应用于工业和农业生产、交通、航空、航天、高铁、汽车、建材、家电、电子电气、包装、医疗等领域。2020年，我国塑料制品行业累计完成产量7603.22万吨；2021年，累计产量达到8004万吨。

目前，在东部、南部沿海地区，塑料制品行业集中度较高，生产技术先进，高品质产品比重较大。中西部地区具有比较大的成本优势，近年来中西部地区塑料制品行业产量平均增长率高于东部沿海地区，行业生产逐渐向中西部地区转移的趋势不可避免。

目前，我国已经成为橡胶、塑料制品生产及消费大国，塑料橡胶制品业的企业数量占全部工业行业企业总数的48.33%。按照国民经济行业分类，橡胶制品制造包括轮胎制造（2911），橡胶板、管、带制造（2912），橡胶零件制造（2913），再生橡胶制造（2914），日用及医用橡胶制品制造（2915），运动场地用塑胶制造（2916），其他橡胶制品制造（2919）；塑料制品制造主要包括塑料薄膜制造（2921），塑料板、管、型材制造（2922），塑料丝、绳及编织品制造（2923），泡沫塑料制造（2924），塑料人造革、合成革制造（2925），塑料包装箱及容器制造（2926），日用塑料制品制造（2927），人造草坪制造（2928），塑料零件及其他塑料制品制造（2929）。

　　自2015年以来，我国橡胶、塑料行业的企业数量不断攀升（图17-1），2021年，企业数量超过2.1万家。同时，塑料和橡胶产量也一直维持在较高水平（图17-2）。2015年以来，我国合成橡胶的年产量不断增加，到2021年产量已经超过800万吨。我国合成橡胶的产能主要集中在东部地区，比重超过65%。我国合成橡胶行业部分主流产品存在产能过剩的问题，行业产污强度较高，限制过剩的产能、提高行业的准入门槛、提高整个行业的产能利用率已经成为行业亟待解决的问题。2020年，全国塑料行业总产量超过

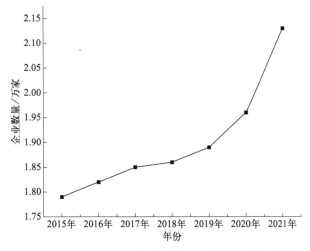

图17-1　2015 ～ 2021年我国橡胶、塑料行业企业数量

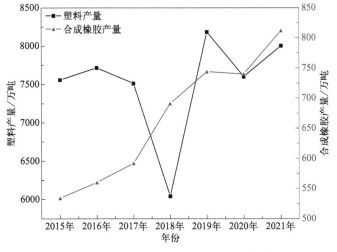

图17-2　2015 ～ 2021年我国橡胶、塑料产量

7600万吨，2021年超过8000万吨。我国塑料行业具有鲜明的地域特色，其中广东省以塑料管及附件、塑料包装箱容器、日用塑料品和其他塑料品为主。当前，我国塑料制品行业的生产逐渐从东部地区向中西部地区转移。

17.1.2　主要环境问题

橡胶、塑料制造行业是典型的高污染行业，具有排放量大、产污强度大的特点。主要环境问题包括废气、废水和固体废物的产生和排放。行业可能会造成不良环境影响的过程包括颗粒化、复合物/树脂配制、成型及精整。

17.1.2.1　废气排放

（1）塑料

塑料制品生产的废气多为无组织排放，废气中含有粉尘、苯、甲苯、二甲苯、醛类、醚类和氯乙烯等有害成分，在破碎、配料、干燥和塑化等环节产生的废气量较大。在干态添加剂的处理和聚合物的颗粒化过程中存在颗粒物的产生和排放。在热塑性塑料配料及成型过程中会有细粒态气溶胶的生产和释放，在加热时存在含有小分子量添加剂及溶剂的VOCs的释放。特别是在成型操作温度在工艺曲线以上的高温区时，水蒸气、低沸点添加剂、溶剂及密闭在聚合物中的单体可能会释放出来，造成VOCs的排放。塑料成型过程污染物排放情况见表17-1。

表17-1　塑料成型过程污染物排放情况

塑料名称	污染物种类
聚氯乙烯（PVC）	氯化氢、氯乙烯单体
聚苯乙烯（PS）	苯乙烯、醛类
低、中、高密度聚乙烯（LDPE、MDPE、HDPE）	醛类、丁烷、其他烷烃、烯烃
聚丙烯（PP）	醛类、丁烷、其他烷烃、烯烃
丙烯腈-丁二烯-苯乙烯共聚物（ABS）	苯乙烯、酚、丁二烯
聚对苯二甲酸乙二醇酯（PET）	甲醛、苯甲醛、含甲氧基苯基挥发性有机物

（2）橡胶

橡胶工业废气的主要成分是硫化物和挥发性有机物，具体组成和含量复杂。橡胶生产过程中产生的废气具有较强烈难闻气味。橡胶制造行业产生VOCs和臭气的主要环节有密炼、混炼、压延、成型和硫化等。此外，化学品敞开式贮存、添加剂称重、化学品加入，以及表面研磨作业过程还会产生颗粒物和氨气。根据《橡胶制品工业污染物排放标准》，橡胶制品生产加工企业必须采用如蓄热燃烧炉等处理设备，将废气净化达标后排放。

17.1.2.2　废水排放

（1）塑料

塑料注塑机成型过程中的工艺水主要有三大类，分别是冷却水（或加热水）、表面清洗及冲洗水、用于去除废弃塑料或润滑产品的工艺水。冷却水（或加热水）的排放会形成热污染源，废水中可能含有邻苯二甲酸类［例如邻苯二甲酸二（2-乙基己基）酯（DEHP）］有毒污染物。清洗水中含有BOD、COD、总悬浮固体、总有机碳、油脂、总酚等。用于去除废弃塑料或润滑产品的工艺废水中可能含有总悬浮固体和水溶性添加剂。

（2）橡胶

橡胶生产过程的冷却、加热、硫化、清洗等操作过程可能会产生废水污染物。

17.1.2.3　固体废物排放

塑料和橡胶生产过程的废弃物料可以循环利用，因此生产过程通常不会产生大量的固体废物。生产过程中可能会产生的固体废物包括橡胶注模成型过程中形成的废弃橡胶，非袋式除尘器、橡胶密式混炼器和磨床等设备产生的颗粒物，以及混合、研磨、压延、挤出过程产生的早期硫化橡胶。

17.2　主要工艺过程及产排污特征

（1）塑料

塑料制品生产过程废气成分随企业生产产品、工艺和所用原辅材料的不同而不同。塑料制品生产过程单位产品废气污染物产生强度如表17-2所列。塑料板、管、型材制造过程中的废气污染物排放包括VOCs和颗粒物。其他产品生产过程中主要涉及VOCs的产生和排放，生产工艺和原辅料的不同，生产过程的产污强度具有显著的差异。如泡沫塑料的生产过程，采用甲苯二异氰酸酯、聚醚多元醇、发泡聚苯乙烯（EPS）、聚乙烯（PE）、发泡剂为原材料，通过配料—混合—发泡—熟化—成型工艺生产泡沫塑料的单位产品产污强度，是以挤塑聚苯乙烯（XPS）树脂/助剂为原材料通过配料—混合—挤出—发泡进行生产的20倍。而塑料制品生产在涉及印刷的过程的产污强度显著高于聚合成型过程。塑料制品生产过程单位产品废水污染物产生强度如表17-3所列。塑料制品生产过程涉及废水排放的过程主要是合成革的湿法—干法—后处理生产过程，废水污染物COD的产生强度显著高于其他污染物。

表17-2 塑料制品生产过程单位产品废气污染物产生强度

污染物	行业	产品	原料	工艺	产污强度	单位
VOCs	泡沫塑料制造	泡沫塑料制品	XPS、树脂、助剂	配料—混合—挤出—发泡	1.5	kg/t 产品
			甲苯—异氰酸酯、聚醚多元醇、EPS、PE、发泡剂	配料—混合—发泡—熟化—成型	30	kg/t 产品
	人造草坪制造	编织人造草坪	胶黏剂	胶粘	0.51	kg/t 原料
		注塑人造草坪	树脂、助剂	配料—混合—注塑	2.7	kg/t 产品
	日用塑料制品制造	日用塑料制品	胶黏剂	胶粘	0.51	kg/t 原料
			溶剂型油墨	印刷	650	kg/t 原料
			树脂、助剂	配料—混合—挤出/注塑	2.7	kg/t 产品
	塑料板、管、型材制造	塑料板、管、型材	树脂、助剂	配料—混合—挤出	1.50	kg/t 产品
	塑料包装箱及容器制造	塑料包装箱及容器	树脂、助剂	配料—混合—挤出/注塑	2.7	kg/t 产品
			塑料片材	吸塑—裁切	1.9	kg/t 产品
	塑料薄膜制造	塑料薄膜、塑料袋	树脂、助剂	配料—混合—挤出	2.5	kg/t 产品
			溶剂型油墨	印刷	650	kg/t 原料
		改性粒料	树脂、助剂	造粒	4.6	kg/t 产品
	塑料零件及其他塑料制品制造	塑料零件及其他塑料制品	胶黏剂	胶粘	0.51	kg/t 原料
			溶剂型油墨	印刷	650	kg/t 原料
			树脂、助剂	注塑/挤出	2.7	kg/t 产品
			塑料片材	吸塑—裁切	1.9	kg/t 产品
	塑料人造革、合成革制造	合成革	PU浆料、基布、DMF、表面处理剂	湿法—干法—后处理	84	kg/m² 革
		人造革	PVC、增塑剂、发泡剂、表面处理剂	配料—混合—塑化—压延/刮涂—发泡—表面处理	15.3	kg/m² 革
	塑料丝、绳及编织品制造	编织品	溶剂型油墨	印刷	650	kg/t 原料
		塑料丝、绳及编织品	树脂、助剂	配料—混合—挤出	3.76	kg/t 原料
（窑炉）颗粒物（重油、煤焦油）	塑料板、管、型材制造	塑料板、管、型材	树脂、助剂	配料—混合—挤出	6.0	kg/t 产品

注：XPS—挤塑聚苯乙烯；EPS—发泡聚苯乙烯；PE—聚乙烯；PU—聚氨酯；DMF—N,N—二甲基甲酰胺；PVC—聚氯乙烯。

表17-3　塑料制品生产过程单位产品废水污染物产生强度

产品	原料	工艺	污染物	产污强度	单位
合成革	PU浆料、基布、DMF、表面处理剂	湿法—干法—后处理	COD	2.7	g/m² 革
			氨氮	0.13	
			总磷	0.0008	
			总氮	0.513	

注：PU—聚氨酯；DMF—*N*,*N*—二甲基甲酰胺。

（2）橡胶

根据生产产品和生产工艺的不同，橡胶制品生产过程的废气污染物排放具有显著的差异性（表17-4）。橡胶板、管、带生产过程的污染物产生强度显著高于其他产品的生产过程，其VOCs和颗粒物产生强度分别是日用及医用橡胶制品生产过程的3.7倍和2.5倍。再生橡胶生产过程，磨粉—常压连续脱硫—精炼工艺的VOCs和颗粒物产生强度分别是磨粉—动态脱硫—精炼工艺的48%和81%。橡胶制品生产过程单位产品废水污染物产生强度如表17-5所列，其中日用及医用橡胶制品制造过程的废水污染物的产生强度显著高于其他橡胶制品的生产过程，且COD的产生强度显著高于其他的污染物。

表17-4　橡胶制品生产过程单位产品废气污染物产生强度

污染物	产品	原料	工艺	产污强度	单位
VOCs	轮胎、橡胶零件、运动场地用塑胶制造产品、其他橡胶制品	天然橡胶、合成橡胶、再生橡胶	混炼—挤出（压延压出）—成型—硫化（注射）	3.265	kg/t 橡胶
	再生橡胶	胶粉、废轮胎	磨粉—动态脱硫—精炼	2.763	kg/t 产品
			磨粉—常压连续脱硫—精炼	1.333	kg/t 产品
	橡胶板、管、带	天然橡胶、合成橡胶、再生橡胶	混炼—挤出（压延压出）—成型—硫化（注射）	4.898	kg/t 橡胶
	日用及医用橡胶制品	天然橡胶胶乳、合成橡胶胶乳	乳胶配料—浸胶—烘干—脱模—硫化	1.317	kg/t 胶乳
颗粒物	橡胶板、管、带	天然橡胶、合成橡胶、再生橡胶	混炼—挤出（压延压出）—成型—硫化（注射）	10.074	kg/t 橡胶
	橡胶零件、运动场地用橡胶制造产品、其他橡胶制品	天然橡胶、合成橡胶、再生橡胶	混炼—挤出（压延压出）—成型—硫化（注射）	12.593	kg/t 橡胶
	再生橡胶	胶粉、废轮胎	磨粉—常压连续脱硫—精炼	3.483	kg/t 产品
			磨粉—动态脱硫—精炼	4.266	kg/t 产品
	日用及医用橡胶制品	天然橡胶胶乳、合成橡胶胶乳	乳胶配料—浸胶—烘干—脱模—硫化	4.012	kg/t 胶乳
	轮胎	天然橡胶、合成橡胶、再生橡胶	混炼—挤出（压延压出）—成型—硫化（注射）	5.037	kg/t 橡胶

表17-5　橡胶制品生产过程单位产品废水污染物产生强度

产品	原料	工艺	产污强度				单位
			COD	氨氮	总氮	总磷	
日用及医用橡胶制品	天然橡胶胶乳、合成橡胶胶乳	乳胶配料—浸胶—烘干—脱模—硫化	49.049	0.851	2.06	0.584	kg/t 胶乳
轮胎，橡胶管、带、板，橡胶零件，运动场地用塑胶制品，其他橡胶制品	天然橡胶、合成橡胶、再生橡胶	混炼—挤出（压延压出）—成型—硫化（注射）	0.257	0.006	0.023	0.001	kg/t 三胶

以顺德地区为例，探讨橡胶、塑料行业的VOCs主要产排污环节及污染防控。橡胶、塑料行业的主要VOCs排放来自塑料薄膜制造（2921），塑料板、管、型材制造（2922），泡沫塑料制造（2924），塑料零件及其他塑料制品制造（2929），VOCs排放量超过橡胶、塑料行业排放总量的93.8%，其他橡胶、塑料行业的VOCs排放量相对较少（图17-3，书后另见彩图）。2921、2922、2924和2929行业是橡胶、塑料行业中主要的VOCs管控行业。

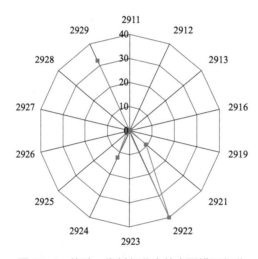

图17-3　橡胶、塑料行业中的主要排污行业

根据橡胶、塑料行业的主要产污工艺分析（表17-6），发现塑料薄膜制造（2921）的主要产污环节为塑料薄膜的生产和印刷，塑料薄膜生产过程的工艺相对比较固定，当前生产技术水平下的清洁生产潜力较小，主要依赖于末端控制。该行业主要VOCs产生排放过程分别为：塑料薄膜+配料—混合—挤出+树脂、助剂；印刷品（承印物为塑料）+凹版印刷+稀释剂；印刷品（承印物为纸）+凹版印刷+溶剂型凹版油墨。

表17-6　橡胶、塑料行业的主要产污工艺

行业代码	行业名称	占比 / %	产品	工艺	原料
2921	塑料薄膜制造	66.85	塑料薄膜	配料—混合—挤出	树脂、助剂
		8.43	印刷品（承印物为塑料）	凹版印刷	稀释剂

续表

行业代码	行业名称	占比/%	产品	工艺	原料
2921	塑料薄膜制造	11.12	印刷品（承印物为纸）	凹版印刷	溶剂型凹版油墨
2922	塑料板、管、型材制造	85.51	塑料板、管、型材	配料—混合—挤出	树脂、助剂
2924	泡沫塑料制造	98.22	泡沫塑料制品	配料—混合—发泡—熟化—成型	甲苯二异氰酸酯、聚醚多元醇、EPS、PE、发泡剂
2929	塑料零件及其他塑料制品制造	69.53	改性粒料	造粒	树脂、助剂
		28.37	塑料零件及其他塑料制品	注塑—挤出	

塑料板、管、型材制造（2922）的生产工艺比较固定，在目前的生产技术水平下清洁生产的潜力较小，该行业的污染减排需通过末端治理实现。该行业的主要VOCs排放核算工段的产品为"塑料板、管、型材"，原料为"树脂、助剂"，工艺为"配料—混合—挤出"。

泡沫塑料制造（2924）和塑料零件及其他塑料制品制造（2929）的主要VOCs产排污核算工段与其产品、原料、工艺相关。2924行业的产品为泡沫塑料制品，采用甲苯二异氰酸酯、聚醚多元醇、EPS、PE、发泡剂作为原料，通过配料—混合—发泡—熟化—成型工艺产生的VOCs占整个泡沫塑料制品制造VOCs产生总量的98.22%。2929行业的产品有改性粒料、塑料零件及其他塑料制品两种，生产两种产品产生的VOCs占比分别为69.53%和28.37%，其中生产改性粒料的工艺为造粒，原料为树脂、助剂；生产塑料零件及其他塑料制品的工艺组合注塑—挤出，原料为树脂、助剂，产生的VOCs占整个产品制造的98.61%。因此，2929行业VOCs减排需重点管控的工艺组合为：树脂、助剂—造粒—改性粒料；树脂、助剂—注塑—挤出—塑料零件及其他塑料制品。

橡胶、塑料行业末端治理设施运行$K \geqslant 0.8$的企业占比超过98%，末端治理设施运行状况良好（图17-4）。然而，橡胶、塑料行业多采用较为低效的末端治理技术，去除率较高的治理技术的普及率很低，同时，行业仍然存在很大程度上的直排（未处理）现象（表17-7）。以2922行业为例，有超过34.27%的企业未采取任何治理措施，直接排放。相对去除率较高的低温等离子体+其他（活性炭吸附）和光催化+其他（活性炭吸附）

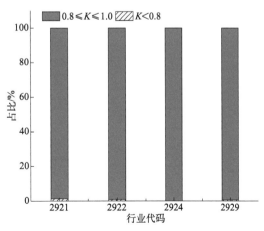

图17-4　橡胶、塑料行业末端治理设施运行状况

的普及率分别为3.67%和0.82%，普及率较低。去除率较低的低温等离子体和光催化的普及率之和接近50%，目前行业内采用的去除率更高的蓄热式热力燃烧法还没有在顺德地区普及。因此，橡胶、塑料行业末端治理技术情况存在较大的末端减排潜力。

表17-7　橡胶、塑料行业末端治理技术情况

行业代码	污染物处理工艺名称	技术普及率/%	去除率/%
2921	未处理	34.51	0.00
	低温等离子体	21.13	16.17
	低温等离子体+其他（活性炭吸附）	1.41	24.00
	光催化	0.35	12.00
	光催化+低温等离子体	26.41	21.00
	光催化+其他（活性炭吸附）	1.41	24.00
	光解	2.46	10.20
	其他（活性炭吸附）	1.06	16.80
	全部密闭+低温等离子体	1.41	37.00
	全部密闭+其他（活性炭法）	1.06	11.20
	外部集气罩+低温等离子体	5.28	12.82
	外部集气罩+光催化	0.35	7.00
	外部集气罩+光解	0.70	7.00
	外部集气罩+其他（活性炭法）	2.46	6.00
2922	未处理	34.27	0.00
	低温等离子体	23.27	16.63
	低温等离子体+其他（活性炭吸附）	3.67	24.00
	光催化	24.90	12.00
	光催化+低温等离子体	6.53	21.00
	光催化+其他（活性炭吸附）	0.82	24.00
	光解	2.45	11.54
	其他（活性炭吸附）	0.41	21.00
	外部集气罩+低温等离子体	0.82	16.00
	外部集气罩+光催化	0.41	7.00
2922	外部集气罩+光解	2.04	7.00
	外部集气罩+其他（活性炭法）	0.41	6.00
2924	未处理	57.15	0.00
	低温等离子体	16.88	17.00
	低温等离子体+其他（活性炭吸附）	6.49	24.00
	光催化+低温等离子体	16.88	21.00
	光解	1.30	12.00
	其他（活性炭吸附）	1.30	21.00
2929	未处理	29.67	0.00
	低温等离子体	52.48	16.64
	低温等离子体+其他（活性炭吸附）	1.96	24.00

行业代码	污染物处理工艺名称	技术普及率/%	去除率/%
2929	光催化	0.28	9.76
	光催化+低温等离子体	13.72	21.00
	光催化+其他（活性炭吸附）	0.14	24.00
	光解	0.77	10.03
	其他（活性炭吸附）	0.21	18.53
	外部集气罩+低温等离子体	0.35	16.00
	外部集气罩+光解	0.21	5.89
	外部集气罩+其他（活性炭法）	0.21	6.00

17.3　污染减排技术

根据塑料、橡胶行业主要工艺过程及排污特征分析，挥发性有机物和颗粒物是塑料、橡胶行业最主要的废气污染物，COD 是最主要的废水污染物。

17.3.1　塑料制造业

17.3.1.1　挥发性有机物减排技术

（1）原辅材料替代技术

应采用环保型原辅材料，禁止使用生物污染、有毒有害的废物料作为原料。采用无污染低能耗的涂层或印刷技术，减少二次加工过程中的污染物排放。

（2）水冷技术

优先采用水冷技术对生产工序进行降温，减少生产过程中的 VOCs 产生。

（3）热熔温度控制技术

防止热熔过程的加热温度过高，减少塑料热熔过程有机废气的释放。

（4）密闭贮存

对所有溶剂、清洗剂及所有低沸点试剂，采用密闭贮存，减少 VOCs 的无组织排放。

（5）废气收集

产生排放废气的生产过程需设计局部或整体气体收集系统，特别是生产过程工艺温度较高处，需安装废气收集系统。排风罩（集气罩）的设置应符合 GB/T 16758—2008 的规定。外部排风罩的运行应符合 GB/T 16758—2008、WS/T 757—2016 的相关规定。

（6）袋式除尘工艺

适用于破碎、配料等工序的粉尘治理。

（7）静电除雾器

适用于过滤、压延、黏合等尾气的回收处理。

（8）高温焚烧技术处理

适用于发泡废气的治理。

（9）组合工艺治理技术

鼓励多种治理技术配合使用，如冷凝回收＋活性炭吸附、活性炭吸附＋水喷淋、多级喷淋吸收＋蒸馏回收、吸附浓缩＋RTO/TO、低温等离子体＋光氧化等。

17.3.1.2　颗粒物减排技术

优化配料、混合、干燥剂添加过程的生产工艺，采用密闭式的加料方式，从源头减少颗粒物的产生和排放。

采用旋风分离设备或袋式除尘器处理生产区及颗粒物产生区排放的废气。加强对贮存及生产过程的无组织排放气体的收集，采用一级旋风分离设备＋二级袋式除尘器/静电除尘器进行处理。

17.3.1.3　针对废水污染物减排技术

厌氧生物处理法＋好氧生物处理法对塑料制造行业废水污染物化学需氧量、氨氮和总氮的去除率分别为94%、60%和40%。

厌氧生物处理法＋好氧生物处理法＋物理化学法对塑料制造行业废水污染物化学需氧量、氨氮和总氮的去效率分别为94%、95%和92%。

17.3.2　橡胶制造业

17.3.2.1　挥发性有机物减排技术

（1）原辅材料替代技术

采用低或无VOCs的具有环境标志的原辅材料，尽量减少涉VOCs物料的使用。生胶应符合GB/T 8081—2018标准要求。

（2）自动称量技术

自动称量技术包括液体小料自动称量技术和固体小料自动称量技术，分别适用于液体和固体小料的称量和进料，提高精度的同时能够减少废气的排放量。

（3）胶片水冷技术

胶片水冷技术是将压片机压出的胶片进行冷却的技术，适用于轮胎制造胶片的冷却。使用水冷能减少废气的产生，但也增加了废水的产生量。

（4）低温一次法炼胶

用低温一次法炼胶代替传统两段、三段法炼胶，并配合自动化辅助系统，可提高生产效率，降低单位产品能耗和污染物排放量。适用于炼胶工艺。

（5）再生胶企业精捏炼变频联动调节工艺

精捏炼变频联动调节工艺适用于再生胶企业的炼胶，可有效提高生产的自动化和连续性，有利于废气的收集。

（6）再生胶企业常压连续脱硫工艺

常压连续脱硫工艺为管道式密闭连续生产过程，废气产生量少，有利于废气收集，适用于再生胶企业的脱硫工艺。

（7）废气收集

废气收集系统排风罩的设置应符合 GB/T 16758—2008 的规定，混炼、硫化和胶浆等生产过程应密闭，如不能密闭，应设立局部或整体废气收集系统。

（8）吸附法

橡胶制造行业常用的吸附技术为固定床吸附和旋转式吸附。固定床吸附适用于炼胶、压延和硫化废气的 VOCs 治理和除臭，吸附剂一般为活性炭。旋转式吸附适用于工况相对连续、稳定的炼胶工艺的废气预处理，吸附剂一般为分子筛。

（9）燃烧法

橡胶制造行业常用的燃烧技术包括蓄热式燃烧（RTO）技术、催化燃烧（CO）技术、锅炉/工艺炉热力焚烧技术。

RTO 技术适用于炼胶、压延、硫化和溶剂型浸胶等工艺的废气治理。废气收集后应采用吸附技术进行浓缩，然后经 RTO 治理。

CO 技术适用于炼胶、压延、硫化等工艺的废气治理。橡胶制造行业的废气中含有硫化物、卤化物等易引起催化剂中毒的物质，需采用特殊的催化剂。

锅炉/工艺炉热力燃烧技术适用于炼胶、压延等工艺废气的治理和除臭。

（10）喷淋吸收法

喷淋吸收法适用于炼胶、压延、硫化等工艺的废气预处理。橡胶制造业主要采用水喷淋吸收和碱水喷淋吸收技术。

（11）生物法

适用于炼胶、压延、硫化等工艺的废气除臭，能耗低、运行费用低，但需足够的停留时间。

（12）氧化技术

氧化技术包括臭氧氧化技术和光氧化技术，均适用于炼胶、压延、硫化等工艺的废气除臭。

17.3.2.2　颗粒物减排技术

化学药品密封称重，直接加入混合器，从源头减少颗粒物的产生和排放。

混合器产生的颗粒物和通风系统排放的废气采用袋式除尘器进行处理，减少颗粒物的排放量。

研磨过程形成的细颗粒物采用一级旋风分离设备+二级袋式除尘器/静电除尘器进行处理，减少颗粒物的排放量。

17.3.2.3　废水污染物减排技术

物理处理方法+化学处理方法对轮胎制造业，橡胶零件制造业，橡胶板、管、带制造业，其他橡胶制品制造业废水污染物化学需氧量、氨氮、总磷和总氮的去除率分别为65%、85%、60%和45%；对运动场地用塑胶制造业废水污染物化学需氧量、氨氮、总磷和总氮的去除率分别为65%、85%、60%和45%。

物理处理方法+化学处理方法+好氧生物处理方法对日用及医用橡胶制品制造业废水污染物化学需氧量、氨氮、总磷和总氮的去除率分别为70%、50%、60%和25%。对运动场地用塑胶制造业废水污染物化学需氧量、氨氮、总磷和总氮的去除率分别为95%、90%、95%和90%。

参考文献

[1] 何洋，王建英，侯存东. 橡胶工业排污许可证申请与核发技术要点研究[J]. 广东化工，2022, 49(22): 142-144.

[2] 李贵君. 橡胶厂烟气成分分析及烟气治理的路径探讨[J]. 中国橡胶，2016, 32(20): 8-11.

[3] 陈曼婷. 台州市橡胶行业废气污染及防治对策研究[J]. 绿色科技，2020(10): 50-51.

索引

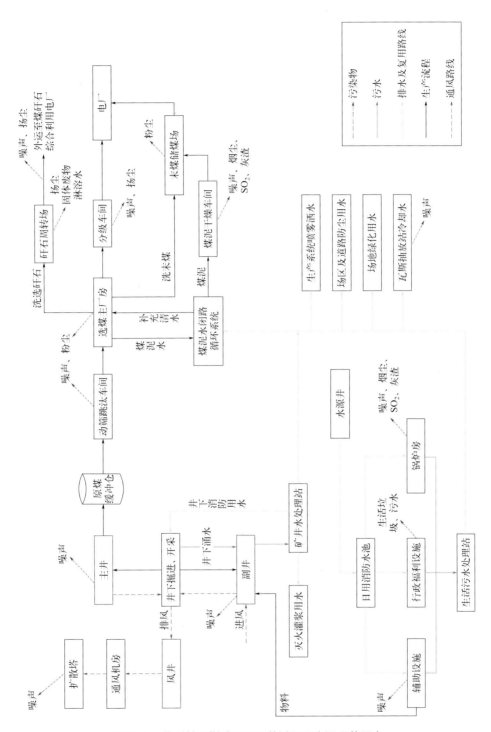

图5-4 典型井工煤矿开采工艺过程及产污环节示意

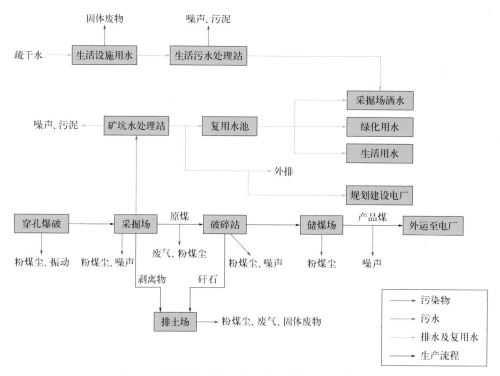

图5-5　典型露天煤矿开采工艺过程及产污环节示意

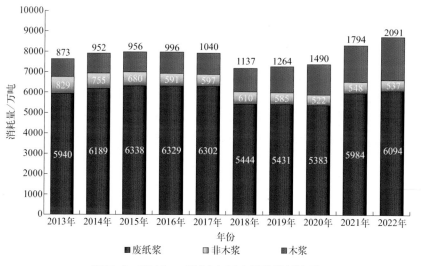

图7-1　2013～2022年国产纸浆消耗情况

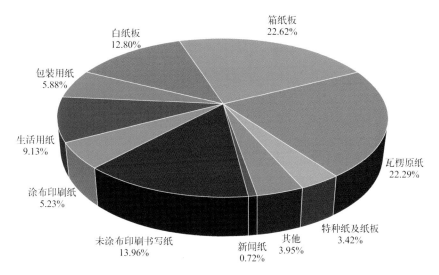

图7-2 2022年纸及纸板各品种生产量占总产量的比例

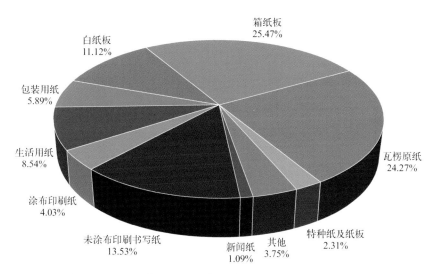

图7-3 2022年纸及纸板各品种消费量占总消费量的比例

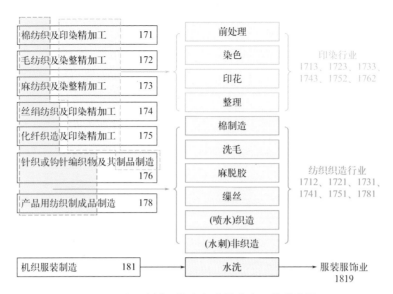

图8-2 涉及产排污的小行业按生产工艺分类情况

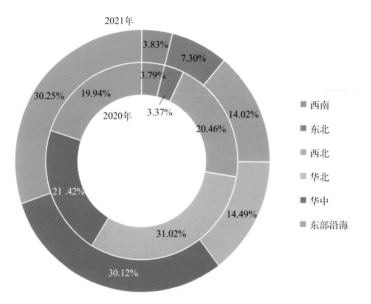

图12-8 2020年和2021年我国各区域风电新增装机容量占比情况

数据来源:中国电力企业联合会

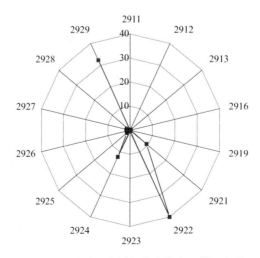

图17-3 橡胶、塑料行业中的主要排污行业